JN269087

総観気象学入門

An Introduction to Synoptic-Dynamic Meteorology

小倉義光

東京大学出版会

An Introduction to Synoptic-Dynamic Meteorology

Yoshimitsu OGURA

University of Tokyo Press, 2000
ISBN 978-4-13-060732-2

まえがき

　本書は初めて総観気象学を学ぶ人の教科書として書かれたものである．総観気象とは，一口でいえば，地上天気図でみる温帯低気圧や移動性高気圧，前線，高層天気図でみる気圧の谷や尾根など，数千kmの大きさをもった大気中の現象をいう．日々の天気の変化に直接関係する大気の運動であり，総観気象学は気象学の中でも，中心的な分野の1つである．米国の大学では，学生に最も人気のある講義の1つである．

　このような教科書を書くさいには，どのような予備知識をもった読者を想定するかによって，記述の仕方が違う．本書では，拙著『一般気象学』はいちおう卒業したと想定している．なにもこの特定の本でなくても，同じレベルのほかの本でも，もちろん話は同じである．要は，同じレベルのことをここで繰り返しては，書きたいことのページ数が減ってしまうので，まことに勝手ながら同書を予備知識の基準とすることをお許しいただきたい．

　それでは，なにを書き，なにを読者に伝えたいのか．それは，気象の力学の言葉を使うと，温帯低気圧や前線など，日々の天気を変化させる擾乱の振舞いを，より深く，より統一的に，より定量的に理解できるということである．日々の気象衛星「ひまわり」の雲画像をみていると，その形態の多様性に驚く．その多様性は，雲をつくり雨を降らせる3次元的な大気の流れの多様性に起因する．そして，その背後には，いくつかの物理的素過程が絡み合っている．その素過程は気象力学の法則に従って起こっている．それで本書は，観測データの解析が描く総観気象を材料とした初歩の気象力学の教科書とみてもよいし，初歩の気象力学の言葉で綴った総観気象の形態と振舞いの本とみてもよい．

　本書では直接天気予報の話はしていない．今日では，2‑3日先までの天気ならば数値予報によって，例外はあるものの，ほぼよい精度で予報されている．パソコンの画面で現在の天気図はもちろん，予想天気図もみることができる．だから天気予報のことならば，なにもいまさら苦労して微積分を復

習しないでも間に合ってしまう．自然科学の中でも，気象学は基礎研究と応用研究の重なりが大きい分野である．特に総観気象学ではそうである．総観気象学はいわば天気予報を支える科学である．低気圧論の源流は，1841年のエプシー（Epsy）の熱的低気圧説あたりとされている．強い降水域で放出された水蒸気の凝結熱により空気が膨張して地上の気圧が下がるという説である．それ以降，低気圧とはなにかという知的好奇心と，天気予報の精度を上げたいという欲求にかられた人間の営みの集大成が総観気象学である．なれない数式に苦労して本書を通読した結果，同じ天気図や気象衛星の雲画像をみても，より深い見方ができるようになり，苦労の甲斐があったと読者が感じてくだされば，著者にとってこれほど嬉しいことはない．

　歴史についていえば，気象学の中でも，総観気象学は発達の歴史が比較的長い分野である．そして，数値予報が天気予報の主流になってからは，総観気象学はもはや古い分野とみなされた時代もあった．しかし，発達した低気圧は極度に非線形な複雑系である．そう簡単には全貌を明らかにできない．上に述べた低気圧の多様性についても，まだ十分には理解されていないことが実感されて，低気圧に対する興味が復活している．さらに近年では，カオス的性格をもった非線形の力学系を究明する身近で，しかも実用に役に立つ素材として，長周期の変動を含めた総観気象は活発な研究の対象となっている．しかし，本書は大学学部レベルの入門書である．大学院レベルでは別の参考書が必要となる．

　実をいえば，総観気象学の教科書を書こうと思い立ったのは約8年前のことである．それから折にふれて，部分的に原稿はできたものの，執筆の姿勢というか記述の狙いというか，全体を貫く構想がふらふらして，未完のままだった．ところが，文字で書いていると考え方が固まってくるということが実際にあるらしい．『一般気象学 第2版』を書いている間に，特にその序章を書いている間に，そうだ，『一般気象学』の次の段階の続編として，このまま総観気象の話しにつないでいけばよいと思い定めた．それからは順調に進んで現在の形となった．

　その間，東京大学海洋研究所の木村龍治教授や新野宏助教授はじめ，気象庁や大学の多くの方々とおしゃべりをして，教えられることが多かった．また，京都大学の廣田勇教授が総観気象学の本について熱い精神的支えをくだ

さったことも，励みとなった．こうした方々に厚く感謝したい．また，多くの図の転載を許可してくださった著者と出版社にも感謝したい．最後に，東京大学出版会の清水恵さんは，こんども熱心に，また丁寧に企画編集してくださったことを記して，感謝の意を表したい．

　　2000 年初夏

著　者

目　次

まえがき

序章　総観気象とは ────────────────────────── 1
  0.1　キーワードは「中緯度」と「総観規模」　1
  0.2　観測データ解析と気象力学が融合した総観気象学　7

第1章　準備編 ──────────────────────────── 17
  1.1　微分と積分の復習　17
    1.1.1　本書で使う関数　17
    1.1.2　微分と導関数　20
    1.1.3　関数の近似式　21
    1.1.4　偏微分　23
  1.2　テイラー級数の応用：発散・収束と個別微分　24
  1.3　連続の式を導く　27
  1.4　乾燥大気の熱力学　28
  1.5　運動方程式系を導く　30
  1.6　ベクトル演算と渦度ベクトル　33

第2章　運動方程式を解く ───────────────────── 39
  2.1　物体の落下運動：運動方程式を時間積分する　39
  2.2　大気の静的安定度：常微分方程式を解く　41
  2.3　総観規模の風はなぜ地衡風に近いか　45
    2.3.1　慣性振動　45
    2.3.2　慣性重力波：連立偏微分方程式を解く　49
    2.3.3　地衡風調節　56

第3章　総観気象の基礎方程式 ───────────────── 59
  3.1　静水圧平衡近似とそれがもつ意味　59
  3.2　気圧座標系　65
  3.3　プリミティブ・モデル　69

3.4 有効位置エネルギーというもの　72
3.5 渦度方程式　75

第4章　渦位でみる大気の流れ ——————————— 81

4.1 渦位とは何か　81
 4.1.1 等温位解析　81
 4.1.2 エルテルの渦位　82
 4.1.3 等温位渦位　88
4.2 渦位と寒冷渦と雷雨　92
4.3 渦度的考え方　96
 4.3.1 渦度の場と速度の場の関係　96
 4.3.2 フラクタルとカオスと渦運動　103
4.4 渦位的考え方　108
 4.4.1 渦位の場と速度・温位の場の関係　108
 4.4.2 進行中の渦位のアノマリーと鉛直流の関係　113

第5章　準地衡風の世界 ——————————————— 115

5.1 準地衡風モデル　115
5.2 温度風　120
5.3 エネルギーの保存則　123
5.4 オメガ方程式　125
5.5 Qベクトルとソーヤー・エリアッセンの鉛直循環　129
5.6 傾圧不安定波　135
 5.6.1 傾圧不安定波の線形理論　135
 5.6.2 傾圧不安定波の構造　141
 5.6.3 有限振幅の傾圧不安定波のシミュレーション　143
5.7 ロレンツのエネルギーサイクル：傾圧過程と順圧過程　147
5.8 ロスビー波　153

第6章　温帯低気圧の構造と進化 ————————————— 157

6.1 温帯低気圧のライフサイクルの概観　157
6.2 温帯低気圧の発達と対流圏界面の折れ込み　163
6.3 上層と下層の擾乱のカップリングと低気圧像の変遷　169

6.4 シャピロの低気圧モデル　176
6.5 閉塞前線は本当にあるのか　181
6.6 海上で爆発的に発達する低気圧　187
　6.6.1 爆弾低気圧　187
　6.6.2 低気圧の発達に及ぼす水蒸気の影響　189

第7章 低気圧に伴う流れと雲のパターン ───── 195
7.1 温帯低気圧/トラフに伴う主な流れ　195
　7.1.1 温暖コンベアーベルト　197
　7.1.2 乾燥侵入　200
　7.1.3 寒冷コンベアーベルト　201
7.2 カタ前線とアナ前線とスプリット前線　204
7.3 即席閉塞　208
7.4 寒気内の小低気圧　209
　7.4.1 寒冷渦内で発生する型　210
　7.4.2 傾圧不安定　212
　7.4.3 順圧不安定　214
　7.4.4 接近してくる上層の渦位のアノマリーとのカップリング　216
　7.4.5 凝結の潜熱と海面からの熱・水蒸気のフラックスの影響　220
　7.4.6 ソーヤー・エリアッセンの鉛直循環の影響　222
7.5 前線上の二次的低気圧　224

第8章 前線とジェット気流と非地衡風運動 ───── 231
8.1 前線像の変遷　231
8.2 風の場の表現：変形の場を中心として　234
8.3 前線形成関数とその実例　238
8.4 前線形成に伴う鉛直循環　249
8.5 上層の前線　255
8.6 ジェット・ストリークのまわりの鉛直循環　260
8.7 低気圧の構造とより大きなスケールの流れとの関係　266

[付録] 円柱座標系と角運動量の保存則 ───── 275
参考・引用文献 ───── 277
索引 ───── 285

序章

総観気象とは

0.1 キーワードは「中緯度」と「総観規模」

　本書の主題は，地上天気図にみる温帯低気圧や移動性高気圧，高層天気図にみる気圧の谷や尾根など，中緯度で発生・発達する擾乱である．これらの気象擾乱は日々の天気の変化を支配する．そして本書の目的は，①このような中緯度の総観規模の擾乱の構造とその時間的変化あるいはライフサイクルを，観測データの解析に基づいて記述すること，そして，②なぜそのような構造をもつのか，なぜそのように変化するのか，その仕組みを理解することである．ここに「中緯度」と「総観規模」と「仕組み」という3つのキーワードが含まれている．仕組みについては次節で述べる．

　まず，地球大気は丸い地球を覆っているために，中緯度ということは2つの意味をもつ．1つは緯度をϕと記すと，コリオリ・パラメターは$\sin\phi$に比例する．すなわち，低緯度で小さく，高緯度で大きい．そのため，コリオリ力の働きは低緯度で弱く，高緯度で強い．したがって，総観規模の風は中・高緯度ではほぼ地衡風である（5.1節）．

　この限りでは中緯度と高緯度には差異はないが，もう1つ，中緯度を際立たせるのが太陽放射である．地球は丸く，自転軸は地球の公転面に約66.5°傾いている．このために，1年を通じて高緯度が受け取る太陽の放射エネルギーは，低緯度のそれよりずっと少ない．このため，図0.1に示したように，平均的にみると，対流圏内では気温は高緯度で低く，低緯度で高い．もっと詳しくみると，等温線は冬半球の中緯度で最も強く水平面に対して傾いている．すなわち気温は低緯度ではほぼ水平に一様であるが，中緯度では南北方向の気温の傾度（勾配）が大きい．これを中緯度では傾圧性が強い，あるいは大きいという．このことは，コリオリ力に起因する温度風の関係により（5.2節），中緯度，特に冬半球の中緯度では対流圏上層で偏西風が強いこと

図 0.1 気温の南北鉛直分布

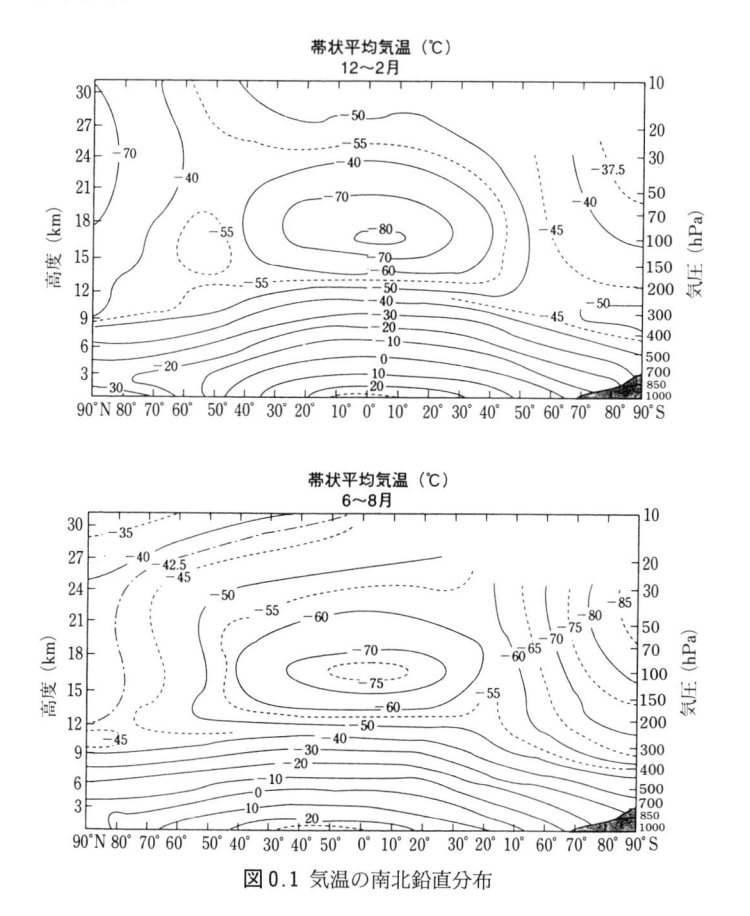

に明瞭に現れている（図 0.2）。偏西風が強いからこそ傾圧不安定波が発生し（5.6 節），それは上層の気圧の谷や尾根という波動として現れる。南北方向の温度傾度が大きいからこそ，ひとたび波動が発達し，それに伴う流れ（低気圧中心の東側の南風と西側の北風など）によって，低緯度の暖気と高緯度の寒気が接触すると，それは寒冷前線や温暖前線として出現する（6.1 節）。温度が水平方向に一様な熱帯では，いくら熱帯低気圧が発生しても，前線を伴うことはできず，低気圧に伴う等圧線はほぼ円形のままである。

さらに，中緯度は極側に冷たくて重い空気をかかえ，赤道側に暖かくて軽い空気を控えさせている。この両者の位置のエネルギーの差を運動エネルギ

図 0.2 東西方向の風速の南北鉛直分布

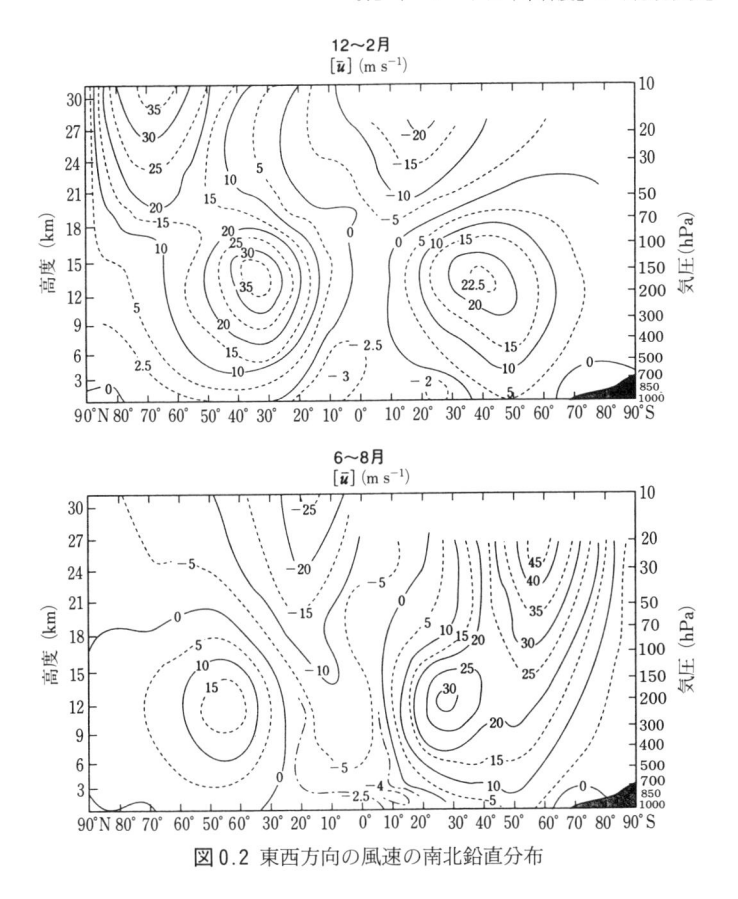

ーに変換して，温帯低気圧が発達する (3.4 節)．温度が水平方向に一様な熱帯では，この種のエネルギーは利用できないから，熱帯低気圧は水蒸気の凝結に伴って放出される潜熱をエネルギーの源とする．このように，それが登場する緯度の違いによって，温帯低気圧は熱帯低気圧とは姿もエネルギー源も違うのである．

ちなみに，中緯度の低気圧を日本では温帯低気圧と呼ぶが，これに対応する英語は extratropical cyclone (熱帯外低気圧) か midlatitude cyclone である．熱帯低気圧と温帯低気圧の違いを起こすのは，温度が高いか低いかではなくて，温度の水平傾度が大きいか小さいかである．温帯低気圧と呼ぶよりは，中緯度低気圧と呼んだ方がよいかもしれない．

次に,「総観規模」とは何か．これについては,『一般気象学 第2版』の図 6.27 で解説したから，要約だけを述べる．地球大気中には，いろいろな空間スケールをもった気象が出現する．空間スケールでみて，大規模は水平スケールが約 2,000 km 以上，中規模（メソスケール）は 2,000 - 2 km，小規模は 2 km 以下である．大規模運動をさらに惑星規模（プラネタリースケールあるいはグローバルスケール）と総観規模（シノプティックスケール）に分ける．惑星規模は文字どおり地球全体あるいはその大部分にわたって地球を東西に，あるいは南北に巡る運動である．総観規模の運動は水平スケールが約 2,000 km から数千 km にわたる運動である．そして大規模運動の鉛直スケールは対流圏界面の高さ約 10 km であるから，大規模運動では縦横比が 2 桁も小さい．本当に偏平な運動である．したがって，鉛直速度は水平速度より 2 桁も小さい．そのため，静水圧平衡がたいへんよい近似で成り立つ (3.1 節)．それほど近似はよくないが，中・高緯度の大規模の運動では，地球自転の影響が大きく，流れはほぼ地衡風である (5.1 節)．時間のスケールでいえば，温帯低気圧の寿命は約 1 週間であるから，本書ではそれくらいの時間スケールをもつ現象だけを扱う†．

† ブロッキング現象は興味ある重要な現象であるが，本書では触れていない．中間規模東進波については 7.5 節の脚注参照．

メソスケールをさらに，メソ α スケール（水平スケールが 2,000 - 200 km），メソ β スケール (200 - 20 km)，メソ γ スケール (20 - 2 km) に細分する（ギリシア文字の読み方は 16 ページ参照）．メソ α スケールに属する現象としては，冬季，日本海に出現する渦巻（いわゆるポーラーロー）や，前線上に発生する二次的低気圧などがある．それぞれ 7.4 節と 7.5 節で述べる．メソ γ スケールは個々の積乱雲あるいは降水セルの大きさであり，これが数個接近して存在し，メソ対流系 (mesoscale convective system) を形成すると，メソ β スケールの大きさをもつ．この両者では，鉛直スケールは大規模運動と同じく 10 km の程度だから，運動の縦横比はほぼ同じ程度である．この場合には，鉛直速度は水平速度とほぼ同じ大きさをもち，静水圧平衡は成り立たないし (3.1 節)，流れは地衡風ではない．

このように，地球大気には，いろいろな大きさの運動が存在しているが，ここで重要なことは，違った大きさの運動あるいは擾乱は，並んで (side by

(a)北半球

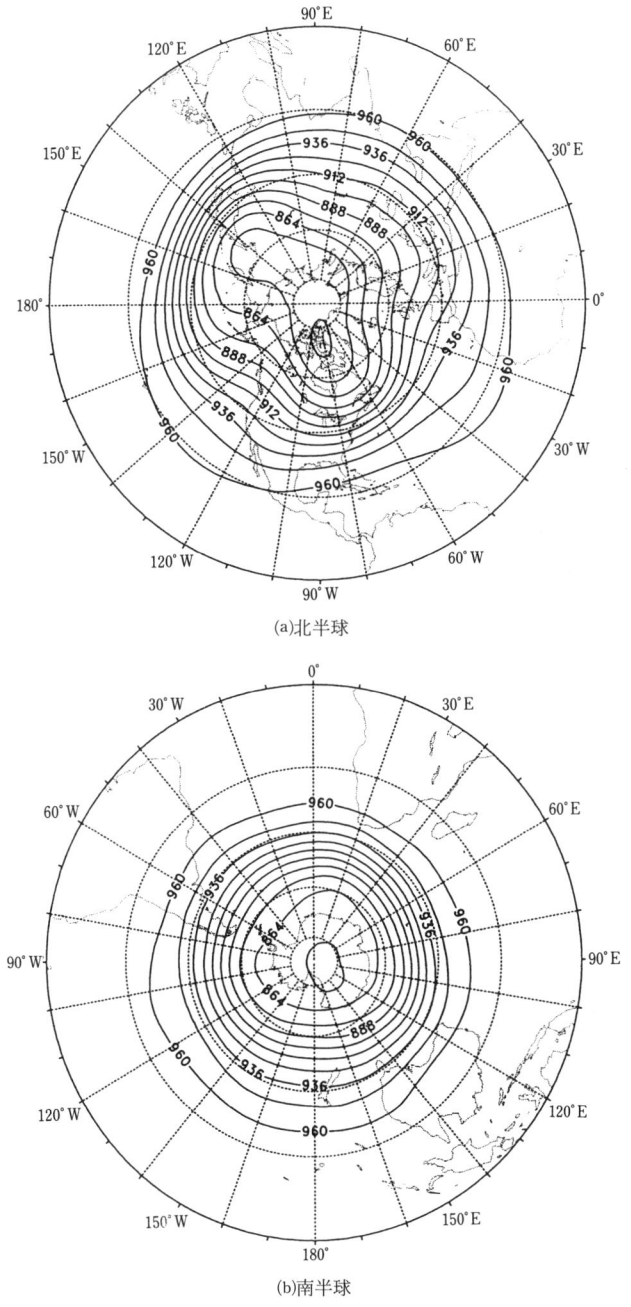

(b)南半球

図 0.3 500 hPa のジオポテンシャル高度（単位は 10 m）の分布（1979-88 年 12-2 月の平均）

side) 共存しているのではなくて，あるスケールの擾乱はより大きなスケールの擾乱の中に埋め込まれて出現するのがふつうであるということである．これを擾乱の多重スケール構造という．ある人の性格の形成には，遺伝子と並んで，その人が成長したさいの周囲の環境が大きな影響をもつといわれている．同じように，あるスケールの擾乱の構造やその後の時間的変化（進化）には，それを取り巻くいちだんと大きなスケールの擾乱の運動や状態が大きな影響を及ぼす．その意味で，スケールの大きな擾乱は，それより小さなスケールの擾乱の環境（environment）を規定しているわけである．

たとえば，図 0.2 は東西方向の風速を緯度線に沿って経度 360°にわたって平均し，それをさらに 3 ヵ月にわたって平均した値の緯度・高度分布であった．これが惑星規模の状態であり，偏西風速が高度とともに増加する割合が大きい中緯度が傾圧不安定波の成長の環境を与えている．さらに，偏西風の強さは緯度・高度のみならず経度によっても大きく違う．図 0.3 は北半球の冬の 3 ヵ月の平均的な 500 hPa の高度分布であるが，南半球に比べて，北半球では等高度線は極を中心とする同心円から大きくはずれている．これはユーラシア大陸と北米大陸，太平洋と大西洋という海陸の分布，さらにチベット山塊やロッキー山脈などの地形の影響のためである．総観規模の擾乱である高・低気圧の発生頻度は，この惑星規模の環境に支配されて，等高度線が密集している日本付近や北米大陸東岸付近で最も大きい．発生のみならず，発達した低気圧の構造は，より大きなスケールの流れによって違うことを 8.7 節で述べる．

[逆向きトラフ]

図 0.3 に示すように，平均状態の中緯度では，極に向かって気圧は低くなっている．また，高緯度では温度も低い．したがって，気圧の谷（トラフ）では，等圧線は高緯度側に開いているし（例は図 6.3 や図 6.6 など），温度は低いのがふつうである．ところが，等圧線が低緯度側に開いたトラフが出現することも珍しくない．図 0.4 がその一例である．トラフ内で温度は高い．向きがふつうとは逆なので，これを逆向きトラフ（inverted trough）という．図の場合には本州南方に低気圧があり，そこから北西方向に伸びたトラフであるが，もっと広くみると，亜熱帯高気圧（北太平洋高気圧）は東に退き，全体としては赤道低圧帯に結びついた形となっている．このような地表面近くの高温のトラフの内部で，寒気内の小低気圧（ポーラーロー）が発生しやすいことを 7.4 節で述べる．

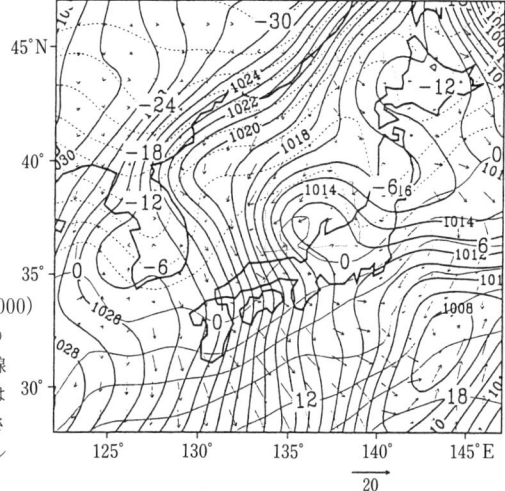

図 0.4 逆向きトラフの一例
（Tuboki and Asai, 2000）
1990 年 1 月 23 日 1200 UTC の地上天気図（客観解析図）．実線は等圧線（1 hPa おき），波線は等温線（3℃おき），矢印の長さは風速に比例し，そのスケールは横軸の下にある（m s^{-1}）．

0.2 観測データ解析と気象力学が融合した総観気象学

　本書の題名は総観気象学入門であるが，総観気象学とは何か．ここの総観とは synotic の訳語であり，一般的に syn- は同時，optic は見ることを表す．特に気象学では，①大気の包括的かつ，ほぼ瞬間的な状態を表現するために，広い区域で同時に得られた気象データを眺めること，あるいは，② synoptic scale weather systems（総観規模の天気系）という文脈で用いられる（米国気象学会編，1996：*Glossary of Weather and Climate*）．そして，総観気象について得られた知識の体系が総観気象学である．

　実をいえば，総観気象学の厳密な定義は，本書では必要ない．私が本書で語りたいのは，日々の天気の変化をもたらす擾乱がどんな構造をもっているか，その構造は時間とともにどう変わるか，その変化の仕組みあるいはメカニズムはなにかである．気象学で擾乱の構造（structure）というのは，擾乱に伴う温度・気圧・風・水蒸気量・雲・降水などの気象要素の 3 次元的な分布をいう．また，時間的変化の代りに，進化（evolution）という言葉を使うこともある．天気の中でも特に関心があるのが雲や降水である．日々の気象衛星「ひまわり（GMS）」の雲画像をみれば，その多様性に驚かされる．雲

や降水は大気中の鉛直速度と密接に結びついている．総観規模の鉛直速度は水平の速度（風）に比べれば2桁も小さい．微妙な風の分布の違い，空気の微妙な3次元的な流れの違いが雲の多様性を生み出している．冬の日本海の小低気圧に伴う雲も，あるときはコンマ状をしているし，あるときは螺旋状をしている（7.4節）．こうした違いがなぜ起こるのか．もっと広く，発達する低気圧と発達しない低気圧とでは，構造のどこが違うのか．どこが違うと，爆発的に発達する低気圧となるのか．

こうした低気圧や気圧の谷などの擾乱の構造の知識は，観測データを解析して得られる．レーウィンゾンデで観測された気温・湿度・風・気圧（あるいは等ジオポテンシャル高度）を天気図に記入し，等圧線を描き，前線の位置を決めるなどして天気図解析を行うのは，総観規模の擾乱の構造を決める第一歩である．さらに進んで，温位・相当温位・渦度などを計算したり，大気の静的安定度などを調べたりする．必要ならば，解析の目的に沿った鉛直断面上に気象要素の値をプロットして，断面図をつくる．さらに進んで，等温位面解析を行って，渦位を計算したりする（4.1節）．

こうして毎日擾乱の構造とその時間的変化を眺めていれば，当然その多様性の中から，何か共通のもの，普遍的なものを抽出して，自分の知識を整理したくなる．擾乱の進化の法則も知りたくなる．このとき，役にたつのが気象力学である．力学という言葉自身は日常的に，たとえば某国の政治は派閥の力学で左右されるなどと使われている．また最近では，プロ野球界で「勝利の方程式」などという言葉も使われている．気象力学にも方程式はある．どんな方程式か．

そもそも物理学でいう力学は，物体に働く力と運動の関係を扱う学問である．そして気象の力学の基本はニュートンの運動の第2法則である．物体の質量と加速度の積はその物体に働いている力に等しいという法則である（『一般気象学 第2版』6.1節）．空気の粘性の影響を無視すれば，地球大気に実質的に働いている力は重力と気圧傾度力だけである（コリオリ力はみかけの力である）．

総観規模の気象では，ある地点のある高度における気圧は，その点より上にある空気の重みとみてよい．気圧が水平面上で一様に分布しているのでなければ，気圧傾度力（1.5節）が働き，空気は動く．広範囲に空気が動くとき

には，その点の上空に違った温度や密度をもった空気が流れこんでくるかもしれない．そのときには，中緯度では一般的に南よりの風とともに暖かい空気が入り，北よりの風とともに寒気が入りこむ．そのため，その点の気圧が変わる．気圧分布が変われば気圧傾度力が変わる．流れが変わる．気圧傾度力が変わる．この力と運動のいたちごっこを記述するのが運動方程式である（1.5節）．気象力学の方程式の1つである．

さらに，放射や水蒸気の凝結などにより，大気が加熱・冷却されれば，それに応じて温度も変わる．加熱・冷却がなくても，空気が上昇すれば，断熱膨張により空気の温度は下がる．下降すれば断熱圧縮により昇温する．このような温度の変化を記述するのが熱力学の第1法則である（1.4節）．気象力学の方程式の1つである．そして，こうした温度分布の変化は，気圧の分布の変化にはね返り，流れの変化をもたらす．だから，大気の運動を議論するさいには，運動方程式と熱力学の式は一体として考える必要がある．以下，簡単化のために，これを運動方程式系と呼ぶ．

こうして，大気の状態（温度，気圧，密度，水蒸気量などの3次元的分布）と運動（流れ，風）は運動方程式系に支配されつつ進化する．つまり，気象の変化は恣意的でなく，カオス的性格の部分を除けば，必然的に決定論的に起こっている．したがって本書の目的とすることは，観測データの解析で得られた総観気象の構造と進化を記述し，なぜそのような構造をもち，なぜそのように進化するのかの仕組みを気象力学の言葉で語ることである．

ここで，気象力学の言葉が問題である．本書の読者としては，いちおう『一般気象学』を卒業された方を想定している．したがって，次の段階としての本書が用いる言語の中には数式が入ってくる．しかも微分や積分や三角関数などを含んだ数式である．

> 読者の中には，微分とか数式と聞いただけで，拒否反応を起こす方もおられよう．特に，いわゆる「文系」といわれる読者はそうである．私自身は本当に「文系」と「理工系」の頭脳に違いがあるものか，単に勉学の最初に良い教師に当たらなかったので，数学や物理が嫌いになったのではないかと疑っているが，最近の脳の働きの本などを読むと，そんな単純なことでもないらしい．気象業務支援センター発行の気象新聞第46号（1999）に，気象予報士試験「文系の戦略」という座談会記事が載っている．文系のカリキュラムを卒業して気象予報士試験に合格された4名が出席した．その中で，ある国

立大学社会学部を卒業し，現在テレビ局に勤務中の男性は「計算問題をクリアするのにいちばん手っ取り早いのは"暗記"だと考えました．…覚えることくらいは文科系でもできると…」と発言している．これに対して，ある女子短期大学教養学科を卒業し，やはりテレビ局に勤務中の方は「…さんと違って，私は"暗記"じゃないと思うんです．数式をいくら暗記しても，理解していないと駄目．初め数式をみると拒否反応を起こすけど，数式は天気を理解するための1つの手段だから，この数式はこういうことをいっているというのを，理解すればいいわけなんですよ．勉強の過程で出てくる難しい数式は天気の理論を文字で書くと長くなるから，数式にしているだけのことだから…」と発言している．この女性の頭脳は完璧に「理系」であり，数式のもつ意味を的確に簡潔に言い当てていて，これに付け加えるものはなにもない．

　微分についていえば，大部分の読者は在学時代に微積分は習ったと思う．しかし，社会に出てからは，それを使う機会がなかったので，ほぼ完全に忘れてしまったというところであろうか．そうした読者のために，1.1節で微積分の復習をしている．また，それに続く節でも，数式の演算はどの参考書にもないほど，省略なしに書いてある．できれば，ただ目で追うだけでなく，紙とペンで演算をなぞってほしい．ある程度の慣れが必要であり，また慣れるにつれて，演算のスピードも増してくる．シシジュウロク，ゴゴニジュウゴを覚えるのに時間がかかったのと同じようなものである．

　気象学は定量的な学問である．数値がものをいう．気象の1つの現象には，複数個の要因が同時にからんで発生していることが多い．そうしたときには，どれが一義的に重要で，どれが副次的な要因か見極めることが重要である．一例をあげよう．ある地点で，夜間に気温が大きく上がったとする．夜間だから，日射による加熱が昇温の原因とは考えられない．昇温のとき，強い南風が吹いていたから，南方の暖気が移流してきたためかもしれない．しかし，その地点の南には山塊があるから，上空の高い温位をもつ空気が山腹に沿って降りてきて，いわゆる乾いたフェーンが起こったのかもしれない．このとき有用な方程式が温位保存式 (1.29) である．適当な観測データがあれば，この式に代入して計算して，水平移流と鉛直移流の相対的な重要性を知ることができる．

　総観気象学は科学である．蓄積された知識の体系である．それで，新しい事象に直面したときには，自分のもつ知識体系や法則に照らして，その事象

が矛盾なく解釈できるか（説明できるか）考える．解釈できれば，知識体系のあるべき場所に整理される．解釈できなければ，既存の知識体系を修正するか，新しい知見として，知識体系に付け加える．こうして知識体系が膨らむ．大切なことは，考えること，論理を積み重ねることであって，暗記することではない．整理しないで暗記することは，苦労が大きいし，能率が悪い．

　例をあげよう．『一般気象学 第2版』で静水圧平衡の式を学んだ．この式から，繰返しになるが，地上のある地点における気圧は，その地点の上にある大気全体の重みであることが導かれる．冬季，シベリア大陸表面は放射冷却のため温度が下がる．その上にある空気も冷やされて温度が下がり，冷たく重い空気が溜まるので，そこは高気圧となる．これがシベリア高気圧である．それでは図0.5の場合はどうか．図(a)の地上天気図では，本州南方海上には北太平洋高気圧がある．気温は記入していないが，この高気圧中心のほうが，本州北方より高温なことは容易に想像できる．図(b)の700 hPa天気図には等温線も等高度線も描いてある．この高度でも，温度がまわりより高い区域が高気圧となっている．これはどうしたことか．その答えは，北太平洋高気圧の上空どこかに冷たい重い空気があるからである．事実，図0.1をみれば，熱帯では対流圏界面の高度は約17 kmもあり，この高度付近の温度は中緯度のそれより低い．この余分の重みがかかって地表では高気圧となっているのである．それで，シベリア高気圧を背の低い高気圧といい，太平洋高気圧を背の高い高気圧という．

　念のため，24°18′N，153°38′Eに位置する南鳥島を北太平洋高気圧を代表する地点にとり，45°25′N，141°41′Eに位置する稚内を中緯度の代表にとる．いろいろな高度における両者の気温と等圧面高度を比較したのが表0.1である．期待どおり，地表から約200 hPaの高度までは南鳥島のほうが稚内より温度が高く，それより上の高度では南鳥島のほうが低い．図0.5(a)の地表の高気圧の原因は，200 hPaより上の低温にある．

　実は，ここまでは一般向け教養書『お天気の科学』に書いたことである．しかし，定量的にみると，少し不思議ではないか．200 hPaより上といえば，そこには大気全体の約20％しか空気が存在しない．そこの温度が稚内より少し低温だからといって，残り80％が高温であるのに打ち勝って，地表の高気圧をつくれるであろうか．同じことだが，-10.5℃という大きな負の気

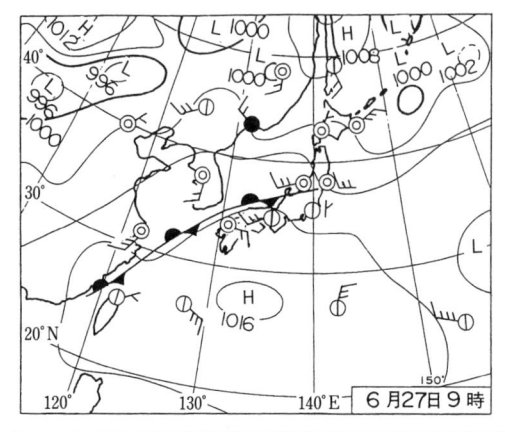

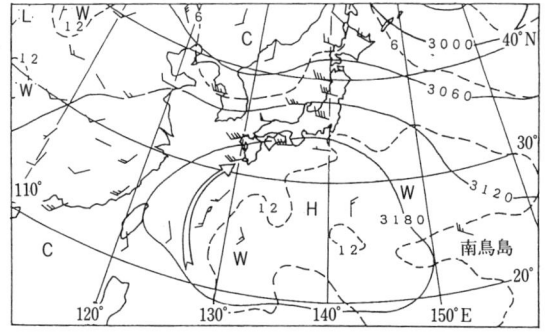

図 0.5 北太平洋高気圧の一例(小倉，1994)

1991年6月27日9時．実線が等高度線（60 m おき），破線が等温線（6°Cおき），風の記号でペナントは50ノット（1ノットは0.51 m s^{-1}），長い矢羽は10ノット，短い矢羽は5ノット．Wは周囲より高温の記号．

温差があるのは約100 hPa の高度である．そこの空気の密度は地上のそれの約17％くらいしかない．そんな希薄な空気が少し低温であっても，地表付近の濃い空気が10.1°Cとか6.0°Cとか正の気温差なのだから，地表ではむしろ低気圧となってよいのではなかろうか．

　それでは，こんどは低気圧をみよう．『一般気象学 第2版』図8.29に示したように，熱帯低気圧（台風）では対流圏全体を通じて中心部の温度は周囲より高い．だから地表では中心部は周囲より気圧が低い．ところが，温帯低気圧では話が全く違う．日本付近では，冬から春にかけて，南岸低気圧が本州南方海上で発生し，北東に進行するとともに急速に発達し，サハリンやカ

表 0.1 太平洋高気圧内外の高層観測 (1992 年 8 月平均)

気圧	高　度 (m)			気　温 (°C)		
(hPa)	南鳥島	稚内	差	南鳥島	稚内	差
50	20,858	20,959	−101	−60.5	−56.5	−4.0
100	16,651	16,611	40	−71.2	−60.7	−10.5
200	12,453	12,246	207	−53.4	−52.4	−1.0
300	9,713	9,530	183	−31.0	−34.5	3.5
400	7,607	7,458	149	−15.8	−20.1	4.3
500	5,890	5,770	120	−5.7	−9.3	3.6
600	4,438	4,338	100	2.7	−1.2	3.9
700	3,174	3,094	80	9.5	5.4	4.1
850	1,535	1,486	49	18.2	12.2	6.0
1,000	119	111	8	27.5	17.4	10.1

ムチャツカ半島あたりで最盛期を迎える．米国大陸東部あるいは東岸洋上でも同じような低気圧の発達がみられる．その一例が図 6.5 の地上天気図で紹介されているが，この低気圧が北北東に進行しながら発達した 36 時間に，低気圧の中心に最も近いゾンデ地点が観測した気温の高度分布を，12 時間おきに断熱図にプロットしたのが図 0.6 である．ただし，この断熱図はスキュー断熱図 (skew diagram) といい，なじみがないかもしれないが，縦軸は対数目盛の気圧，右上から左下に下がる実線が等温線で，その値は横軸に記入してある．左上から右下に下がる破線が乾燥断熱線である．この図から，低気圧中心が 36 時間に，地点 A から B，C を経て D に至る間に，地上の中心気圧は 1005 hPa から 980 hPa に下がり，中心の地上気温も約 16°C から −6°C に下がったことが読みとれる．

　ここで重要なのが，中心の地上気圧が 25 hPa 下がる間に，中心の上空では，約 300 hPa までの対流圏全域で温度も下がっていることである．その代り，それより上の成層圏では気温は上昇している．ちょうど太平洋高気圧で話したことと逆の状況が起こっている．いくら成層圏で昇温したとしても，地表から圏界面に至るまで，低気圧の中心の上空がどんどんと冷気で充満しているときに，中心の地上気圧が下がれるものだろうか．

　この疑問に対する答えは 3.1 節の式 (3.11) あるいは図 3.1 にある．詳しくはそこで述べるが，この例から学ぶ教訓が 3 つある．①空気の温度と圧力

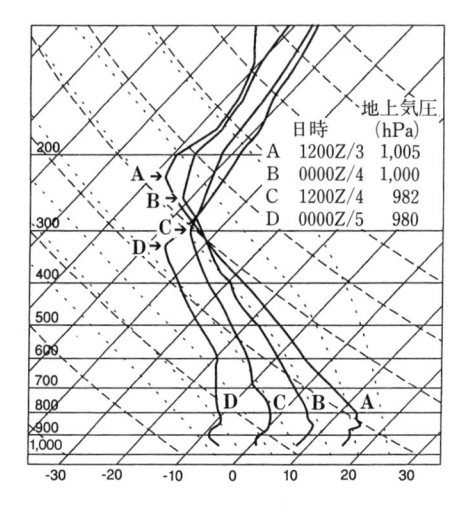

図 0.6 温帯低気圧の中心における気温高度分布の時間変化の一例（Hirschberg and Fritsch, 1991 a）
1982 年 1 月 3 日 1200 UTC から 5 日 0000 UTC まで，12 時間おきの地上低気圧の中心位置 A～D 地点におけるゾンデ観測．矢印は対流圏界面の高度を示す．

日時	地上気圧 (hPa)
A	1200Z/3 1,005
B	0000Z/4 1,000
C	1200Z/4 982
D	0000Z/5 980

と密度の関係を支配する気体の状態方程式というものがある（『一般気象学 第2版』3.1節）．気象力学の方程式の1つである．上記の議論は，この状態方程式を無視して，地上の気圧と上空の温度を短絡して考えたために起こった疑問である．②上に述べた静水圧平衡の式というものは，運動方程式系の中の1つの方程式である．正確に書くと，この式は (3.3) のように微分を含んだ方程式である．この方程式をたった1回積分すると，上に述べた疑問を氷解させる式 (3.11) が得られるのである．やはり，微分・積分は少し勉強する価値がある．③ここで挙げた例でもわかるように，低気圧の発達の議論をするときには，圏界面付近，たとえば 200 hPa か 300 hPa の高層天気図をよく眺める必要がある．地上天気図や 500 hPa 天気図だけでは，現象の半分しかみていない．このことは，6.2 節でも強調する．

最後に，「まえがき」でもお断りしたが，本書には欧米での事例解析の図が多く引用されている．現象それ自身は日本付近のそれと同じで，だから引用したのだが，なじみのない地域の天気図だと，地名をいわれてもわからないし，地点間の距離感や空間スケールの感じがつかみにくい．しかし，わが国では総観気象の詳細な事例解析があまりされていないので，やむなくそうしたわけであることを了承していただきたい．

わが国付近は世界でも最も低気圧が多発する地域であるにもかかわらず，本書が扱う総観気象学の研究と教育は，気象学の中でわが国が最も不得手とする分野である．なぜそうなったかの最大の理由としては，わが国は周囲を海に囲まれ，高層データが得にくかったことが考えられる．もう１つの理由としては，反省の意をこめて思うに，日本の大学が総観気象学を軽視したことがあろう．今日でも総観気象学と名のついた講義と演習をしている日本の大学は，気象大学校を除けば，１つもない．そして，そうなったのには，いくつかの歴史的遠因があるようである．維新後の明治政府は中央集権を確立し，日本を急速に近代国家に発展させるのに成功した．しかし，その反面，官尊民卑の風潮，極端にいえば，民は寄らしむべし，知らしむべからずの風潮から，情報公開に欠けるところがあった．気象庁の前身である中央気象台も例外ではなかった．日々の天気予報は業務として発表されていたが，その基礎となる現況の詳しい気象情報が部外に提供され始めたのは，1994年に気象業務支援センターが設立されてからである．一方，大学側もリアルタイムの気象情報を中央気象台あるいは気象庁に強く求めるということはしなかった．リアルタイムの気象情報のないところでは総観気象学は育たない．

　1954年に私は初めて米国のいくつかの大学の気象学教室を訪問し，日本の大学との違いに驚いたものである．そうした気象学教室では，スタッフや学生がテレタイプで気象データをリアルタイムで入手し，毎日地上天気図や高層天気図を描き，解析を行っていた．その資料はもちろん総観気象学を教え研究するのに貴重な材料となる．その後のある年，当時のWeather Bureauが経費難を理由に，テレタイプの配信サービスを停止しようとした．大学は結束して，リアルタイムで気象データを受けることなしでは，大学における気象教育に重大な欠陥が生じ，ひいては米国における気象事業に適切な人材を供給することに影響を及ぼすと訴えて，テレタイプ配信は継続されたということもあった．それほどこれを重要視しているのは，教育のみならず，研究にも重要な資料だからである．ほんの一例をあげれば，現業官庁が出した予報が大きく外れたような場合には，なぜ外れたか，数値予報の初期条件が適切でなかったか，モデルがよくないか，なにか見逃した物理過程があったのかなど，時間的制約がない大学では詳しく調べることができる．今日では，何十とある米国の気象学教室あるいは大気科学教室では，synoptic meteorologyの講義は必須科目の１つとして提供され，その演習の時間には，天気図やパソコンの画面の前で熱心なmap discussionが行われている．このような大学では，学部レベルの気象力学，大気放射学，雲物理学，大気化学，大気大循環論，大気観測法，気候とその変動，大気環境などに関連した講義も提供されている．学生は少なくとも数個の講義をとって卒業し，官民の気象事業体に，いわゆるmeteorologistとして就職する．

表0.2 ギリシア文字の読み方

大文字	小文字	読み方	
A	α	alpha	アルファ
B	β	beta	ベータ
Γ	γ	gamma	ガンマ
Δ	δ	delta	デルタ
E	ε, ϵ	epsilon	エプシロン（イプシロン）
Z	ζ	zeta	ゼータ（ツェータ）
H	η	eta	エータ
Θ	θ, ϑ	theta	テータ（シータ）
I	ι	iota	イオタ
K	$\varkappa$	kappa	カッパ
Λ	λ	lambda	ラムダ
M	μ	mu	ミュー
N	ν	nu	ニュー
Ξ	ξ	xi	クサイ（クシー）
O	o	omicron	オミクロン
Π	π	pi	パイ（ピー）
P	ρ	rho	ロー
Σ	σ, ς	sigma	シグマ
T	τ	tau	タウ
Υ	υ	upsilon	ユプシロン
Φ	φ, ϕ	phi	ファイ（フィー）
X	χ	chi	カイ（クヒー）
Ψ	ψ	psi	プサイ（プシー）
Ω	ω	omega	オメガ

表0.3 本書で使う等式と不等式の記号

$A = B$	A は B に等しい
$A \equiv B$	A は B であると定義する
$A \approx B$	A は近似的に B に等しい
$A \sim B$	A の桁数は B の桁数に等しい
$A > B$	A は B より大きい
$A \gg B$	A は B より桁はずれに大きい
$A \propto B$	A は B に比例する

第1章

準備編

1.1 微分と積分の復習

1.1.1 本書で使う関数

　気温や風速など，ある物理量が独立変数 x（時間や東西方向の距離など）が変わるとともに変わるとき，その物理量は x の関数（function）であるという．数理的な扱いをするときには，x とともに関数が変わる振舞いを，三角関数などの数学的関数で表現する．

　総観気象学では，いろいろな数学的関数を使う．なかには図1.1に示したような特殊な関数もあるが，本書で使うのは，三角関数，指数関数，自然対数など，いわゆる初等関数（elementary function）だけである．いずれも4,000円くらいの電卓で計算できる．

　まず，変数を x とするとき，三角関数は $\sin x$ や $\cos x$ などである．このときの x は長さではなく角度である．数学的な扱いをするときには，角度はラジアンを単位として測るのがふつうである．360°が2πラジアンに相

図1.1 若き日のジュール・チャーニー（J. G. Charney, 1917-1981）（Lindzen *et al.*, 1990）
　チャーニーが1947年に初めて傾圧不安定波の理論を提出したときに用いた関数が対数特異点をもつ（合流型）超幾何微分方程式の解を表す超幾何関数であった．図は当時のUCLAの学生新聞に載ったものである．チャーニーの難解な数学的解析に神秘性を感じたのか，彼の同僚のイエール・ミンツの弟のアーサー・ミンツが，ロマンチックな状況のもとで，なおこのような関数の話をしている若き日の科学者を描いている．

" . . . and since these are hypergeometric differential equations with logarithmic singularities . . . "

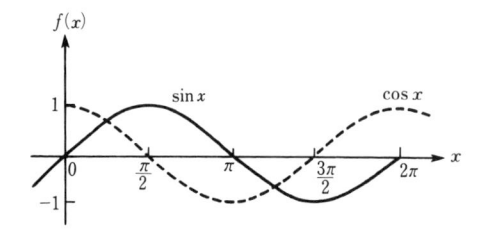

図 1.2 三角関数

表 1.1 三角関数の公式

$\tan x = \dfrac{\sin x}{\cos x}$, $\cot x = \dfrac{1}{\tan x}$, $\sec x = \dfrac{1}{\cos x}$, $\text{cosec}\, x = \dfrac{1}{\sin x}$

$\sin^2 x + \cos^2 x = 1$

$\sin(x \pm y) = \sin x \cdot \cos y \pm \cos x \cdot \sin y$

$\cos(x \pm y) = \cos x \cdot \cos y \mp \sin x \cdot \sin y$

$\tan(x \pm y) = \dfrac{\tan x \pm \tan y}{1 \mp \tan x \cdot \tan y}$

当する(π は円周率 3.14……). 図 1.2 には $\sin x$ と $\cos x$ が x の関数として図示してある. いずれも 2π ごとに同じ状態が繰り返される. 大気中には, 時間的にある周期で繰り返される周期的な運動や, 空間的にある波長で繰り返される波動などがある. こうした運動や状態を数式で表現するのには, 三角関数が便利である. 表 1.1 には本書で使う三角関数の公式がまとめてある.

ちなみに, $\cos x = \sin\{x + (\pi/2)\}$ である. この場合, $\sin x$ は $\cos x$ とは $\pi/2$ 位相 (phase) がずれているとか, 位相が $\pi/2$ 進んでいるとかいう言い方をする. あとで大気中のいろいろな波動の話をするが, その場合に風や気温や気圧などの物理量の位相が相互にどういう具合にずれているかが, その波動の性格を決めるのに重要な役割をする.

次に, a を正の数とするとき, 数値を a^p (a の p 乗) の形式で表すことを指数表示という. $a^2 = a \times a$, $a^1 = a$, $a^{1/2} = \sqrt{a}$, $a^0 = 1$, $a^{-1} = 1/a$, ……である. さらに, x を変数, a を正の数とするとき, $f(x) = a^x$ (a の x 乗) という x の関数を a を底とする指数関数 (exponential function) という. 指数関数については,

$$a^x a^y = a^{x+y}, \quad (ab)^x = a^x b^x, \quad (a^x)^y = a^{xy} \tag{1.1}$$

という公式が成り立つ.

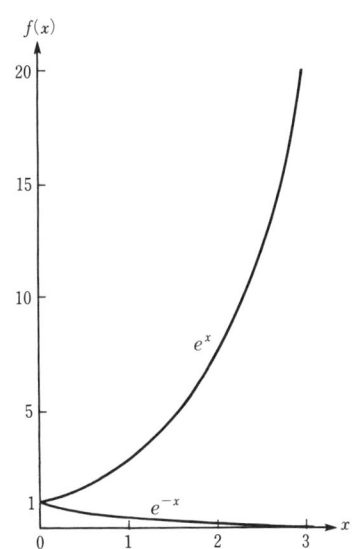

図 1.3 指数関数

表 1.2 対数関数の公式

$\ln 1 = 0$
$\ln x \cdot y = \ln x + \ln y$, $\ln x^n = n \ln x$, $\ln(1/x) = -\ln x$
$\log_{10} x = M \ln x$, ただし $M = \log_{10} e \approx 0.4343$, $\dfrac{1}{M} = \ln 10 \approx 2.3026$

　自然科学で指数関数といえば，$e = 2.718\cdots\cdots$という特別な値を底とする e^x という関数をさすことが多い（$\exp(x)$ と書くこともある）．$f(x) = e^x$ のグラフは図 1.3 に示してあるが，特徴は x が増すにつれて急激に増加することである．すなわち，x が増すにつれて，関数の増え方も速くなる．いかにも連鎖反応や複利で貯金が増える様子を表現するのに適した関数である．事実，あとで大気中のいろいろな不安定な運動を議論するが，そうした場合に擾乱の振幅や速度などが時間とともに増加する様子は，指数関数で表現される（2.2 節）．

　次に，指数関数の逆関数を a を底とする対数関数という．すなわち対数関数 $f(x)$ は，

$$f(x) = \log_a x, \quad a^{f(x)} = x \tag{1.2}$$

の関係を満足する．a が 10 の場合を常用対数（common logarithm）といい，

a が e の場合を自然対数 (natural logarithm) という．それで自然対数は $\log_e x$ と書けるが，これにふつうは $\ln x$ という記号を用いる．表 1.2 に $\ln x$ についての公式がまとめてある．

これ以外に，本書で扱う関数としては，n を任意の実数として，x^n (x の n 乗) がある．

1.1.2 微分と導関数

独立変数 x の関数を $f(x)$ で表し，x の値が微小量 δx だけ増したときの関数の値を $f(x+\delta x)$ と書く (図 1.4 の Q 点)．$f(x+\delta x)$ と $f(x)$ の差が，x の増し分 δx に応じた関数の増し分である．δx を小さくすると，当然関数の増し分も小さくなるが，δx を無限小の極限 (limit) にもっていったとき，関数の増し分と x の増し分の比を，その関数の導関数という．記号で書けば，

$$\frac{df}{dx} = \lim_{\delta x \to 0} \frac{f(x+\delta x) - f(x)}{\delta x} \tag{1.3}$$

である．導関数は図の P 点における接線の傾きを表す．導関数を求める演算を微分という．

早速，例をあげよう．x^2 という関数を考える．このとき，関数の増し分と x の増し分の比は，

$$\frac{\text{関数の増し分}}{x \text{ の増し分}} = \frac{(x+\delta x)^2 - x^2}{\delta x} = 2x + \delta x \tag{1.4}$$

であるから，δx を限りなく 0 に接近させると，上記の比は $2x$ となる．したがって，x^2 の導関数は $2x$ である．

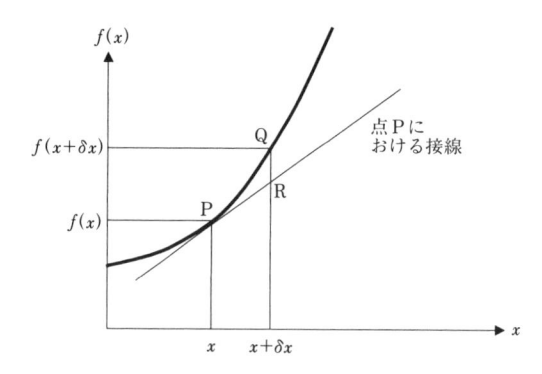

図 1.4 導関数の説明図

表1.3 主な関数とその導関数

関　数	$\sin x$	$\cos x$	$\tan x$	e^x	$\ln x$	x^n
導関数	$\cos x$	$-\sin x$	$\sec^2 x$	e^x	$1/x$	nx^{n-1}

式 (1.3) で定義したものは，実は1次の導関数といわれているもので，これをさらに x で微分したものが2次の導関数 d^2f/dx^2 である．ちなみに，導関数の英語は derivative で，近頃新聞の経済欄などによく登場するデリバティブ（金融派生商品）と同じ言葉である．デリバティブにも先物取引，スワップ，オプションなど，いろいろある．導関数は関数から派生した関数の一種である．

本書で使う関数は前節で述べた三角関数，指数関数，対数関数などや，それらの組合せである．それらの関数の導関数は表1.3にまとめてある．導関数を逆に積分すれば，もとの関数が得られる．

次に，たとえば $(1+x^2)^2$ という関数 $f(x)$ を微分する．仮に $\xi=1+x^2$ とおけば，与えられた関数は $f(\xi)=\xi^2$ である．このときの微分の一般的なルールは

$$\frac{df(x)}{dx}=\frac{df(\xi)}{d\xi}\frac{d\xi}{dx} \tag{1.5}$$

である．それでいまの関数の微分は $4x(1+x^2)$ である．e^{ax} の1次導関数は ae^{ax} である．

次に $f(x)$ と $g(x)$ を x の任意の関数とするとき，微分のルールは，

$$\frac{d}{dx}(fg)=f\frac{dg}{dx}+g\frac{df}{dx} \tag{1.6}$$

である．したがって $x\cos x$ の1次導関数は $\cos x - x\sin x$ である．

1.1.3 関数の近似式

本書ではテイラーの級数展開をしばしば使う．まず説明の順序として，関数 $f(x)$ の1次導関数を $f'(x)$，2次導関数を $f''(x)$，……と書くことにすると，$f''(x)$ の定義式から，

$$\frac{df'(x)}{dx}=f''(x) \tag{1.7}$$

である．これを x の0から x まで定積分すると，

$$f'(x)-f'(0)=\int_0^x f''(x)dx \tag{1.8}$$

となる．いま，x は小さい値であって，0 から x までの狭い範囲では，右辺の $f''(x)$ は $x=0$ における値 $f''(0)$ で近似できるとすると，右辺は，

$$\text{右辺}\approx f''(0)\int_0^x dx=f''(0)x \tag{1.9}$$

となる．ここで $\approx$ は近似的に等しいという記号である．これを式 (1.8) に代入すると，

$$f'(x)\approx f'(0)+f''(0)x \tag{1.10}$$

が得られる．次に同じことを $f'(x)$ について行う．

$$\frac{df(x)}{dx}=f'(x) \tag{1.11}$$

を 0 から x まで積分すると，

$$f(x)-f(0)=\int_0^x f'(x)dx \tag{1.12}$$

が得られる．右辺に式 (1.10) を代入して積分すると，

$$f(x)\approx f(0)+f'(0)x+\frac{1}{2}f''(0)x^2 \tag{1.13}$$

が得られる．

上記では $f''(x)$ から出発したが，もっと高次の導関数から出発すれば，もっと高い精度の近似式が得られる．さらに，これを一般化すると，

$$f(x)=f(0)+f'(0)x+\frac{1}{2}f''(0)x^2+\cdots\cdots+\frac{1}{n!}f^{(n)}(0)x^n+\cdots\cdots \tag{1.14}$$

というように，x が小さいときには，$f(x)$ を x のべき乗の無限級数として書くことができる．これをマクローリン (MacLaurin) の級数という．ここで，$n!$ は階乗で，$n!=1\cdot 2\cdots\cdots n$ である．

これをさらに一般化したのが，次のテイラー (Taylor) の級数である．

$$\begin{aligned}f(x)=&f(a)+(x-a)f'(a)+\frac{1}{2}(x-a)^2f''(a)\\&+\frac{1}{6}(x-a)^3f'''(a)+\cdots\cdots+\frac{1}{n!}(x-a)^nf^{(n)}(a)+\cdots\cdots\end{aligned} \tag{1.15}$$

そして $f(x)$ をこのような無限級数に展開できるというのがテイラーの定理である．かつての物理数学の標準的教科書であった『自然科学者のための数

学概論』（寺澤，1941）が，この定理は「微分学において最も重要な定理であって，もしこの定理なかりせば微分学の活用範囲は実に哀れなものであろう」というほど，ありがたい定理なのである（次節参照）．

さて，式 (1.15) において，$x-a=\delta x$ とおき，δx は微小量だから δx の 2 次以上の高次の項は省略して，

$$f(x+\delta x) \approx f(x) + f'(x)\delta x \tag{1.16}$$

とする．この近似は，図 1.4 において，点 Q と P における $f(x)$ の差を，点 R と P における $f(x)$ の差で近似したのと同じである．高校や大学の一般教養課程の数学では，式の左右両辺がきっちり等しいという等式だけを扱ってきたが，自然科学では式 (1.16) のような近似式を頻繁に使う．マクローリン級数の場合でも，x が 1 より十分小さいときには，

$$f(x) \approx f(0) + f'(0)x \tag{1.17}$$

と近似できる．したがって，次のように近似できることを練習問題としてやってほしい．

$$\sin x \approx x, \quad \cos x \approx 1 \tag{1.18}$$

$$e^x \approx 1+x, \quad \ln(1+x) \approx x \tag{1.19}$$

1.1.4 偏微分

次に，たとえば地表面の気温の分布のように，ある物理量が 2 つの独立変数 x と y の関数であるとして，$f(x, y)$ と表す．これまで述べてきた微分（常微分という）をほんの少し拡張して，偏微分というものを考える．y の値は固定しておいて，x の値だけが x から $x+\delta x$ まで増したとき，関数の増し分と x の増し分の比が，$\delta x \to 0$ の極限でとる値である．式 (1.3) と同じような記号で書けば，

$$\frac{\partial f}{\partial x} = \lim_{\delta x \to 0} \frac{f(x+\delta x, y) - f(x, y)}{\delta x} \tag{1.20}$$

である．同じように，x の値は固定して，y の値だけが変わったとき，関数の値がどれだけ変わるかの目安を与えるのが $\partial f/\partial y$ であって，

$$\frac{\partial f}{\partial y} = \lim_{\delta y \to 0} \frac{f(x, y+\delta y) - f(x, y)}{\delta y} \tag{1.21}$$

である．たとえば $f(x, y) = x^3 + xy + y^3$ のとき，$\partial f/\partial x = 3x^2 + y$ であり，

$\partial f/\partial y = x + 3y^2$ である．したがって，式 (1.16) を拡張し，点 $(x=a, y=b)$ から，それぞれ δx, δy だけ増した点における関数の値は，δx と δy の 1 次までの項をとって，

$$f(a+\delta x, b+\delta y) \approx f(a, b) + \frac{\partial f}{\partial x}\delta x + \frac{\partial f}{\partial y}\delta y \qquad (1.22)$$

と近似できる．上の式で偏微分はいずれも点 (a, b) における値である．

1.2 テイラー級数の応用：発散・収束と個別微分

さっそくテイラー級数展開の応用例を 2 つ述べよう．本書では原則として直交直線座標系を用いる．x 軸を東向きに正，y 軸を北向きに正，z 軸を鉛直上方に正にとる．それぞれの方向の速度成分を u, v, w で表し，座標軸の正の方向を向いている速度成分を正にとる．したがって，東風は負，南風は正，下降流は負である．さて図 1.5 のように，動いている大気中の水平面上で，x, y 方向の辺の長さがそれぞれ微小量 δx と δy の小さな四角形を考える．四角形の中心 P における速度を u, v とすると，テイラー展開により，

$$\text{点 A における } x \text{ 方向の速度} = u + \frac{\partial u}{\partial x}\frac{\delta x}{2}$$

$$\text{点 B における } x \text{ 方向の速度} = u - \frac{\partial u}{\partial x}\frac{\delta x}{2}$$

である．それで点 A と B の速度の差は $(\partial u/\partial x)\delta x$ である．微小時間 δt 経

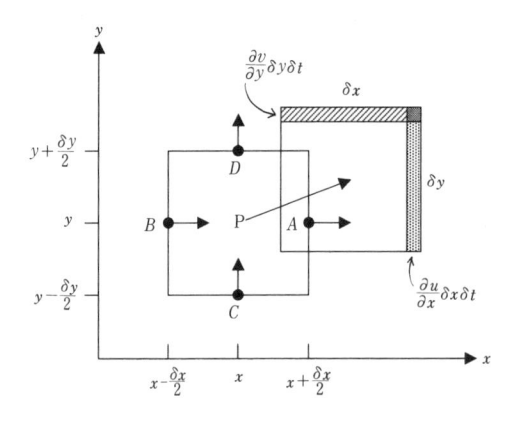

図 1.5 2 次元の発散の説明図

った後には，点 P は $(x+u\delta t, y+v\delta t)$ の位置に移るが，同時にもとの AB 間の距離 δx は速度の差に応じて $(\partial u/\partial x)\delta x\delta t$ だけ x 方向に伸びる．CD 間の距離は δy であるから，これは $(\partial u/\partial x)\delta x\delta y\delta t$ だけ面積が増えたことになる（図の網点をつけた部分）．y 方向についても同じように考えると，点 C と D の v の差は $(\partial v/\partial y)\delta y$ であるから，δt 時間後には $(\partial v/\partial y)\delta x\delta y\delta t$ だけ面積が増える（図の斜線の部分）．図の四角形を構成する空気はその場の風とともに動いているが，もとの面積 $\delta x\delta y$ は δt 時間後には $(\partial u/\partial x+\partial v/\partial y)\delta x\delta y\delta t$ だけ面積が増えたことになる（図の黒く塗った四角形の部分は 2 次の微小量だから無視する）．気象学では速度の水平発散を，目をつけた部分の面積 (S) が単位時間に増加する割合で定義する．いまの場合，$S=\delta x\delta y$ なので，

$$\text{水平発散}=\frac{1}{\delta t}\left(\frac{\delta S}{S}\right)=\frac{1}{S}\frac{dS}{dt}=\frac{1}{\delta x\delta y}\frac{\left(\frac{\partial u}{\partial x}+\frac{\partial v}{\partial y}\right)\delta x\delta y\delta t}{\delta t}$$
$$=\frac{\partial u}{\partial x}+\frac{\partial v}{\partial y} \qquad(1.23)$$

である（この式の d/dt については，すぐあとでさらに述べる）．上式により，水平発散は $(\partial u/\partial x)+(\partial v/\partial y)$ であると定義してもよい．発散量が負のときには収束があるという．

これを拡張して，3 次元の発散は，注目した空気の微少部分の容積 (V) が単位時間当り増加した割合として，次のように表現される．

$$3 \text{ 次元の発散}=\frac{1}{V}\frac{dV}{dt}=\frac{\partial u}{\partial x}+\frac{\partial v}{\partial y}+\frac{\partial w}{\partial z} \qquad(1.24)$$

テイラー級数のもう 1 つの応用例は，温位や水蒸気量などの保存則の数式化である．空気塊が時刻 t_0 に点 (x_0, y_0, z_0) にいたときもっていた物理量を $\varphi(x_0, y_0, z_0, t_0)$ とする．空気塊が風とともに動き，δt 時間後に点 $(x_0+\delta x, y_0+\delta y, z_0+\delta z)$ にきたとき，物理量 φ は $\varphi(x_0+\delta x, y_0+\delta y, z_0+\delta z, t_0+\delta t)$ という値をとるとすると，単位時間当りの φ の変化（$d\varphi/dt$ という記号を用いる）は，

$$\frac{d\varphi}{dt}=\frac{1}{\delta t}\{\varphi(x_0+\delta x, y_0+\delta y, z_0+\delta z, t_0+\delta t)$$
$$-\varphi(x_0, y_0, z_0, t_0)\} \qquad(1.25)$$

である．右辺の最初の項をテイラー展開すれば，

$$\varphi(x_0+\delta x, y_0+\delta y, z_0+\delta z, t_0+\delta t)$$
$$\approx \varphi(x_0, y_0, z_0, t_0) + \frac{\partial \varphi}{\partial x}\delta x + \frac{\partial \varphi}{\partial y}\delta y$$
$$+ \frac{\partial \varphi}{\partial z}\delta z + \frac{\partial \varphi}{\partial t}\delta t \tag{1.26}$$

となるから，式 (1.25) は

$$\frac{d\varphi}{dt} \approx \frac{\partial \varphi}{\partial x}\frac{\delta x}{\delta t} + \frac{\partial \varphi}{\partial y}\frac{\delta y}{\delta t} + \frac{\partial \varphi}{\partial z}\frac{\delta z}{\delta t} + \frac{\partial \varphi}{\partial t} \tag{1.27}$$

となる．δx, δy, δz は時間 δt の間に空気塊が x, y, z の方向に移動した距離なので，δt を小さくしていくと，$\delta x/\delta t = u$, $\delta y/\delta t = v$, $\delta z/\delta t = w$ となる．したがって，

$$\frac{d\varphi}{dt} = \frac{\partial \varphi}{\partial t} + u\frac{\partial \varphi}{\partial x} + v\frac{\partial \varphi}{\partial y} + w\frac{\partial \varphi}{\partial z} \tag{1.28}$$

が得られる．左辺 ($d\varphi/dt$) は空気塊にのって空気塊とともに動いたときに経験する単位時間当りの物理量の変化で，これを個別時間微分という．これに対して右辺第 1 項 ($\partial \varphi/\partial t$) は，ある場所 ($x_0, y_0, z_0$) で起きる単位時間当りの物理量の変化で，これを局所的時間微分という．残りの 3 項を移流項という．たとえば φ として温位 θ をとる．空気塊が断熱変化をしているときには温位は保存される．すなわち $d\theta/dt = 0$ が成り立つ（熱力学第 1 法則）．このときには，式 (1.28) により，

$$\frac{\partial \theta}{\partial t} = -u\frac{\partial \theta}{\partial x} - v\frac{\partial \theta}{\partial y} - w\frac{\partial \theta}{\partial z} \tag{1.29}$$

である．

温位が北に向かって減少しているときに ($\partial \theta/\partial y < 0$)，南風 ($v > 0$) が吹けば，式 (1.29) により $\partial \theta/\partial t > 0$ である．すなわち，その地点の温位は増加する．暖かい空気の移流効果である．ふつう，温位は高度とともに増加している．それで上昇流がある地点の温位は減少する．鉛直移流効果である．一般的に気象の変化を観察する方法として，目をつけた空気塊を追いかけて，その空気塊の変化を観察する方法と，ある固定された地点にじっくり腰を据えて時間変化を観察する方法とがある．前者をラグランジュ的，後者をオイラー的観察法という．それで個別時間微分をラグランジュ時間微分，局所的時間微分をオイラー時間微分ということもある．

1.3 連続の式を導く

　空気は運動しているが，空気の質量は減りも増えもしない．このことを数式化したのが質量保存の式あるいは連続の式と呼ばれているものである．それを導くために，大気から小さな直方体を切り取り，その3辺の長さをそれぞれ δx, δy, δz とする．その容積は $\delta x \delta y \delta z$ であり，空気の密度を ρ とすれば，質量は $\rho \delta x \delta y \delta z$ である．この直方体が風とともに動き，容積が時間とともに変化しても，その質量は変化しない．このことを式で表現すれば，

$$\frac{d(\rho \delta x \delta y \delta z)}{dt} = 0 \tag{1.30}$$

である．ここで式 (1.6) の微分のルールを用いると，

$$\frac{d\rho}{dt} \delta x \delta y \delta z + \rho \frac{d(\delta x \delta y \delta z)}{dt} = 0 \tag{1.31}$$

と書ける．これは，

$$\frac{1}{\rho}\frac{d\rho}{dt} + \frac{1}{\delta x \delta y \delta z}\frac{d(\delta x \delta y \delta z)}{dt} = 0 \tag{1.32}$$

に等しい．そして第2項は式 (1.24) で述べた発散であるから，

$$\frac{1}{\rho}\frac{d\rho}{dt} + \left(\frac{\partial u}{\partial x} + \frac{\partial v}{\partial y} + \frac{\partial w}{\partial z}\right) = 0 \tag{1.33}$$

と書き直せる．これが質量保存の式あるいは連続の式と呼ばれているものである．
　ところで，式 (1.28) によれば，

$$\frac{d\rho}{dt} = \frac{\partial \rho}{\partial t} + u\frac{\partial \rho}{\partial x} + v\frac{\partial \rho}{\partial y} + w\frac{\partial \rho}{\partial z} \tag{1.34}$$

であるから，これを式 (1.33) に代入して整理すると，

$$\frac{\partial \rho}{\partial t} + \frac{\partial(\rho u)}{\partial x} + \frac{\partial(\rho v)}{\partial y} + \frac{\partial(\rho w)}{\partial z} = 0 \tag{1.35}$$

が得られる．これも連続の式であり，式 (1.33) と同様によく用いられる．ちなみに，式 (1.34) の中の $u(\partial \rho/\partial x)$ を質量の x 方向の移流項 (advection term) といい，式 (1.35) の中の ρu を質量の x 方向のフラックス (flux) という．式 (1.35) は，空気塊の密度のオイラー的時間変化は，u, v, w の3方向からの差し引き (net) のフラックスによって決まることを表している．

一般的に，密度がどこでもいつでも一定である流体を非圧縮性流体という．この場合は式 (1.33) において $d\rho/dt=0$ であるから，非圧縮性流体の連続の式は，

$$\frac{\partial u}{\partial x}+\frac{\partial v}{\partial y}+\frac{\partial w}{\partial z}=0 \tag{1.36}$$

である．すなわち，発散＝0 である．

1.4 乾燥大気の熱力学

本書の大部分では，大気を乾燥空気として扱っている．乾燥空気の熱力学については『一般気象学 第2版』で述べたとおりであり，本書でもそれで十分間に合うから，この節で要点を復習しておこう．

乾燥空気を理想気体とすると，その状態方程式は，

$$p\alpha=R_{\mathrm{d}}T \quad \text{あるいは} \quad p=R_{\mathrm{d}}\rho T \tag{1.37}$$

で与えられる．p は気圧，α は比容，T は温度，ρ は密度，R_{d} は乾燥気体の気体定数 ($=287\,\mathrm{J\,K^{-1}kg^{-1}}$) である．$\alpha=1/\rho$ である．

単位質量の乾燥空気に対して，熱力学の第1法則は次のように書ける．

内部エネルギーの増加量＝外から加えた熱量＋外からなされた仕事

$$du=\delta Q+dW \tag{1.38}$$

ここで，u, Q, W はそれぞれ内部エネルギー，外から加えた熱量 (熱エネルギー)，仕事量を表す．p の圧力がかかり，体積が α から $\alpha+d\alpha$ に変化したとすると，

$$dW=-pd\alpha \tag{1.39}$$

である．理想気体では，内部エネルギーは温度のみの関数であるから，

$$du=C_{\mathrm{v}}dT \tag{1.40}$$

が成り立つ．C_{v} は定積比熱である (添字の v は体積 (volume) 一定での加熱の意味である)．比容も温度も状態量であるから，その微小な変化として式 (1.38) において，内部エネルギーも仕事も微分記号で書いてあるが，外からの加熱量はそうした意味の状態量ではないので，違った記号 δQ で書いてある．

さて，圧力一定のままで熱量 δQ が加えられたため，温度が dT 変化した

とすれば，
$$\delta Q = C_\mathrm{p} dT \tag{1.41}$$
である．C_p が定圧比熱である（添字 p は圧力 (pressure) の意味）．式 (1.41) に式 (1.38)，(1.39)，(1.40) を代入すると，
$$\delta Q = C_\mathrm{p} dT = du + p d\alpha = C_\mathrm{v} dT + p d\alpha \tag{1.42}$$
一方，状態方程式 $p\alpha = R_\mathrm{d} T$ の対数をとると，
$$\ln p + \ln \alpha = \ln R_\mathrm{d} + \ln T$$
となる．微分をとると，
$$\frac{dp}{p} + \frac{d\alpha}{\alpha} = \frac{dT}{T} \tag{1.43}$$
となるが，両辺に $p\alpha$ を乗ずると，
$$\alpha dp + p d\alpha = R_\mathrm{d} dT \tag{1.44}$$
が得られる．圧力一定のときには，$dp = 0$ であるから，
$$p d\alpha = R_\mathrm{d} dT \tag{1.45}$$
となり，これを式 (1.42) に代入すると，$C_\mathrm{p} dT = C_\mathrm{v} dT + R_\mathrm{d} dT$ となる．これがいつも成り立つための条件として，
$$C_\mathrm{p} - C_\mathrm{v} = R_\mathrm{d} \tag{1.46}$$
という関係式が得られる．

ここまでに得られた関係式を利用すると，$\delta Q = du + p d\alpha$ は次のように順次変形できる．
$$\begin{aligned}
\delta Q &= C_\mathrm{v} dT + R_\mathrm{d} dT - \alpha dp \\
&= C_\mathrm{p} dT - \alpha dp \\
&= C_\mathrm{p} dT - \frac{R_\mathrm{d} T}{p} dp \\
&= T\left(C_\mathrm{p} \frac{dT}{T} - R_\mathrm{d} \frac{dp}{p}\right) \\
&= T(C_\mathrm{p} d \ln T - R_\mathrm{d} d \ln p) \\
&= T(d \ln T^{C_\mathrm{p}} - d \ln p^{R_\mathrm{d}}) \\
&= T d \ln\left(\frac{T^{C_\mathrm{p}}}{p^{R_\mathrm{d}}}\right) \tag{1.47}
\end{aligned}$$

ここで乾燥空気が断熱変化（$\delta Q = 0$）をしているとすると，絶対温度が 0 でない限り，

$$\frac{T^{C_p}}{p^{R_d}} = 一定 \tag{1.48}$$

でなければならない．いま，ある高さにある空気塊を断熱的に標準気圧 p_{00}（ふつう 1,000 hPa にとる）に移動したときの空気塊の温度を θ とすると，式 (1.48) の保存則により，

$$\frac{T^{C_p}}{p^{R_d}} = \frac{\theta^{C_p}}{p_{00}^{R_d}} \tag{1.49}$$

である．これにより，温位 (potential temperature) の定義式が得られる．

$$\theta = T\left(\frac{p_{00}}{p}\right)^\kappa, \quad \kappa \equiv \frac{R_d}{C_p} = 0.2859 \tag{1.50}$$

この θ を用いると，式 (1.47) は，

$$\delta Q = T C_p \frac{d\theta}{\theta} \tag{1.51}$$

となる．ここで，単位時間に単位質量の乾燥空気に加えられる熱量を $\dot{Q}$ と書くと，

$$\frac{d\theta}{dt} = \frac{\theta}{C_p T} \dot{Q} \tag{1.52}$$

となる．これが本書で使用する熱力学の第 1 法則である．

1.5 運動方程式系を導く

ニュートンの運動の第 2 法則によれば，ある物体の運動量（物体の質量と速度の積）の単位時間当り (1 秒間) の変化は，その物体に働いている力の和に等しい．物体の質量 m は変わらないとすれば，たとえば x 方向では，

$$\frac{d(mu)}{dt} = m \frac{du}{dt} = 力の和の x 方向の成分 \tag{1.53}$$

が成り立つ．$du/dt =$ 加速度であるから，これが質量×加速度＝力という運動の法則を数式で表したもので，x 方向の運動方程式という．

大気に働く力の中で，まず気圧傾度力を考える．図 1.6 のように，大気の一部を切り取った小さな直方体を考える．その 3 辺の長さを $\delta x, \delta y, \delta z$ とする．この直方体が周囲の大気から受ける圧力は，どの面でも面に直角である．したがって，x 方向の加速に寄与するのは，図の直方体の A 面と B 面における気圧である．これらを p_A, p_B とすると，面の面積は $\delta y \delta z$ であるか

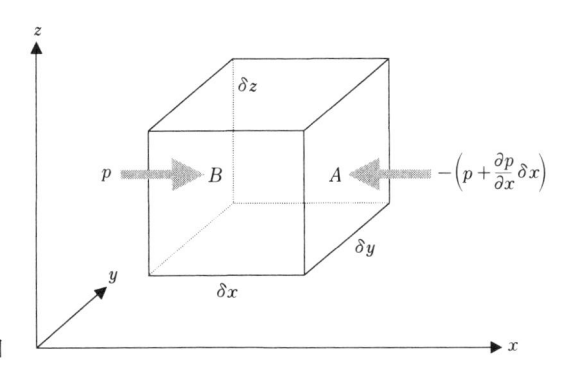

図1.6 気圧傾度力の説明図

ら，A面で直方体に働く力は $-p_A \delta y \delta z$，B面で働く力は $p_B \delta y \delta z$ である．差し引き $(-p_A + p_B)\delta y \delta z$ だけの気圧力が x 方向に働く．ところが，テイラー級数展開によれば，$p_A = p_B + (\partial p / \partial x)\delta x$ であるから，気圧力は $-(\partial p / \partial x)\delta x \delta y \delta z$ である．一方，空気の密度を ρ とすれば，この直方体の質量は $m = \rho \delta x \delta y \delta z$ である．この気圧力と m を式 (1.53) に代入すると，x 方向の運動方程式は，

$$\frac{du}{dt} = -\frac{1}{\rho}\frac{\partial p}{\partial x} \quad (1.54)$$

となる．右辺が単位質量の空気塊に働いている気圧傾度力といわれている力の成分である．負の符号がついていることは，気圧傾度力が気圧の高い地点から低い地点に向かって働いていることを表している．同じようにして，y 方向と z 方向の気圧傾度力はそれぞれ $-(1/\rho)(\partial p/\partial y)$ と $-(1/\rho)(\partial p/\partial z)$ である．

総観規模の気象では，みかけの力としてコリオリ力も重要である．これについては『一般気象学 第2版』で解説したが，コリオリ力は風の方向に直角に，北半球では右にそらせるように働く．その大きさは，単位質量につきコリオリ・パラメター（f という記号を用いる）×速度である．それで v の速度で北向きに動いている空気塊には，x 軸の正の方向に fv だけのコリオリ力が働く．u の速度で東向きに動いている空気塊には fu だけのコリオリ力が南向きに働く（いいかえれば，$-fu$ の力が y 軸の正の方向に働く）．

最後に，地球の重力がいつも z 軸の下方に向かって働いている．

こうして，単位質量の空気塊について，x, y, z 方向の運動方程式はそれぞれ次のように書ける．

$$\frac{du}{dt} = -\frac{1}{\rho}\frac{\partial p}{\partial x} + fv \tag{1.55}$$

$$\frac{dv}{dt} = -\frac{1}{\rho}\frac{\partial p}{\partial y} - fu \tag{1.56}$$

$$\frac{dw}{dt} = -\frac{1}{\rho}\frac{\partial p}{\partial z} - g \tag{1.57}$$

ここで g は重力加速度である（$\approx 9.8\,\mathrm{m\,s^{-2}}$）．あるいは式 (1.28) を用いると，式 (1.55) と式 (1.56) は，それぞれ次のように書き直せる．

$$\frac{\partial u}{\partial t} + u\frac{\partial u}{\partial x} + v\frac{\partial u}{\partial y} + w\frac{\partial u}{\partial z} = -\frac{1}{\rho}\frac{\partial p}{\partial x} + fv \tag{1.58}$$

$$\frac{\partial v}{\partial t} + u\frac{\partial v}{\partial x} + v\frac{\partial v}{\partial y} + w\frac{\partial v}{\partial z} = -\frac{1}{\rho}\frac{\partial p}{\partial y} - fu \tag{1.59}$$

最後に，地球はほぼ球形であり，本来コリオリ・パラメター f は

$$f = 2\Omega \sin\phi \tag{1.60}$$

で与えられている（『一般気象学 第 2 版』138 ページ）．Ω は地球の自転の角速度，ϕ はいま考えている地点の緯度である．したがって，水平方向に数千 km の広がりをもつ総観規模の気象に対して，直交直線座標系を用いると定量的には誤差を生ずる．問題によっては，f の緯度による違いを考慮しないと問題の本質が議論できないことがある（たとえば 5.7 節のロスビー波の問題）．しかし，直交直線座標系を使うと，取扱いが非常に簡単になるので，本書ではこれを用いる．ただ，直交直線座標系で f が緯度によって違うことを表現するために，f は y の関数であるとして，f をいま考えている座標原点の地点の近傍でテイラー展開して，

$$f = f_0 + \beta y \tag{1.61}$$

と近似する．ここで $\beta \equiv df/dy$ であり[†]，f_0 が座標原点でのコリオリ・パラメターである．式 (1.61) をコリオリ・パラメターのベータ面近似といい，広く用いられている．球面座標系を用いた運動方程式については気象力学の専門書を参照していただきたい．

[†] もっと正確には，β は y の微分でなくて，R_E を地球の半径とするとき，$\beta = \partial(2\Omega \sin\phi)/R_E \partial\phi$ である．緯度 45° では $\beta = (2\Omega/R_E)\cos\phi = 1.62 \times 10^{-11}\,\mathrm{m^{-1}s^{-1}}$ の大きさである．

さて，大気中にはいつも水蒸気が含まれていて，凝結に伴う潜熱の放出による加熱は低気圧の発達に大きな影響を及ぼす．しかし，話の道筋を簡単にするために，ここではその影響は無視して，乾燥大気だけを考える．そうすると，ある時刻における大気の運動および状態は，x, y, z, t を独立変数として，$u, v, w, T, \rho, p, \theta$ の7個の変数（これを従属変数という）の空間・時間分布により完全に記述される（$\dot{Q}$ はほかの従属変数によって記述されるものと仮定する）．そして，これら7個の従属変数について，7個の方程式(1.55)，(1.56)，(1.57)，(1.33)，(1.37)，(1.50)，(1.52)があるから，あとで述べるように初期条件と境界条件というものを指定すると，大気の運動および状態を時間を追って記述できる．これが最も一般的な運動方程式の組合せで，このセットを圧縮性流体の運動方程式系という．

実際の現象に適用するさいには，個々の現象に応じてもっと簡略化した方程式系が使えることを次章以下で述べる．

1.6 ベクトル演算と渦度ベクトル

気象学で扱う物理量にはスカラー量とベクトル量がある．スカラー量は方向に無関係な大きさあるいは強さなどで表される量であり，温度，密度，質量などがその例である．一方，方向と大きさ（あるいは強さ）の両者で表される物理量がベクトル量である．速度，加速度などはその例である．パスカルの圧力の原理に従い，圧力はどの方向にも同じ強さで働く．だから風船に空気を入れれば，丸く膨らむ．気圧（圧力）はスカラー量である．しかし気圧傾度力はベクトル量である．あとで述べる渦度もベクトル量である．本書ではベクトル量は太字体で表す．

前と同じ直交直線座標系をとり，x, y, z 軸方向に単位の長さをもつベクトル $\boldsymbol{i}, \boldsymbol{j}, \boldsymbol{k}$ を考え，これを単位ベクトルと呼ぶ（図1.7）．任意のベクトル $\boldsymbol{A}$ をとり，その x, y, z 方向の成分をそれぞれ A_x, A_y, A_z と記すと，

$$\boldsymbol{A} = A_x \boldsymbol{i} + A_y \boldsymbol{j} + A_z \boldsymbol{k} \tag{1.62}$$

と表現される．ベクトル $\boldsymbol{A}$ の長さ（あるいは絶対値）$|\boldsymbol{A}|$ は，

$$|\boldsymbol{A}| = (A_x^2 + A_y^2 + A_z^2)^{1/2} \tag{1.63}$$

である．

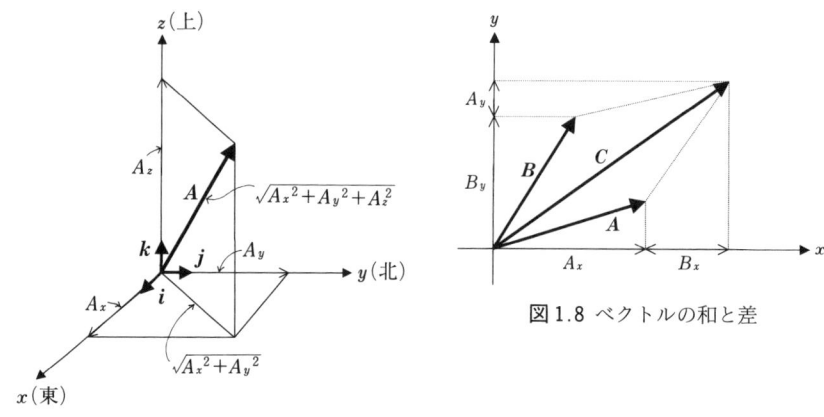

図1.7 単位ベクトルとベクトル A の絶対値

図1.8 ベクトルの和と差

　次に，任意の別のベクトル B を考え，その成分を B_x, B_y, B_z とすると，2つのベクトル A と B の和あるいは差は，おのおのの成分の和あるいは差を成分とするベクトルであって，

$$A \pm B = (A_x \pm B_x)i + (A_y \pm B_y)j + (A_z \pm B_z)k \tag{1.64}$$

となる．(x, y) 成分だけをもつ2次元ベクトルについて $A+B=C$ としたときの A, B, C の関係が図1.8に示してある．C をある高度における風ベクトル，A をそれより低い高度における風ベクトルとすると，$B=C-A$ が鉛直シアーベクトルに相当する．

　2つのベクトル A と B の積には2種類ある．1つはスカラー積あるいは内積と呼ばれているもので，$A \cdot B$ という記号を用いる．スカラー積はスカラー量を生み出し，その大きさは，

$$A \cdot B = A_x B_x + A_y B_y + A_z B_z = B \cdot A \tag{1.65}$$

である．あるいは，A と B の間の角を ϕ とすると（図1.9参照），

$$A \cdot B = |A||B|\cos\phi \tag{1.66}$$

である．これから，直交する2つのベクトルのスカラー積は $\phi=90°$ とおいて0になることがわかる．したがって，単位ベクトルについては，

$$\begin{aligned} i \cdot i = j \cdot j = k \cdot k = 1 \quad (\phi=0) \\ i \cdot j = i \cdot k = j \cdot k = 0 \quad (\phi=\pi/2) \end{aligned} \tag{1.67}$$

という関係がある．

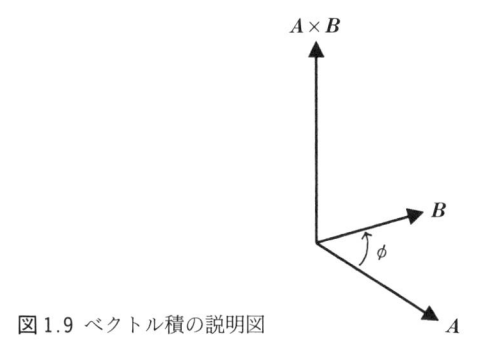

図1.9 ベクトル積の説明図

　もう1つの積がベクトル積あるいは外積と呼ばれているもので，$A \times B$ の記号を使う．2つのベクトルのベクトル積は文字どおりベクトルである．その方向は，A と B が構成する平面に直交するベクトルで（図1.9），A を右手の親指で，B を人差し指で表したとき，それに直角にたてた中指の方向である．その大きさは，A から B に向かって測った A と B のなす角度を ϕ とすると，

$$|A \times B| = |A||B| \sin \phi \tag{1.68}$$

である．だから，$A \times B = -B \times A$ である．したがって，単位ベクトルについては，

$$i \times i = j \times j = k \times k = 0$$
$$i \times j = k, \quad j \times k = i, \quad k \times i = j$$
$$j \times i = -k, \quad k \times j = -i, \quad i \times k = -j \tag{1.69}$$

という関係がある．

　気象学で重要なのが，偏微分オペレーター∇（ナブラ，nabla）で，

$$\nabla = \left(\frac{\partial}{\partial x}\right)i + \left(\frac{\partial}{\partial y}\right)j + \left(\frac{\partial}{\partial z}\right)k \tag{1.70}$$

で定義される．∇ をスカラー量である気圧 p に作用させると，

$$\nabla p = \left(\frac{\partial p}{\partial x}\right)i + \left(\frac{\partial p}{\partial y}\right)j + \left(\frac{\partial p}{\partial z}\right)k \tag{1.71}$$

となり，単位体積の空気塊に働く気圧傾度力を表す．∇p は気圧一定の等圧面に直交するベクトルである．

　次に，∇ とベクトルのスカラー積の例として，∇ と速度ベクトル v（その

成分は u, v, w のスカラー積を考えよう．式 (1.65) において，ベクトル A と B をそれぞれ ∇ と v で置き換えればよいから，

$$\nabla \cdot v = \frac{\partial u}{\partial x} + \frac{\partial v}{\partial y} + \frac{\partial w}{\partial z} \tag{1.72}$$

となり，$\nabla \cdot v$ が式 (1.24) で定義した発散を与えることがわかる．

次に，∇ と v のベクトル積 $\nabla \times v$ が渦度と呼ばれているベクトルである．機械的に計算すると，

$$\begin{aligned}
\nabla \times v &= \left\{ \left(\frac{\partial}{\partial x}\right) i + \left(\frac{\partial}{\partial y}\right) j + \left(\frac{\partial}{\partial z}\right) k \right\} \times (u i + v j + w k) \\
&= \frac{\partial u}{\partial x} i \times i + \frac{\partial u}{\partial y} j \times i + \frac{\partial u}{\partial z} k \times i \\
&\quad + \frac{\partial v}{\partial x} i \times j + \frac{\partial v}{\partial y} j \times j + \frac{\partial v}{\partial z} k \times j \\
&\quad + \frac{\partial w}{\partial x} i \times k + \frac{\partial w}{\partial y} j \times k + \frac{\partial w}{\partial z} k \times k
\end{aligned} \tag{1.73}$$

となるが，式 (1.69) の関係により，

$$\nabla \times v = \left(\frac{\partial w}{\partial y} - \frac{\partial v}{\partial z}\right) i + \left(\frac{\partial u}{\partial z} - \frac{\partial w}{\partial x}\right) j + \left(\frac{\partial v}{\partial x} - \frac{\partial u}{\partial y}\right) k \tag{1.74}$$

となる．したがって，渦度ベクトルの x, y, z 方向の成分をそれぞれ ξ, η, ζ とすれば，

$$\begin{aligned}
\xi &= i \cdot \nabla \times v = \frac{\partial w}{\partial y} - \frac{\partial v}{\partial z} \\
\eta &= j \cdot \nabla \times v = \frac{\partial u}{\partial z} - \frac{\partial w}{\partial x} \\
\zeta &= k \cdot \nabla \times v = \frac{\partial v}{\partial x} - \frac{\partial u}{\partial y}
\end{aligned} \tag{1.75}$$

となる．

総観気象では渦度の鉛直成分 ζ が主な役割をしている．ζ とコリオリ・パラメター f（惑星渦度ということもある）の和を絶対渦度と呼ぶ．その等圧面上の分布図（特に 500 hPa 面上の分布図）は日々の予報資料として配信されている．しかし忘れてならないことは，ζ は水平成分 ξ や η に比べてきわめて値が小さいことである．総観規模の気象では，代表的な水平スケールは 1,000 km の桁で，代表的な速度のスケールは 10 m s^{-1} である．したがって，

$$\zeta \sim (10 \text{ m s}^{-1})(10^3 \text{ km})^{-1} = 10^{-5} \text{ s}^{-1} \tag{1.76}$$

である．~はこれくらいの桁の大きさであることを示す記号である．ところが鉛直方向には，対流圏の厚さ 10 km を通じて 10 m s^{-1} くらい速度が変化しているから，

$$\xi \sim \eta \sim (10 \text{ m s}^{-1})(10 \text{ km})^{-1} = 10^{-3} \text{ s}^{-1} \tag{1.77}$$

である．一方，メソ気象では鉛直スケールと水平スケールの長さはほぼ同じであり，スーパーセルの ζ はちょうど 10^{-3} s^{-1} くらいである．ところが総観規模の気象では ζ は ξ や η の 10^{-2} くらいしかない．これは総観規模の気象の鉛直スケールと水平スケールの比，あるいは鉛直速度と水平速度の比と同じ桁数である．

　地上の低気圧と上層の低気圧の中心付近を管のようなもので結んで，これを「渦管」と呼んでいる図を見た記憶があるが（図 1.10 (a)），これは必ずしも正しくない．流体力学では，流体の中にある曲線を考え，曲線のどの部分でも，その点における接線の方向と渦度ベクトル $\nabla \times \boldsymbol{v}$ の方向とが一致するとき，その曲線を渦線という．次に，流れの中に小さな閉じた曲線を考え，曲線上の各点を通る渦線を引くと，中空の管のようなものが描ける（図 1.10 (b)）．これが正確な渦管の定義である．総観規模の流れにおける上記の渦度の鉛直成分と水平成分の大きさの違いを考えると，地上の低気圧と上層の低気圧の中心付近を結んだものが渦管であるという保証はない．換言すれば，上層の低気圧の中心付近を通る渦管が，地上の低気圧の中心付近を通る保証はない．まして上層の低気圧が地上の低気圧に追いついて，渦管が鉛直に立つということはありそうではない．

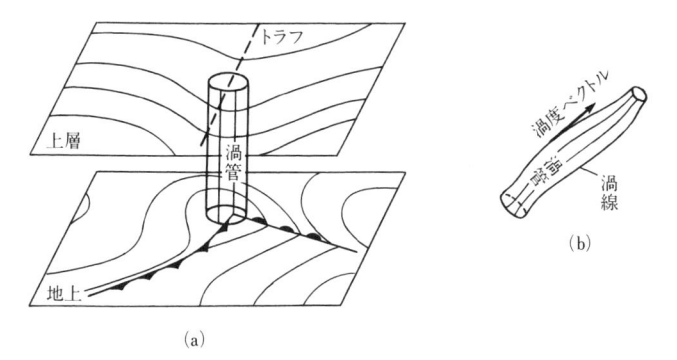

図 1.10 必ずしも正しくない「渦管」の使用例 (a) と，渦線と渦管の説明図 (b)

第2章 運動方程式を解く

本章の主な目的は3つある．第1の目的は，これまで微分方程式というものに全く接したことがない読者に，微分方程式を解くとか，微分方程式の解を求めるということは，どういうことか解説することである．第2の目的は，総観気象学では重力波，慣性波，ロスビー波，傾圧不安定波など，いろいろな波動が登場するが，慣性波を例にとって，波動というものを運動方程式を使って解説することである．慣性波はコリオリ力を復元力として，水平面上で空気塊が振動し，その振動が四方に伝わる運動であると言葉で表現することはできるが，また同時にそれ以上に詳しく波動というものの性質の解説をすることは困難である．ことに，定量的な議論ができない．定量的な議論をするためには，どうしても数式に頼らざるをえない．

定量的な議論ができないと困る例としては，第5章で述べる傾圧不安定波がある．偏西風帯には波長数千 km の波動が卓越しており，それは中緯度の大気が傾圧不安定なために起こった波動であるという．それでは，どうして特に波長が数千 km の波動が卓越するのか，大気の基本的な状態と流れを表すパラメターのどれがどんな値だから数千 km なのか，それがわからないと，たとえば冬の日本海上で大きさが 1,000 km 程度のポーラーロー (7.4節) が発達した場合，その発達に傾圧不安定が寄与しているのかどうか議論できないのである．序章で述べたように，気象学は定量的な学問である．多くの場合に，ある現象には複数の要因がからんでいる．どの要因がどれだけの寄与をしているのか，みきわめる必要がある．現象を数式で表現して，初めて定量的な議論が可能となる．

第3の目的は，慣性振動および慣性波を述べながら，総観規模の風はなぜ地衡風に近いかを考えることである．

2.1 物体の落下運動：運動方程式を時間積分する

微分方程式の解を求めるというのはどういうことか解説するために，最も簡単な例として，物体の落下運動を考える．

質量 m をもつ小さな物体（質点）を地表面から高さ h に持ち上げ，時刻 t

$=0$ で手を放して自由に落下させたとき,物体の高さ z が時間とともにどう変化するかという問題を考える.前章までは,z は鉛直座標であり,独立変数の1つであったが,今回はラグランジュ的に物体の位置を追いかけるので,z は従属変数,独立変数は時間 t である.物体の速度 w は dz/dt であり,加速度は dw/dt(すなわち d^2z/dt^2)である.落下する物体に対する空気の抵抗を無視すると,物体に働いている力は下向きの重力だけであるから,運動方程式は式 (1.53) により,

$$m\frac{d^2z}{dt^2} = -mg \tag{2.1}$$

である.g は一定であるから,式 (2.1) を時間 t について積分すると,

$$\frac{dz}{dt} \equiv w = -gt + a \tag{2.2}$$

が得られる.ここで $\equiv$ は定義により等しいという記号である.a はある定数で,積分定数と呼ばれる.a がどんな値をとっても,式 (2.2) は式 (2.1) を満足させるから,式 (2.2) は微分方程式 (2.1) の解である.初期 ($t=0$) に速度は 0 と指定したから,$a=0$ である.そうしておいて式 (2.2) をもう一度時間について積分すると,

$$z = -\frac{1}{2}gt^2 + b \tag{2.3}$$

が得られる.b は別の積分定数である.初期に物体の位置 z は h であると指定したから,その条件を式 (2.3) に入れると,$b=h$ と決まる.したがって式 (2.3) は

$$z = -\frac{1}{2}gt^2 + h \tag{2.4}$$

となる.念のため,式 (2.4) をもとの微分方程式 (2.1) に代入すれば,それが満足されていることが確認されるし,2次の微分方程式 (2.1) に対する2つの初期条件 ($t=0$ で $w=0$ と $z=h$) も満足されている.だから,式 (2.4) が求める解である.

式 (2.4) の両辺に mg を掛けて,

$$\frac{1}{2}mg^2t^2 = mg(h-z) \tag{2.5}$$

と書き直す.質量 m の物体が地表面から z の高さにいれば,重力に逆らっ

てその高さにいるのだから,その物体は mgz という位置のエネルギーをもっている.初期の位置のエネルギーは mgh であった.それで式 (2.5) の右辺は落下に伴う位置のエネルギーの減少量を表す.一方,質量 m の物体が w という速度で運動していれば,その物体の運動エネルギーは $(1/2)mw^2$ である.いまの場合,初期の運動エネルギーは 0 と指定したから,式 (2.5) の左辺は運動エネルギーの増加量を表す.したがって式 (2.5) は

運動エネルギーの増加量＝位置のエネルギーの減少量

を表す.いいかえれば,

運動エネルギー＋位置のエネルギー＝一定（すなわち保存される）　　(2.6)

である.すなわち,運動方程式 (2.1) から,物体のエネルギー保存則が容易に導けるのである.

ここでは小さな物体についてエネルギーの保存則を示したが,3.4 節では相対的に重い空気が軽い空気の下に沈んで,全体の位置のエネルギーが減少し,その分だけ運動エネルギーが増加して,それが傾圧不安定波（温帯低気圧）の発達にほかならないことを述べる.

2.2 大気の静的安定度：常微分方程式を解く

重力のもとにあり密度成層をしている大気の中で空気塊（パーセル）を,ほんの少し上方に移動させたとき,空気塊がもとの位置に戻るか,移動した位置に留まるか,ますますもとの位置から遠ざかるかによって,大気の成層を安定・中立・不安定と判別することは,一般向けの解説書に述べてある.本節では,このことに数式的表現を与えよう.

いま,空気塊は周囲の気圧を乱さないで,かつ空気塊内の圧力は周囲の気圧といつも同じに保ちつつ,断熱的に,ほんの少し上方に移動したとする（この考え方をパーセル法という）.空気塊の位置を z で表すと,空気塊の運動を記述する方程式は式 (1.57) により,

$$\frac{d^2z}{dt^2} = -\frac{1}{\rho}\frac{dp}{dz} - g \qquad (2.7)$$

である.この空気塊の周囲の空気の状態を（ ‾ ）の記号で表すことにすると,周囲の空気はもとの静水圧平衡の状態にあるから,

$$0 = -\frac{1}{\bar{\rho}}\frac{d\bar{p}}{dz} - g \tag{2.8}$$

である．そして上に述べた仮定により，$p = \bar{p}$ であるから，$dp/dz = -g\bar{\rho}$ である．これを式 (2.7) に代入すると，

$$\frac{d^2 z}{dt^2} = g\frac{\bar{\rho} - \rho}{\rho} \tag{2.9}$$

が得られる．一方，気体の状態方程式 (1.37) と温位の定義式 (1.50) から T を消去すると，

$$\rho = \frac{1}{\theta}\frac{p}{R_d}\left(\frac{p_{00}}{p}\right)^{R_d/C_p} \tag{2.10}$$

が得られるから，これを式 (2.9) に代入すると

$$\frac{d^2 z}{dt^2} = g\frac{\theta - \bar{\theta}}{\bar{\theta}} \tag{2.11}$$

となる．空気塊が出発した高度を鉛直座標の原点にとると，空気塊が微小量 z だけ移動した点における周囲の大気の温位は，$\bar{\theta}(z)$ をテイラー級数に展開して 1 次までの項をとって，

$$\bar{\theta} = \theta_1 + \left(\frac{d\bar{\theta}}{dz}\right)z \tag{2.12}$$

である．θ_1 は原点における θ の値である．一方，空気塊は断熱的に，温位を保存しながら移動したのであるから，

$$\theta = \theta_1 \tag{2.13}$$

である．式 (2.12) と式 (2.13) を式 (2.11) に代入すると，

$$\frac{d^2 z}{dt^2} = -\frac{g}{\bar{\theta}}\left(\frac{d\bar{\theta}}{dz}\right)z \tag{2.14}$$

が得られる．以下，簡単化のため，$(1/\bar{\theta})(d\bar{\theta}/dz)$ は高度に無関係な一定値と仮定して，式 (2.14) の微分方程式の解を求めよう．すなわち式 (2.14) を満足する時間 t の関数 $z(t)$ を探そう．

式 (2.14) をみると，z を 2 回微分したものがもとの z に比例している．この性質をもつ関数は表 1.3 でみたとおり，ν をある定数として $e^{\nu t}$ か $\sin \nu t$ ($\cos \nu t$ でもよい) である．それで z は $e^{\nu t}$ に比例するとして式 (2.14) に代入すると，

$$\nu^2 = -\frac{g}{\bar{\theta}}\frac{d\bar{\theta}}{dz} \tag{2.15}$$

が得られる．まず $d\bar{\theta}/dz<0$ の場合を考える．このときは $\nu^2>0$ であるから，

$$\nu=\pm\left(-\frac{g}{\bar{\theta}}\frac{d\bar{\theta}}{dt}\right)^{1/2}=\pm\left(-g\frac{d\ln\bar{\theta}}{dz}\right)^{1/2} \tag{2.16}$$

となる．±のどちらでもよいから，ν は正であるとして解は，

$$z=ae^{\nu t}+be^{-\nu t} \tag{2.17}$$

の形となる．前節の場合と同じく，式 (2.14) は2階の微分方程式であるから，2つ積分定数が出てきて，a と b がそれに当たる．$t=0$ で $z=0$，$w=w_0$ という初期条件が与えられているときには，前者から $a+b=0$，後者から $w_0=\nu(a-b)$ が得られる．この2式から a と b を決めると，初期条件を満足する式 (2.14) の解は，

$$z=\frac{w_0}{2\nu}(e^{\nu t}-e^{-\nu t}) \tag{2.18}$$

である．t が大きくなると，$e^{-\nu t}$ はどんどん小さくなるが，$e^{\nu t}$ は指数関数的に大きくなる．すなわち，初期に周囲の空気と平衡状態にあった空気塊は，原点から w_0 という任意の初速度で動きだすと，時間とともに指数関数的に原点から遠ざかる．このことは，温位が高度とともに減少している成層は不安定であることを示している．

次に，$d\bar{\theta}/dz>0$ のときには，ν は実数でなく，$\nu=\pm iN$ という純虚数となる．ここで

$$N\equiv\left(\frac{g}{\bar{\theta}}\frac{d\bar{\theta}}{dz}\right)^{1/2} \tag{2.19}$$

であり，$i=\sqrt{-1}$，$i^2=-1$ である．一般に A と B を任意の実数とするとき，$A+iB$ を複素数といい，A を実数部分，B を虚数部分という．実数部分がない複素数が純虚数である．こうして，この場合の解は，

$$z=ae^{iNt}+be^{-iNt} \tag{2.20}$$

である．再び，$t=0$ で $z=0$ という初期条件を用いると，

$$z=a(e^{iNt}-e^{-iNt}) \tag{2.21}$$

を得る．そして，

$$e^{\pm iNt}=\cos Nt\pm i\sin Nt \tag{2.22}$$

という公式があるから，式 (2.21) は，

$$z=2ia\sin Nt \tag{2.23}$$

となる．

$$w \equiv \frac{dz}{dt} = 2iaN \cos Nt \qquad (2.24)$$

であるから，もう1つの初期条件，$t=0$ で $w=w_0$ を適用すると，$a=w_0/2iaN$ と決まる．結局，求める解は，

$$z = \frac{w_0}{N} \sin Nt \qquad (2.25)$$

である．この解は，原点を中心として，振動数 N（周期 $2\pi/N$）で振動する運動を表している．N をブラント・バイサラの振動数（あるいは浮力振動数）という．典型的な値として $d\bar{\theta}/dz = 3.5 \text{ K km}^{-1}$ をとれば，$N \sim 10^{-2} \text{s}^{-1}$ となる．これは周期約10分に相当する．このように，温位が高度とともに増加している大気では，空気は初期に w_0 という速度で動き出しても，重力を復元力として，原点の周りの振動を繰り返すのみである．すなわち，このような成層は安定である．こうして次の成層状態の安定条件が得られる．

$$\frac{d\bar{\theta}}{dz} \begin{array}{l} > \\ = 0 \\ < \end{array} \begin{array}{l} \text{安定} \\ \text{中立} \\ \text{不安定} \end{array} \qquad (2.26)$$

上記の安定条件を温度の高度分布で表現しよう．まず，温位の定義式(1.50)の自然対数をとると，

$$\ln \bar{\theta} = \ln \bar{T} - \frac{R_d}{C_p} \ln \bar{p} + \frac{R_d}{C_p} \ln p_{00} \qquad (2.27)$$

が得られる．これを z で微分する．$d(\ln \bar{\theta})/dz = (1/\bar{\theta})(d\bar{\theta}/dz)$ であることと，$d\bar{p}/dz = -\bar{\rho}g$ を考慮し，気体の状態方程式(1.37)を用いて $\bar{\rho}$ を消去すると，

$$\frac{1}{\bar{\theta}} \frac{d\bar{\theta}}{dz} = \frac{1}{\bar{T}} \left(\frac{d\bar{T}}{dz} + \frac{g}{C_p} \right) \qquad (2.28)$$

が得られる．中立成層の大気では $d\bar{\theta}/dz = 0$ である．このとき，温度は $\Gamma_d \equiv g/C_p$ という乾燥断熱減率 Γ_d で高度とともに減少する．一般的に，温度減率 $\Gamma \equiv -d\bar{T}/dz$ を定義すると，式(2.26)を参照して，式(2.28)から，

$$\Gamma = \Gamma_d \begin{array}{l} < \\ \\ > \end{array} \begin{array}{l} \text{安定} \\ \text{中立} \\ \text{不安定} \end{array} \qquad (2.29)$$

というよく知られた静的安定度の判定条件が得られる．

2.3 総観規模の風はなぜ地衡風に近いか

2.3.1 慣性振動

　中学校や高等学校のレベルで，総観規模の大気の運動の話をするときの第1の難関は，地球の回転に伴う転向力（コリオリ力）の説明である．それを通過したときの第2の難関は，なぜ中緯度の総観規模の風は地衡風に近いかである．風は水平の気圧傾度力があるから吹く．そうならば，風は等圧線に直角に吹きそうである．事実，海陸風などの局地風ではほぼそうなっている．ところが，高層天気図にみる風は等圧線にほぼ平行に吹いている．どうしてそうなるのかという質問である．

　この質問に対する答えは，もちろんコリオリ力のせいであり，一部の一般向けの解説書は次のように説明している．図2.1のように，ある水平面上で，等圧線が東西方向に走っていて，高緯度側が低圧であるとする．2.2節のパーセル法の概念を用いて，空気塊が周囲の空気を乱すことなく，ある初速度をもって北に向かって動きはじめたとする．北半球ではコリオリ力は空気塊の運動を右にそらせるように作用するから，空気塊はしだいに東に向かうようになる．そして空気塊の速度が完全に東向きに，すなわち等圧線に平行になり，空気塊に正反対の方向に働くコリオリ力と気圧傾度力の大きさが釣り合ったとき，地衡風が完成する．

　しかし，この説明は必ずしも正しくない．その理由をこれから説明するが，まだ数式に慣れていない読者は，ここの議論は後回しにして，ここから直接2.3.2項に，あるいは一気に第3章に飛んでもかまわない．

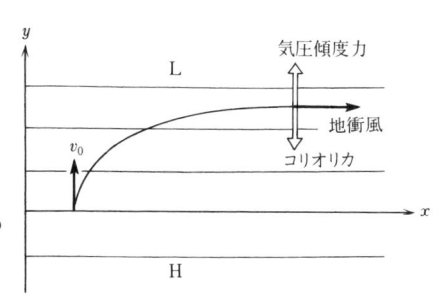

図2.1 必ずしも正しくない地衡風の形成の説明図
　　　細い直線は等圧線.

東向きに x 軸を正，北向きに y 軸を正にとり，その方向の空気塊の速度成分をそれぞれ u と v，コリオリ・パラメター（一定と仮定する）を f とすると，単位体積の空気塊についての運動方程式は式 (1.55) と (1.56) により次のようになる．

$$\frac{du}{dt} - fv = G_x \tag{2.30}$$

$$\frac{dv}{dt} + fu = G_y \tag{2.31}$$

ここで，G_x と G_y は気圧傾度力の成分で，気圧を p，密度を ρ とするとき，$G_x = -(1/\rho)(\partial p/\partial x)$，$G_y = -(1/\rho)(\partial p/\partial y)$ である．以下，G_x と G_y は時間的にも空間的にも一定とする．また摩擦の影響は無視する．

連立方程式 (2.30) と (2.31) の解を求めるには，この2つの方程式から，たとえば v を消去して u だけの方程式を導き，その解を求めてもよいが，次のように複素数を用いるのが簡単である．すなわち，$i = \sqrt{-1}$ を用いて

$$W \equiv u + iv \tag{2.32}$$

で定義された複素数の速度を考える．式 (2.31) に i を乗じて式 (2.30) に加えると，W についての方程式が，

$$\frac{dW}{dt} + ifW = G \tag{2.33}$$

と求められる．ここに $G = G_x + iG_y$ である．

初期条件を $t=0$ で $W = W_0$ とするとき，運動方程式 (2.32) の解は，

$$W = \frac{G}{if} + \left(W_0 - \frac{G}{if}\right)e^{-ift} \tag{2.34}$$

である．このことは，式 (2.34) を式 (2.33) に代入して確かめることができる．

> これまで扱ってきた微分方程式 (2.14) では，すべて従属変数かその導関数だけが含まれていた．微分方程式論では，このような微分方程式は斉次微分方程式と分類され，解は指数関数で表される．ところが式 (2.33) には，右辺に G という項があるから，これは非斉次微分方程式である．微分方程式論が教えるところによると，非斉次微分方程式の一般解は，特解（非斉次方程式を満足する解）と斉次方程式（この場合は $G=0$ とした方程式）の一般解の和として求められる．特解としては式 (2.33) を眺めると，次のような定常解があることがわかる．
>
> $$W_s = \frac{G}{if} \tag{2.35}$$

斉次方程式の一般解は再び指数関数を用いて，e^{-ift} である．それで，初期条件から決められる振幅を A とすると，式 (2.33) の一般解は，

$$W = \frac{G}{if} + Ae^{-ift} \tag{2.36}$$

である．初期条件として，$t=0$ で $W=W_0$ とすれば，$A=W_0-(G/if)$ と決まるので，解は式 (2.34) となる．

図 2.1 の状況では，$G=0+iG_y$，$W_0=0+iv_0$ であるから，解 (2.34) は

$$W = \frac{G_y}{f} + \left(iv_0 - \frac{G_y}{f}\right) e^{-ift} \tag{2.37}$$

となる．与えられた G_y に対する地衡風を u_g とすると，$G_y/f = u_g$ である．ここで複素数 $iv_0 - u_g$ を絶対値 r と位相角 ε を使って，

$$-u_g + iv_0 = re^{i\varepsilon} \tag{2.38}$$

と書き直す．ここで，

$$r = \{(-u_g)^2 + v_0^2\}^{1/2}, \quad \tan \varepsilon = -\frac{v_0}{u_g} \tag{2.39}$$

である．なぜなら，図 2.2 から，

$$re^{i\varepsilon} = r\cos\varepsilon + ir\sin\varepsilon = -u_g + iv_0$$

だからである．したがって，式 (2.37) は

$$W = u_g + re^{i(\varepsilon - ft)} \tag{2.40}$$

となる．この W の実数部分と虚数部分がそれぞれ u と v を与える．u と v を両軸にとって，風のホドグラフ形式で式 (2.40) の解を図示したのが図 2.3 である．円は点 $(u_g, 0)$ を中心として半径 $(u_g^2 + v_0^2)^{1/2}$ であり，座標軸の原点とこの円周上の点を結んだベクトルが式 (2.40) が与える風ベクトルを

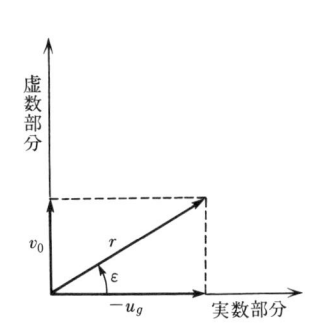

図 2.2 複素数の 2 つの表示法
　　1 つは実数部分と虚数部分，他は絶対値と位相角．

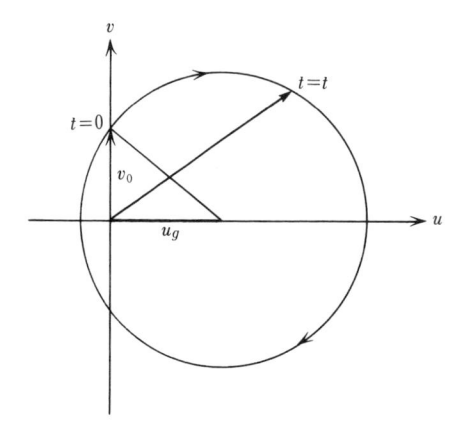

図2.3 慣性振動の説明図

表す．北半球では f は正であり，風ベクトルの先端は $2\pi/f$ の周期で時計回りに，円周上を回転する．この周期的な運動を慣性振動 (inertial oscillation) といい，この円を慣性円 (inertia circle) という．これはコリオリ力を復元力とする振動である．つまり，空気塊には絶えず y 方向に気圧傾度力が働いているから，v はしだいに増大する．するとコリオリ力により，u も増大する．そうすると，こんどは fu は v を減少させようとする．この繰返しで慣性振動が起こるのである．このように慣性振動が起こるから，いくら時間が経っても，風は地衡風に落ち着かないわけで，図 2.1 の説明は正しくないことになる．

しかし，空気塊に摩擦力が働いているときには話が違ってくる．簡単化のために，摩擦力は速度の反対方向を向き，その大きさは速度に比例するとしよう．その比例定数を γ とすると，今回の運動方程式は

$$\frac{du}{dt} - fv = G_x - \gamma u \tag{2.41}$$

$$\frac{dv}{dt} + fu = G_y - \gamma v \tag{2.42}$$

である．前と全く同様にして，また複素数の演算として $1/(\gamma+if)=(\gamma-if)/(\gamma^2+f^2)$ であることに注意すると，解は

$$W = \frac{u_g}{(1+\xi^2)}(1+i\xi) + e^{-(\gamma+if)t}\left\{iv_0 - \frac{u_g}{(1+\xi^2)}(1+i\xi)\right\} \tag{2.43}$$

と求められる．$\xi \equiv \gamma/f$ である．式 (2.43) において $\gamma=0$ とすれば解 (2.40) を再び得ることができるし，式 (2.43) の実数部分と虚数部分をそれぞれ式 (2.41) と (2.42) に代入すれば，式 (2.43) が解であることがわかる．そして

γ が有限である限り，$t\to\infty$ では

$$W=\frac{u_{\mathrm{g}}}{(1+\xi^2)}(1+i\xi) \tag{2.44}$$

となる．つまり摩擦のため初速度 v_0 の影響は消え，外力 u_{g}（すなわち $\partial p/\partial y$）の効果だけが残る．そして $\gamma\to 0$ ($\xi\to 0$) の極限では $u\to u_{\mathrm{g}}$, $v\to 0$ となる．すなわち，弱いながらも摩擦力が働いていれば，振動する成分はしだいに弱くなり，風は無限の時間かかって地衡風に落ち着くのである．

2.3.2 慣性重力波：連立偏微分方程式を解く

2.2 節と 2.3.1 項では，パーセル法に基づいて，すなわち空気塊は周囲の空気を乱さないで運動すると仮定して，浮力振動と慣性振動を議論した．しかし実際にはこれは不可能である．空気は隙間なく空間を満たしているから，その一部分が動けば，その周囲は必ず影響を受ける．事情は発車間際の満員電車に 1 人無理に乗り込んできた状況に似ている．この人は扉近くの人を押す．押された人は少し動くとともに，圧力を隣の人に伝える．こうして，浮力振動の場合には，安定成層をした大気の中で空気塊が動けば，周囲の空気も動くし，運動に伴う圧力変動は波動となって四方に伝わる．これが重力を復元力とする重力波 (gravity wave) である．2.3.1 項のように空気塊が水平面上で円を描いて慣性振動をすれば，その振動は波動となって周囲に伝わっていく．この波動を慣性波 (inertial wave) という．

慣性波を数式を用いて表現してみよう．ただし，実際の大気では複雑なので，最も簡単な力学系として，気象力学や海洋力学でよく用いられる浅水方程式系 (shallow water equations) を用いよう．簡単化のため，等密度大気（密度がどこでもいつでも一定の大気）を考える．地上気圧を 1,000 hPa，密度は地表面近くの空気の密度とすると，こうした大気の高さは約 8 km で，その上端（以下自由表面という）より上には真空が広がっている．大気層の厚さより桁違いに大きい水平スケールをもつ運動だけを考えるので，運動は静水圧平衡にあるとする（浅水という名前はここからきている）．自由表面での気圧は 0 であるから，擾乱が起こっているときの流体層（大気層）の厚さを $h(x, y, t)$ とすると（図 2.4），底面からの高さ z における圧力は $p=\rho g(h-z)$ である．したがって，運動方程式は，

図2.4 浅水系の説明図

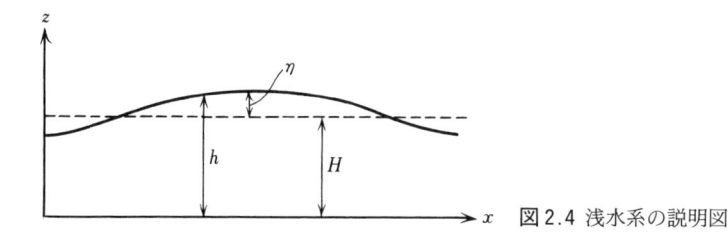

$$\frac{du}{dt} - fv = -\frac{1}{\rho}\frac{\partial p}{\partial x} = -g\frac{\partial h}{\partial x} \tag{2.45}$$

$$\frac{dv}{dt} + fu = -\frac{1}{\rho}\frac{\partial p}{\partial y} = -g\frac{\partial h}{\partial y} \tag{2.46}$$

と書ける（以下 f は一定とする）．右辺は z の関数ではないから，u も v も z の関数ではないことになる（この特性により演算が簡単になるので，浅水系は現実の大気や海洋のプロトタイプとして，よく用いられるのである）．それで，初め鉛直であった流体の柱は，いつまでも鉛直である．

次に，非圧縮性流体の連続の式 (1.36) を，z について底面から自由表面まで積分すると，

$$h\left(\frac{\partial u}{\partial x} + \frac{\partial v}{\partial y}\right) + w\big|_{z=h} - w\big|_{z=0} = 0 \tag{2.47}$$

となる．左辺第2項と第3項は，それぞれ $z=h$ と $z=0$ における w の値である．底面では $w=0$ である．$z=h$ における w は，自由表面の高さが時間とともに変わる割合であるから，

$$w\big|_{z=h} = \frac{dh}{dt} = \frac{\partial h}{\partial t} + u\frac{\partial h}{\partial x} + v\frac{\partial h}{\partial y} \tag{2.48}$$

である．式 (2.48) を式 (2.47) に代入すると，

$$\frac{dh}{dt} + h\left(\frac{\partial u}{\partial x} + \frac{\partial v}{\partial y}\right) = \frac{\partial h}{\partial t} + \frac{\partial(hu)}{\partial x} + \frac{\partial(hv)}{\partial y} = 0 \tag{2.49}$$

が得られる．発散があれば，その分だけ自由表面がへこむ．式 (2.45) と (2.46) が浅水流の運動方程式で，式 (2.49) が連続の式である．

いま，擾乱が起こっていないときの流体層の厚さを H（$=$一定）として，擾乱が起こっているときの h と H の差を η と書く（$\eta = h - H$）．問題を簡単にするために，擾乱の振幅は無限小に小さく，運動はきわめて弱いとする．これが何を意味するかというと，まず x 方向の運動方程式 (2.45)

$$\frac{\partial u}{\partial t}+u\frac{\partial u}{\partial x}+v\frac{\partial u}{\partial y}-fv=-g\frac{\partial \eta}{\partial x} \tag{2.50}$$

において，$u(\partial u/\partial x)$ と $v(\partial u/\partial y)$ は，小さい量 u と v の積であるから2次の微小量であり，1次の微小量 $\partial u/\partial t$，fv，$g(\partial \eta/\partial x)$ に比べて無視してもよいということである．それで，

$$\frac{\partial u}{\partial t}-fv=-g\frac{\partial \eta}{\partial x} \tag{2.51}$$

としてよい．このように，もとの方程式から従属変数の積の項を除いて得た方程式を線形方程式 (linear equation) といい，これを得る操作を方程式を線形化するという．同様にして，y 方向の運動方程式を線形化すると，

$$\frac{\partial v}{\partial t}+fu=-g\frac{\partial \eta}{\partial y} \tag{2.52}$$

となる．$\eta \ll H$ であるから（$\ll$ は桁外れに小さいという記号），線形化した連続の式は，

$$\frac{\partial \eta}{\partial t}+H\left(\frac{\partial u}{\partial x}+\frac{\partial v}{\partial y}\right)=0 \tag{2.53}$$

である．

式 (2.51)〜(2.53) の解が慣性重力波の振舞いを記述するわけであるが，このような連立偏微分方程式を解くさいの常套手段として，3つの方程式から2つの従属変数を消去して，残り1つの従属変数に対する方程式を導く．いまの場合には η だけを含む方程式を導こう．そのために，式 (2.53) を t で偏微分し，その中の $\partial u/\partial t$，$\partial v/\partial t$ に式 (2.51) と (2.52) を代入すると，

$$\frac{\partial^2 \eta}{\partial t^2}+H\left\{\frac{\partial}{\partial x}\left(fv-g\frac{\partial \eta}{\partial x}\right)+\frac{\partial}{\partial y}\left(-fu-g\frac{\partial \eta}{\partial y}\right)\right\}=0 \tag{2.54}$$

が得られる．これをもう一度 t で偏微分して，再び式 (2.51) と (2.52) を代入して整理すると，結局，

$$\frac{\partial^3 \eta}{\partial t^3}+f^2\frac{\partial \eta}{\partial t}-gH\frac{\partial}{\partial t}\left(\frac{\partial^2 \eta}{\partial x^2}+\frac{\partial^2 \eta}{\partial y^2}\right)=0 \tag{2.55}$$

という η を決める方程式が得られる．これまでの常微分方程式と違い，こんどは偏微分方程式である．

偏微分方程式の解き方にはいろいろあり，ある型の方程式には特定の解き方が有効である．式 (2.55) には，変数分離法が有効である．いま $\Psi(t)$ と $\Phi(x,y)$ はそれぞれ t および x,y だけの関数であり，$\eta=\Psi(t)\Phi(x,y)$ とい

う変数が分離された形で解が求まるとして，これを式 (2.55) に代入すると，

$$\frac{d^3\Psi}{dt^3}\Phi + f^2\frac{d\Psi}{dt}\Phi - gH\frac{d\Psi}{dt}\left(\frac{\partial^2\Phi}{\partial x^2}+\frac{\partial^2\Phi}{\partial y^2}\right)=0 \quad (2.56)$$

となるが，これを書き直して，

$$\frac{\dfrac{d^3\Psi}{dt^3}+f^2\dfrac{d\Psi}{dt}}{\dfrac{d\Psi}{dt}}=\frac{gH}{\Phi}\left(\frac{\partial^2\Phi}{\partial x^2}+\frac{\partial^2\Phi}{\partial y^2}\right) \quad (2.57)$$

とする．左辺は t だけの関数であり，右辺は x, y の関数であるから，この両辺が等しいためには両辺とも定数でなければならない．その定数を a と書くと，Ψ と Φ を決める方程式はそれぞれ，

$$\frac{d^3\Psi}{dt^3}+(f^2-a)\frac{d\Psi}{dt}=0 \quad (2.58)$$

$$gH\left(\frac{\partial^2\Phi}{\partial x^2}+\frac{\partial^2\Phi}{\partial y^2}\right)=a\Phi \quad (2.59)$$

となる．式 (2.58) は (2.14) と同じであるから，解を $\exp(i\nu t)$ とすれば，

$$\nu^3-\nu(f^2-a)=0 \quad (2.60)$$

となる．$\Phi(x,y)$ については，これも $\Phi=X(x)Y(y)$ という変数分離の形で解が求められるとして，式 (2.59) に代入して整理すると，

$$\frac{gH}{X}\frac{d^2X}{dx^2}-a=-\frac{gH}{Y}\frac{d^2Y}{dy^2} \quad (2.61)$$

が得られる．再び左辺は x だけ，右辺は y だけの関数であるから，両辺とも定数でなければならない．その定数を b と書くと，$X(x)$ と $Y(y)$ を決める方程式は，それぞれ，

$$gH\frac{d^2X}{dx^2}-(a+b)X=0 \quad (2.62)$$

$$gH\frac{d^2Y}{dy^2}+bY=0 \quad (2.63)$$

である．この方程式の解は，k と l を任意の実数として，X は $\exp(ikx)$ に，Y は $\exp(ily)$ に比例するとして上式に代入すれば，k, l, a, b の間の関係式，$-gHk^2=a+b$，$-gHl^2=-b$ が得られる．これから，$a=-gH(k^2+l^2)$ と求められるから，これを式 (2.60) に代入すると，

$$\nu[\nu^2-\{f^2+gH(k^2+l^2)\}]=0 \quad (2.64)$$

となる．

式 (2.64) から，まず $\nu=0$ という根が求められるが，これは定常解を表す．事実，式 (2.51)‒(2.53) において，時間微分の項をすべて落とすと，$u=-(g/f)(\partial \eta/\partial y)$, $v=(g/f)(\partial \eta/\partial x)$ という解が得られる．これは，与えられた自由表面の凹凸に応じた地衡風が定常的に吹いているという状況である．いまは波動に興味があるのだから，この解は捨てる．結局，$A_1 \sim A_8$ を任意の定数として，求める解は，

$$\begin{aligned}\eta = & A_1 e^{i\nu t} e^{ikx} e^{ily} + A_2 e^{i\nu t} e^{ikx} e^{-ily} \\ & + A_3 e^{i\nu t} e^{-ikx} e^{ily} + A_4 e^{i\nu t} e^{-ikx} e^{-ily} \\ & + A_5 e^{-i\nu t} e^{ikx} e^{ily} + A_6 e^{-i\nu t} e^{ikx} e^{-ily} \\ & + A_7 e^{-i\nu t} e^{-ikx} e^{ily} + A_8 e^{-i\nu t} e^{-ikx} e^{-ily}\end{aligned} \qquad (2.65)$$

である．ただし，ν, k, l の間には式 (2.64) から，

$$\nu^2 = f^2 + gH(k^2 + l^2) \qquad (2.66)$$

の関係がある．この式を慣性重力波の分散関数式という．

ここで，もういちど式 (2.55) を振り返ってみると，そこには η を微分した項だけが含まれている．だから初めから η は $\exp(i\nu t)\exp(ikx)\exp(ily)$ に比例するとして，これを式 (2.55) に代入すれば，式 (2.64) がすぐ求められた．次の機会にはそうしよう．それは，5.6 節の傾圧不安定の議論である．

それはともかく，解 (2.65) の中の定数 $A_1 \sim A_8$ は，u, v, η に対する初期条件や境界条件によって決まる．具体的にそうした条件を与えて $A_1 \sim A_8$ を決める代りに，ここでは簡単化のため，たとえば，$A_1 = A_2 = A_3 = A_4 = A_5 = A_6 = A_7 = A_8$ とする．この場合には，式 (2.22) から得られる

$$\cos \nu t = \frac{e^{i\nu t} + e^{-i\nu t}}{2}$$

という公式を考慮すると，

$$\eta = 8A_1 \cos \nu t \cos kx \cos ly \qquad (2.67)$$

となる．$\cos kx$ は kx が 2π だけ異なるときには，同じ値をとるので，x 方向の波長は $\lambda_x = 2\pi/k$ である．k を x 方向の波数という．単位の長さの中に，いくつ波が入っているかの数である．同様に $\lambda_y = 2\pi/l$ が y 方向の波長である．こうして，式 (2.67) は x 方向に λ_x, y 方向に λ_y の間隔をもつ流れのパターンが，移動することなく周期 ν で振動している運動を表している．

別の例として，

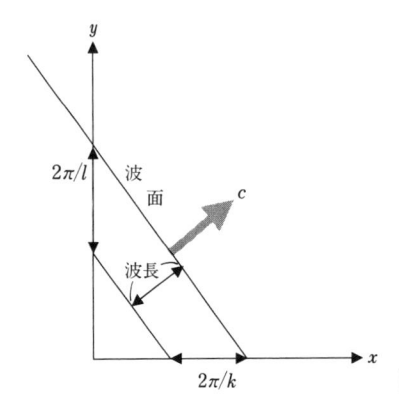

図2.5 波面と伝播速度の関係

$$A_1=A_2=A_7=A_8=0,\ A_3=A_4=A_5=A_6$$

のときには,式(2.65)は,

$$\eta=4A_4\cos ly\cos(kx-\nu t)\equiv 4A_4\cos ly\cos k(x-c_xt) \qquad (2.68)$$

となる.ここで,$c_x\equiv\nu/k$である.式(2.68)をみると,$x-c_xt$が一定のとき,ηの値は同じであることがわかる.すなわち,時間が経つとともに,ηのパターンはx方向にc_xtだけずれていくから,これはxの正の方向にc_xの速度で伝播する波を表す.

さらに,$A_1=A_2=A_3=A_6=A_7=A_8=0$,$A_4=A_5$とすると,式(2.65)は,

$$\eta=A\cos(kx+ly-\nu t) \qquad (2.69)$$

となる.ここで$A=2A_4$である.これは図2.5に示したように,波面がx軸にもy軸にも傾いた波を表す.x方向とy方向の波長は再び$2\pi/k$と$2\pi/l$であるが,本当の波長は2つの隣り合った波面の間隔であり,これは$2\pi/(k^2+l^2)^{1/2}$で与えられる.波の伝播をx軸に沿ってみれば,その伝播速度は$c_x=\nu/k$であり,y軸に沿っては$c_y=\nu/l$である.それで本当の伝播速度は波面に直角で,大きさは$\nu/(k^2+l^2)^{1/2}$で与えられる.

ここで,式(2.66)をもういちどみる.重力が働いていなければ,$g=0$とおいて,$\nu=f$となる.これが2.3.1項で述べた慣性振動である.もし地球が回転していなければ,$f=0$とおいて,$\nu^2=gH(k^2+l^2)^2$であるから,伝播速度は,

$$c=\pm\sqrt{gH} \qquad (2.70)$$

である.これが,地球回転の影響がないときの外部重力波の伝播速度であ

る†.したがって,式 (2.66) は,重力とコリオリ力の両者の影響の下での振動数を表すから,この節で述べた波動を慣性重力波 (inertio-gravity wave) という.したがって,長さの次元をもつ数

$$\lambda_R \equiv \frac{\sqrt{gH}}{f} \tag{2.71}$$

を導入すると,

$$\nu^2 = f^2\{1 + \lambda_R^2(k^2 + l^2)\} \tag{2.72}$$

となり,λ_R の大小によって,同じ波長の波でも,重力波の性格をもつか,慣性波の性格が強いか決まる.この数をロスビーの(外部)変形半径 (Rossby radius of deformation) という.

† この節で考えたように,自由表面をもつ非圧縮性の流体層の中を伝播する重力波を外部重力波という.一方,自由表面がなくても,流体層が密度成層をしていれば,2.3.1 項で考えた浮力振動に伴って波動が起こる.これが内部重力波である.内部重力波では鉛直方向にいくつかの節目(波面)をもつことが可能であるが,外部重力波では節目はない.

最後に,η が式 (2.69) で与えられるときには,u と v は式 (2.51) と (2.52) から,

$$u = \frac{gA}{\nu^2 - f^2}\{k\nu\cos(kx + ly - \nu t) - lf\sin(kx + ly - \nu t)\} \tag{2.73}$$

$$v = \frac{gA}{\nu^2 - f^2}\{l\nu\cos(kx + ly - \nu t) + kf\sin(kx + ly - \nu t)\} \tag{2.74}$$

と決まる.

[フーリエ級数と解の重ね合せ]

話を簡単にするために,式 (2.69) で $l=0$ とすると,$\eta = A\cos(kx - \nu t)$ となり,運動は y に無関係となる.$t=0$ とすれば $\eta = A\cos kx$ であるから,初期の η が $\cos kx$ であれば,$\eta = A\cos(kx - \nu t)$ が解である.それでは,初期の η が単純な三角関数でなく,複雑な起伏をしていれば,解はどうなるか.ここで役に立つのがフーリエ級数である.

一般にある関数 $f(x)$ の値が $x = \pm L$ の範囲で与えられていると,$f(x)$ は

$$f(x) = A_0 + \sum_{n=1}^{\infty}\left(A_n\cos\frac{n\pi x}{L} + B_n\sin\frac{n\pi x}{L}\right), \quad -L < x < L \tag{2.75}$$

という三角関数の無限級数の和として表現されるというのがフーリエ級数表示である.ここで,n は整数 ($n=1, 2, \cdots\cdots$) であり,振幅 A_n, B_n は,

$$A_0 = \frac{1}{2L}\int_{-L}^{L}f(x)dx, \quad A_n = \frac{1}{L}\int_{-L}^{L}f(x)\cos\frac{n\pi x}{L}dx$$

$$B_n = \frac{1}{L}\int_{-L}^{L} f(x)\sin\frac{n\pi x}{L}dx \qquad (2.76)$$

で決められる．フーリエ級数の中の個々の三角関数を，この場合の調和関数 (harmonic function) という．

いま，
$$\eta_1 = A_1 \cos(k_1 x - \nu_1 t) \qquad (2.77)$$
が式 (2.55) の解であるとすると，これとは違った波数 k_2 (したがって違った ν_2) をもつ
$$\eta_2 = A_2 \cos(k_2 x - \nu_2 t) \qquad (2.78)$$
も解である．したがって，a と b を任意の定数とするとき，2 つの解の和，
$$\eta = a\eta_1 + b\eta_2 \qquad (2.79)$$
も解である．だから，初期の η が $\eta(x)$ として与えられたときには，$\eta(x)$ を式 (2.75) に従ってフーリエ級数に展開し，おのおのの調和関数に対応する解を求めて，それを全部たし合わせたのが求める解である．このような解の重ね合せができるのは，もとの微分方程式が線形方程式の場合に限り，非線形方程式ではできない．この理由により，ほとんどすべての非線形微分方程式の解は，数値的に求められる．

2.3.3 地衡風調節

本節の主題はなぜ総観規模の風は地衡風に近いかである．その説明として，まず図2.1のように，時間的に不変な気圧傾度力が与えられていて，その影響下で動く空気塊（質点）を考えた．この考え方には2つ欠陥がある．1つは，大気の一部が動けば，その影響は周囲に及ぶし，圧力分布も変わらざるをえないという大気の力学の本質的な面が考慮されないということである．その欠陥を補うために，2.3.2項では慣性重力波を考えた．もう1つの欠陥は，小さな空気塊の運動だけを考えていたのでは，メソスケールの気象の風は地衡風平衡になっていないのに，総観気象の風は地衡風平衡に近いという，水平スケールの概念が全く入ってこないことである．この点を考えよう．

話を具体的にするために，図2.6のように，静止状態の厚さが H である浅水系を考える．時刻 $t=0$ にその自由表面の一部分が山のように盛り上がったとする．山の頂きの下にある流体部分Aでの圧力は，その両側のBあるいはB′での圧力より大きい．したがって，流体はAからBおよびB′の方向に動きだす．その動きとともに山の頂きは低くなるし，またその流れにコリオリ力が働いて，（北半球では）点Aの右側（高緯度側）では紙面から飛

図 2.6 浅水系における地衡風調節の説明図
　初期に，自由表面に変形半径より水平スケールが大きい起伏があった場合．実線が初期状態，破線が十分時間が経った状態．

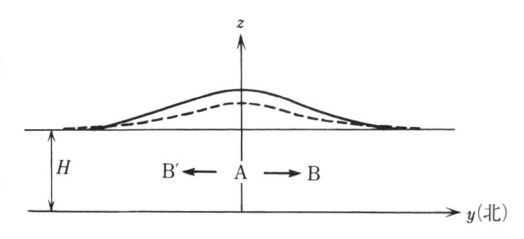

び出す方向の流れ（西風）ができ，左側では紙面に入り込む方向の流れ（東風）ができる．

　それからあとの変化は，初めに盛り上がった山の水平スケールで全く違う．山の水平スケールが，式 (2.71) で定義されたロスビーの (外部) 変形半径と同程度かそれ以上のときには (図 2.6)，山の頂上の高度が減り，流体内の南北方向の圧力傾度がしだいに弱まる一方で，西風あるいは東風の風速が強まり，それに働くコリオリ力が増大して，ついにある時間が経った後では，気圧傾度力と西風あるいは東風に働くコリオリ力がちょうど釣り合って，地衡風が完成するに至る．これに要する時間は $1/f$ の程度である．

　ところが，山の水平スケールが変形半径よりずっと小さい場合には，質量分布とコリオリ力は相互に調整し合う時間的空間的余裕もなく，初期に起こった運動はそのまま慣性重力波として四方に伝わってしまい，初期の山の形はなくなって，流体層の表面は平坦になってまう．

　この慣性重力波は圧力分布と流れが地衡風平衡にない限りはいつも発生するものである．事実，図 2.6 の場合でも，初期の位置エネルギーと，地衡風に落ち着いたときの位置エネルギーと運動エネルギーの和を比較してみると，非粘性の場合でも前者の方が大きいということを示すことができる．それは，初期の位置エネルギーの一部は，最後の地衡風平衡の状態に落ち着くまでの間に励起された慣性重力波のエネルギーとして，四方に伝わって散ってしまったからである．

　次に，図 2.7 のように，初期には自由表面は平坦であったが，流体の一部分だけが北向きに動いたとする (図 2.7(a))．この場合にも，初期の流れがある部分の大きさがロスビーの変形半径と同程度かそれより大きい場合には，流れの南側では表面が盛り上がり，北側では表面が沈んで，その気圧傾度力が流れと地衡風平衡になろうとする．そして，ある時間が経った後では，初

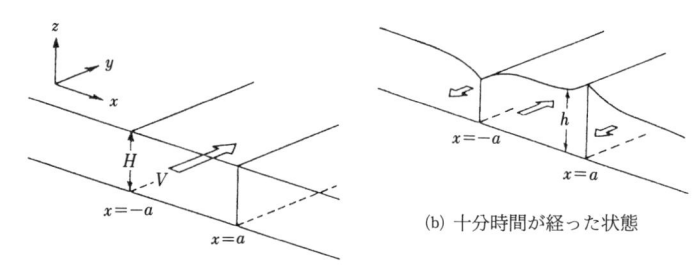

(a) 初期に，流体の一部分だけが運動している状態

(b) 十分時間が経った状態

図2.7 浅水系における地衡風調節の説明図

期の流れの運動エネルギーの一部は慣性重力波とともに四方に散ってしまうが，残りの流れは変形された自由表面と地衡風平衡の関係にある（図2.7(b)）．初期の流れの部分の水平スケールが小さいときには，そうはならない．

このように，初め圧力傾度とコリオリ力が釣り合っていない場合に，内部的な調節が働いて地衡風平衡の状態になる現象あるいは過程を地衡風調節（geostrophic adjustment）という．この調節作用が大気中で絶えず働いているので，総観規模の圧力と風は地衡風の関係に近いのである．

ちなみに，2.3.2節で述べたように，流体層の厚さをHとするとき，外部重力波の伝播速度は$\sqrt{gH}$である．したがって，式(2.71)の変形半径は，外部重力波が$1/f$時間かかって伝わる距離という物理的な解釈を与えることができる．また，ここでは説明を簡単にするために，自由表面をもつ単一層について述べたが，同じ地衡風調節は自由表面のない大気中でも起こっている．その場合に有効な水平スケールは，

$$\lambda_{\text{RI}} \equiv \frac{Nh}{f} \tag{2.80}$$

で定義されるロスビーの（内部）変形半径である．Nは式(2.19)で定義された浮力振動数，hは運動の鉛直スケールである．$N \sim 10^{-2}\,\text{s}^{-1}$, $h \sim 10\,\text{km}$, $f \sim 10^{-4}\,\text{s}^{-1}$とすれば，$\lambda_{\text{RI}} \sim 1{,}000\,\text{km}$である．本書では内部重力波について述べないが，静水圧平衡にある内部重力波の伝播速度はNhである．したがって，式(2.80)の内部変形半径は，内部重力波が$1/f$時間かかって伝わる距離ということができる．

本書では定性的な叙述にとどめ，数式を用いた地衡風調節の解説は省略する．興味がある読者は，木村(1983)，小倉(1978)，Holton(1992)，Gill(1982)などの気象力学の参考書を参照していただきたい．

第3章

総観気象の基礎方程式

3.1 静水圧平衡近似とそれがもつ意味

　総観規模の気象では静水圧平衡 (hydrostatic equilibrium，別の名は静力学平衡) がよい近似で成り立つことはよく知られている．これは鉛直方向の運動方程式

$$\frac{dw}{dt} = -\frac{1}{\rho}\frac{\partial p}{\partial z} - g \tag{3.1}$$

において，$(1/\rho)(\partial p/\partial z)$ と g に比べて dw/dt が小さいから無視して，

$$\frac{\partial p}{\partial z} = -\rho g \tag{3.2}$$

という近似式を使ってよいということである．もともと，式 (3.2) は大気が全く運動していないとき成り立つ式であるが，以下，総観規模の運動があっても，鉛直方向の運動方程式の代りにこれを使う．どの程度よい近似なのかについては，本節の最後で調べることにして，静水圧平衡の式は総観気象学で最も基本的な関係式であるから，まずこの式の重要性を述べよう．

　いま簡単化のため，水平方向には一様な大気を考え，p は z だけの関数とすると，静水圧平衡の式は

$$\frac{dp}{dz} = -\rho g \tag{3.3}$$

となる．高度 z における気圧を p とし，式 (3.3) を z から大気の上端まで (そこでの気圧は 0 とする) 積分すると，

$$p(z) = \int_z^\infty g\rho\, dz \tag{3.4}$$

が得られる．一般向けの解説書で「ある高度における気圧はそれより上にある大気の重みに等しい」といっているのがこれである．厳密にいえば，これは静水圧近似が成り立っている大気についてのみ正しいわけである．

ある地点における地上の気圧を p_G とすると，式 (3.4) により，

$$p_G = \int_0^\infty g\rho dz \tag{3.5}$$

である．これを時間 t で偏微分すると，

$$\frac{\partial p_G}{\partial t} = \int_0^\infty g\left(\frac{\partial \rho}{\partial t}\right) dz$$

が得られる．この $\partial \rho/\partial t$ に連続の式 (1.35) を代入し，z について積分する．そのさいに，地表面は平坦であり，$z=0$ で $w=0$ と仮定すると，

$$\frac{\partial p_G}{\partial t} = -\int_0^\infty g\left\{\frac{\partial(\rho u)}{\partial x} + \frac{\partial(\rho v)}{\partial y}\right\} dz \tag{3.6}$$

となる．すなわち，ある地点の地上気圧の時間変化の割合は，その地点の上空の質量の水平発散量全部の集積効果として決まる．式 (3.6) を地上気圧の傾向方程式 (tendency equation) という．

さて，ここからが本論であるが，一面において，ある点における気圧 p は気体の状態方程式 (1.37) により，その点における密度と温度で決定される．もう1つの側面として，静水圧近似にある大気の気圧は式 (3.4) によりその点より上にある密度全体で決定される．そこで，まず気体の状態方程式 (1.37) が与える ρ を式 (3.3) に代入して整理すると，

$$gdz = -R_d T \frac{dp}{p} = -R_d T d(\ln p) \tag{3.7}$$

が得られる．これを高度 z_2 から z_1 まで積分すると，

$$gz_1 - gz_2 = -R_d \int_{p_2}^{p_1} T d(\ln p) \tag{3.8}$$

となる．ここで $\int_0^z gdz$ は単位質量の物体がもつ位置のエネルギーであることを考慮して，

$$\phi \equiv \int_0^z gdz \tag{3.9}$$

でジオポテンシャル (geopotential) という量を定義すると，式 (3.8) は，

$$\phi_1 - \phi_2 = R_d \int_{p_1}^{p_2} T d(\ln p) \tag{3.10}$$

と書ける．同じことであるが，これは

$$\phi_1 - \phi_2 = R_d \int_{p_1}^{p_2} \frac{T}{p} dp \tag{3.11}$$

とも書ける．ちなみに，気象学では ϕ を標準重力加速度 g_0（$=9.80665\,\mathrm{m\,s^{-2}}$）で割った値

$$Z \equiv \frac{\phi}{g_0} \tag{3.12}$$

をジオポテンシャル高度という．本書が主な対象とする対流圏内では g の値はほとんど一定なので，以下では特に断わらない限りは g は上記の一定値をとるものとする．このことはまたジオポテンシャル高度 Z とふつうの高度 z はほとんど同じであることを意味する．現在の高層天気図は等圧面上の天気図であり，そこに描かれている等高度線は等ジオポテンシャル線である．等圧面上でジオポテンシャル高度が低い地点では気圧が低い．

　序章において，熱帯では，高度約 200 hPa より上に寒冷な空気があるから，亜熱帯高気圧（太平洋高気圧）があると述べた．また，例としてあげた温帯低気圧では，低気圧中心では地上から約 300 hPa までの対流圏のほぼ全域で，温度はどんどんと下がったのに，300 hPa より上では温度が上昇したので，低気圧中心の気圧は下がったと述べた．そんな空気の量が少ない上空の温度が少し昇温しただけで，どうして対流圏全体の降温に打ち勝って地上の気圧が下がるのかという疑問を呈した．この疑問に対する答えが式 (3.11) である．いま，z_1 を十分高くとり，そこでは ϕ_1 の変化がないとして，ϕ_2 は地表面近く（たとえば 1,000 hPa）の値とする．式 (3.11) によれば，p に逆比例して温度に重みがかかる．つまり，高度の高いところの温度が大きくジオポテンシャル ϕ_2 に効くことになる．別の見方として式 (3.10) を用いることにすると，図 3.1(b) では，縦軸には対数目盛で気圧がとってあり，横軸は図 0.6 の 1 月 5 日 0000 UTC と 3 日 1200 UTC の温度差である．図の陰影をつけた部分の面積はジオポテンシャル ϕ_2 を上げるのに寄与し，ハッチした部分の面積は下げるのに寄与する．図によれば，下げる面積の方が大きい．だから，地表の低気圧中心の気圧は下がったのである．

　もう 1 つの例として海風を取り上げる．海風の鉛直スケールは高度 2～3 km くらいまでであり，水平には数十 km のスケールをもつから，海風前線付近を除けば，海風全体の運動は静水圧平衡でよく近似できる．図 3.2 は日中大気下層で海風が卓越しているときの風・温度・気圧の分布の模式図である．よく知られているように，日中陸面は太陽放射を吸収して昇温する．そ

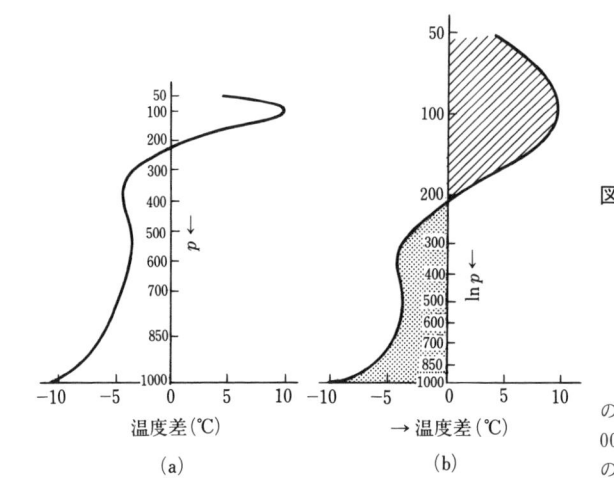

図 3.1 (a)縦軸(高度)の目盛を気圧に比例してとった場合と，(b)気圧の対数に比例してとった場合の温度差の高度分布　横軸は図 0.6 に示した温度の高度分布において，1 月 5 日 0000 UTC と 3 日 1200 UTC の温度差．

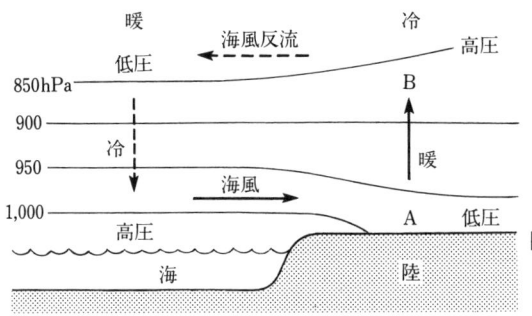

図 3.2 海風が吹いているときの，温度，気圧，流れの循環の分布図

の熱は大気境界層内の乱渦により地表面から大気下層に移され，陸上の下層の気温は海上のそれより高温となる．その結果，大気下層では海から陸に向かう海風が吹き，その上では逆に陸から海に向かう海風反流が吹く．なぜ反流が吹くかといえば，陸域の点 B における気圧が海上の同高度の点のそれより高いからである．このことは静水圧平衡の仮定により，点 B より上の層の気温は海上より低いことを意味する．海風が吹く前は気温は水平方向に一様であったから，この低温は水平移流でもたらされたのではなく，海風とともに陸上で発達した上昇気流に伴う断熱膨張の結果である．このとき，点 B から陸地表面に接近するにつれ，気温はしだいに海上より高くなる．それ

に応じて，気圧の偏差（陸上と海上の差）は点Bでは正であったが，高度が下がるにつれて正の値はしだいに小さくなり，やがて負に転じ，地表面Aでは最大の低圧となる．それで海風が吹いているのである．いうまでもないが，陸上で鉛直な気柱を考えると，日中は気柱内の空気が高温となり鉛直上方に膨張するが，もとの空気が気柱内に留まっている限りでは地表面の気圧は低くならない．海風反流により空気が気柱から取り除かれて，初めて低圧となる．加熱があるときの静水圧平衡の運動では，温度，気圧，水平運動，鉛直運動がどれも密接に関連しながら運動が起こっていることの一例である．

次に，式 (3.11) の $\phi_1-\phi_2$ あるいは Z_1-Z_2 は気圧が p_1 と p_2 の等圧面の間の空気の層の厚さを意味し，これを気層の厚さあるいは層厚 (thickness) と呼ぶ．あるいは，この気層の平均温度を，

$$\bar{T}=\frac{\int_{p_1}^{p_2} T d(\ln p)}{\int_{p_1}^{p_2} d(\ln p)} \tag{3.13}$$

で定義すると，式 (3.11) は

$$\text{気層の厚さ}=Z_1-Z_2=\frac{R_d \bar{T}}{g}\int_{p_1}^{p_2} d(\ln p)=\frac{R_d \bar{T}}{g}\ln\left(\frac{p_2}{p_1}\right) \tag{3.14}$$

となる．すなわち，厚さは $\bar{T}$ に比例する．米国の天気図の解析では，対流圏の下半分の代表的な温度分布を表す量として，1,000 hPa と 500 hPa の間の層の厚さがよく用いられている（例は図 6.3）．

さらに，気象学ではいろいろなスケールハイト (scale height) という言葉をよく使う．密度がどこでも一定な ρ_0 という値をもち，地上気圧が p_G である仮想的な大気の厚さ H_ρ は，

$$H_\rho=\frac{p_G}{\rho_0 g} \tag{3.15}$$

であり，これを等密度大気のスケールハイトという．$\rho_0=1\,\mathrm{kg\,m^{-3}}$，$p_G=1,000\,\mathrm{hPa}$ の H_ρ は約 10.2 km である．もう 1 つ，温度がどこでも T_0 という一定値をもつ仮想的な大気の気圧の高度分布は，式 (3.7) を積分して，$z=0$ における気圧を p_G とすると，

$$p(z)=p_G e^{-z/H_T} \tag{3.16}$$

と求められる．ここで，

$$H_\mathrm{T} = \frac{R_\mathrm{d} T_0}{g} \tag{3.17}$$

であり，これが等温大気のスケールハイトである．$R_\mathrm{d}=287\,\mathrm{J\,K^{-1}\,kg^{-1}}$ であるから $T_0=300\,\mathrm{K}$ のとき，$H_\mathrm{T}=8.8\,\mathrm{km}$ である．

ここで，総観規模の気象で静水圧平衡の近似がどれくらいの精度で正しいか調べよう．まず，式 (3.1) の $(1/\rho)(\partial p/\partial z)$ の項について，密度は $1\,\mathrm{kg\,m^{-3}}$ の程度である．地表面近くの気圧は $1{,}000\,\mathrm{hPa}$ の程度であり，高度約 $10\,\mathrm{km}$ の圏界面あたりでは $200\sim300\,\mathrm{hPa}$ である．いまは大きさの桁数を調べているのだから，おおざっぱに気圧は地表から高度 $10\,\mathrm{km}$ までに $1{,}000\,\mathrm{hPa}$ 下がるとしよう．そうすると

$$\frac{1}{\rho}\frac{\partial p}{\partial z} \sim \frac{1}{1\,\mathrm{kg\,m^{-3}}}\frac{10^5\,\mathrm{Pa}}{10\,\mathrm{km}} = \frac{10^5\,\mathrm{kg\,m\,s^{-2}\,m^{-2}}}{1\,\mathrm{kg\,m^{-3}}\,10^4\,\mathrm{m}} = 10\,\mathrm{m\,s^{-2}} \tag{3.18}$$

となる．$\sim$ は大体これくらいの大きさということを示す記号である．一方，

$$g \sim 10\,\mathrm{m\,s^{-2}} \tag{3.19}$$

である．総観規模の運動に伴う加速度の大きさをみつもるために，鉛直速度 w が 1 日で $10\,\mathrm{cm\,s^{-1}}$ 変化したとすると，

$$\frac{dw}{dt} \sim \frac{10^{-1}\,\mathrm{m\,s^{-1}}}{10^5\,\mathrm{s}} = 10^{-6}\,\mathrm{m\,s^{-2}} \tag{3.20}$$

となり，たしかに $(1/\rho)(\partial p/\partial z)$ や g に比べて 10^7 桁も小さいから，静水圧平衡がよい近似であることがわかる．

ただし，厳密にいうと，この見積り方は正しくない．それをみるために，p，ρ，および温度 T を基本場とそれからの偏差（すなわち変動部分）に分けて考える．基本場はある水平面上で平均し，それをさらに長い時間にわたって平均した値で，高度 z だけの関数とする．こうして，ある地点，ある時刻における p，ρ，T は，次のように表現される．

$$\begin{aligned} p(x,y,z,t) &= p_0(z) + p'(x,y,z,t) \\ \rho(x,y,z,t) &= \rho_0(z) + \rho'(x,y,z,t) \\ T(x,y,z,t) &= T_0(z) + T'(x,y,z,t) \end{aligned} \tag{3.21}$$

基本場の w はゼロとみてよいから，p_0 と ρ_0 については静水圧平衡 $\partial p_0/\partial z = -\rho_0 g$ が成り立つとしてよい．したがって，式 (3.21) を式 (3.1) に代入して整理すると，

$$\left(1+\frac{\rho'}{\rho_0}\right)\frac{dw}{dt} = -\frac{1}{\rho_0}\frac{\partial p'}{\partial z} - \frac{\rho'}{\rho_0}g \tag{3.22}$$

が得られる．$(1/\rho_0)(\partial p'/\partial z)$ の大きさをみつもるためには，p' がどれくらいの範囲で変動するかを知る必要がある．そのためには，たとえば高度 $10\,\mathrm{km}$ で p' がどれだけ変動するか毎日観察すればよい．その代りに，ここでは地衡風の式 $(1/\rho_0)(\partial p'/\partial y) = fu_\mathrm{g}$ を利用する．p' の変動の大きさを $\Delta p'$，風速の代表的な大きさを U，水平スケールの大きさを L とすると，$\Delta p'$ の大きさは，

$$\Delta p' \sim \rho_0 LfU \tag{3.23}$$

である．したがって，鉛直スケールを H とすると，

$$\frac{1}{\rho_0}\frac{\partial p'}{\partial z} \sim \frac{fLU}{H} \tag{3.24}$$

となる．$L \sim 10^3$ km, $H \sim 10$ km, $U \sim 10$ m s^{-1}, $f \sim 10^{-4}$ s^{-1} という値を代入すると，

$$\frac{1}{\rho_0}\frac{\partial p'}{\partial z} \sim 10^{-1} \text{ m s}^{-2} \tag{3.25}$$

である．これを式 (3.20) の dw/dt に比べると，10^5 倍も大きい．したがって，静水圧平衡の近似は問題のない精度で成り立つ．そして，式 (3.22) で $(1/\rho_0)(\partial p'/\partial z)$ と釣り合う項は $(\rho'/\rho_0)g$ であるから，$\rho'/\rho_0 \sim 10^{-2}$ となり，式 (3.22) の左辺で ρ'/ρ_0 は 1 に対して省略できる．

ちなみに，メソ気象の代表として積乱雲の場合を調べる．発達中の積乱雲の内部の温度は周囲より高く，だから浮力が働いて空気が上昇しているわけであるが，その温度差は数度の程度である．それで T'/T_0 は 10^{-2} の程度である．p'/p_0 と ρ'/ρ_0 も同じ程度である．一方，大きめにみて w が 20 分で 100 m s^{-1} に発達したとすると，

$$\frac{dw}{dt} \sim \frac{10^2 \text{ m s}^{-1}}{10^3 \text{ s}} = 10^{-1} \text{ m s}^{-2} \tag{3.26}$$

となる．これはちょうど $(1/\rho_0)(\partial p'/\partial z)$ や $(\rho'/\rho_0)g$ と同じ大きさである．したがって，積乱雲の場合には，静水圧平衡の近似は使えない．

3.2 気圧座標系

前節で述べたように，総観規模の気象では静水圧平衡の近似がよく成り立つ．このときには，ある地点における高度と気圧はいつも 1 対 1 の関係にあるから，直交座標系における鉛直座標として高度の代りに気圧を用いることができる．こうしたときの座標系を気圧座標系という．あるいは，気圧として記号 p がよく用いられるから p 座標系，略して p 系と呼ぶ．これに対して，これまで用いてきた高度 z を鉛直座標とする座標系を z 系と呼ぶことにする．総観気象学ではほとんどいつも p 系を用いている．その理由は，現在のレーウィンゾンデによる高層気象観測では，気球がある指定された気圧に達したときの気温や湿度などを測定し，その値を直接に等圧面に記入して高層天気図を描いているからである．また，次節で述べるように，p 系で

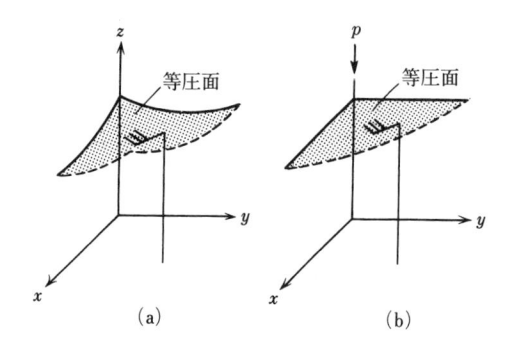

図 3.3 (a) z 座標系と，(b) p 座標系でみた等圧面

は連続の式が非圧縮流体のそれと同じ簡単な形で書けることも理由の1つである．

p 系を用いるとき誤解してはならないのは，等圧面は図3.3(a)のように水平面に対して傾いているのがふつうである．しかし p 系では，水平座標は z 系そのままにして，鉛直座標を気圧（p）で表しているのだから，等圧面が (x, y) 面に対して傾くことはないということである（図3.3(b)）．そして p 系では，ある時刻におけるある等圧面の高度 z は，各地点 (x, y) について決められる．すなわち，z は x，y，p，t の関数である．

$$z = z(x, y, p, t) \tag{3.27}$$

さて，気象のあるスカラー物理量 φ（気温や風速など）を考える．z 系ではその空間および時間分布が $\varphi(x, y, z, t)$ として与えられていたが，p 系では $\varphi(x, y, p, t)$ として与えられる．ここで p 系における φ の微分を考える．まず x，y，t を固定して φ の鉛直方向の微分をとる場合には，z は p の関数であるから，式（1.5）の微分のルールにより，

$$\frac{\partial \varphi}{\partial z} = \frac{\partial \varphi}{\partial p} \frac{\partial p}{\partial z} \tag{3.28}$$

によって，$\partial \varphi / \partial p$ を $\partial \varphi / \partial z$ と関係づけることができる．いまは静水圧平衡を仮定しているから，$\partial p / \partial z = -\rho g$ である．

次は，φ の x と y についての微分である．以後，z 系における微分と p 系における微分には，添字 z と p をつけて区別する．図3.4において，点 A における φ の値を φ_A と表し，点 B は点 A と同じ水平面上で Δx だけ x が増した点であるとすると，$(\partial \varphi / \partial x)_z$ は $\varphi_B - \varphi_A$ を Δx で割った値の $\Delta x \to 0$

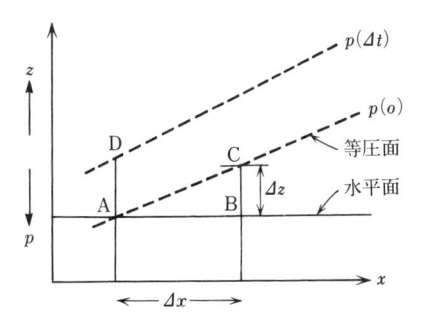

図 3.4 z 座標系と p 座標系における微分の取り方

における極限値である．一方，$(\partial \varphi / \partial x)_p$ は x の増加に対する等圧面上の φ の増し分であるから，$\varphi_\mathrm{C} - \varphi_\mathrm{A}$ を Δx で割った値の極限値である（点 C と点 A の距離で割るのではない）．図から明らかなように，

$$\frac{\varphi_\mathrm{C} - \varphi_\mathrm{A}}{\Delta x} = \frac{\varphi_\mathrm{B} - \varphi_\mathrm{A}}{\Delta x} + \frac{\varphi_\mathrm{C} - \varphi_\mathrm{B}}{\Delta x}$$

$$= \frac{\varphi_\mathrm{B} - \varphi_\mathrm{A}}{\Delta x} + \frac{\varphi_\mathrm{C} - \varphi_\mathrm{B}}{\Delta z} \frac{\Delta z}{\Delta x} \qquad (3.29)$$

である．Δz は点 C と点 B の高度差で，$\Delta z / \Delta x$ は等圧面の傾きを表している．ここで $\Delta x \to 0$ として式 (3.29) の極限をとり，式 (3.28) を用いると，

$$\left(\frac{\partial \varphi}{\partial x} \right)_p = \left(\frac{\partial \varphi}{\partial x} \right)_z + \frac{\partial \varphi}{\partial z} \left(\frac{\partial z}{\partial x} \right)_p = \left(\frac{\partial \varphi}{\partial x} \right)_z + \frac{\partial \varphi}{\partial p} \frac{\partial p}{\partial z} \left(\frac{\partial z}{\partial x} \right)_p \qquad (3.30)$$

が得られる．同様にして，

$$\left(\frac{\partial \varphi}{\partial y} \right)_p = \left(\frac{\partial \varphi}{\partial y} \right)_z + \frac{\partial \varphi}{\partial p} \frac{\partial p}{\partial z} \left(\frac{\partial z}{\partial y} \right)_p \qquad (3.31)$$

となる．ここで ∇_p を $(\partial/\partial x)_p \boldsymbol{i} + (\partial/\partial y)_p \boldsymbol{j}$ で定義された 2 次元の微分オペレーターとすると，式 (3.30) と式 (3.31) は，

$$\nabla_z \varphi = \nabla_p \varphi - \frac{\partial \varphi}{\partial p} \frac{\partial p}{\partial z} \nabla_p z \qquad (3.32)$$

という 1 つの式で表現される．

次に φ の時間微分を考える．図 3.4 の点 A において時刻 0 と微小時間 Δt 後の φ の値をそれぞれ $\varphi_\mathrm{A}(0)$ と $\varphi_\mathrm{A}(\Delta t)$ と書くことにすると，z 系の $(\partial \varphi / \partial t)_z$ は $\varphi_\mathrm{A}(\Delta t) - \varphi_\mathrm{A}(0)$ を Δt で割った値の極限値である．ところが Δt の間に等圧面は動くから，地点 (x, y) の上空にあった点 A は p 面の動きにつれて Δt 時間後には点 D に位置する．それで p 系での局所的時間微分 $(\partial \varphi / \partial t)_p$ は

$\varphi_\mathrm{D}(\Delta t)-\varphi_\mathrm{A}(0)$ を Δt で割ったものに相当する．そして，

$$\frac{\varphi_\mathrm{D}(\Delta t)-\varphi_\mathrm{A}(0)}{\Delta t}=\frac{\varphi_\mathrm{A}(\Delta t)-\varphi_\mathrm{A}(0)}{\Delta t}+\frac{\varphi_\mathrm{D}(\Delta t)-\varphi_\mathrm{A}(\Delta t)}{\Delta t}$$

$$=\frac{\varphi_\mathrm{A}(\Delta t)-\varphi_\mathrm{A}(0)}{\Delta t}+\frac{\varphi_\mathrm{D}(\Delta t)-\varphi_\mathrm{A}(\Delta t)}{\Delta z}\frac{\Delta z}{\Delta t}$$

という関係があるから，$\Delta t\to 0$ の極限では，

$$\left(\frac{\partial \varphi}{\partial t}\right)_p=\left(\frac{\partial \varphi}{\partial t}\right)_z+\frac{\partial \varphi}{\partial z}\left(\frac{\partial z}{\partial t}\right)_p=\left(\frac{\partial \varphi}{\partial t}\right)_z+\frac{\partial \varphi}{\partial p}\frac{\partial p}{\partial z}\left(\frac{\partial z}{\partial t}\right)_p \tag{3.33}$$

となる．$(\partial z/\partial t)_p$ はその地点で等圧面の高度が時間的に変化する割合である．式 (3.33) が $(\partial \varphi/\partial t)_z$ と $(\partial \varphi/\partial t)_p$ の関係を与える．

ここで，$\boldsymbol{v}_\mathrm{h}$ を u と v を成分とする水平風のベクトル

$$\boldsymbol{v}_\mathrm{h} \equiv u\boldsymbol{i}+v\boldsymbol{j} \tag{3.34}$$

と定義する．

こうして，z 系の個別時間微分（ラグランジュ的微分），

$$\frac{d\varphi}{dt}=\left(\frac{\partial \varphi}{\partial t}\right)_z+\boldsymbol{v}_\mathrm{h}\cdot\nabla_z\varphi+w\frac{\partial \varphi}{\partial z} \tag{3.35}$$

の各項を p 系に変換すると，

$$\frac{d\varphi}{dt}=\left(\frac{\partial \varphi}{\partial t}\right)_p+\boldsymbol{v}_h\cdot\nabla_p\varphi+\frac{\partial \varphi}{\partial p}\frac{\partial p}{\partial z}\left\{w-\left(\frac{\partial z}{\partial t}\right)_p-\boldsymbol{v}_\mathrm{h}\cdot\nabla_p z\right\} \tag{3.36}$$

という p 系での個別時間微分が得られる．

特に $\varphi=p$ とすると，$(\partial p/\partial t)_p=0$，$\nabla_p p=0$，$\partial p/\partial p=1$ であるから，

$$\frac{dp}{dt}=\frac{\partial p}{\partial z}\left\{w-\left(\frac{\partial z}{\partial t}\right)_p-\boldsymbol{v}_\mathrm{h}\cdot\nabla_p z\right\}\equiv\omega \tag{3.37}$$

が得られる．いま着目している空気塊が同じ等圧面上にいる限りは dp/dt は 0 である．したがって，dp/dt は空気塊が等圧面から離れていく速さを表し，ふつう ω の記号を用いる．式 (3.37) を式 (3.36) に代入すれば，

$$\frac{d\varphi}{dt}=\left(\frac{\partial \varphi}{\partial t}\right)_p+\boldsymbol{v}_\mathrm{h}\cdot\nabla_p\varphi+\omega\frac{\partial \varphi}{\partial p} \tag{3.38}$$

となり，形式的には z 系の式 (3.35) と同じとなる．この意味で ω を p 系における鉛直速度（鉛直 p 速度）と呼ぶ．

鉛直 p 速度 ω と z 系の鉛直速度 w の関係が式 (3.37) である．$\omega(=dp/dt)$ は 3 つの成分から成る．$(\partial p/\partial z)w$ は z 系の鉛直運動 w によって空気塊の高度が変わるために p の値が変わることを表す．次に等圧面の傾斜は $\nabla_p z$ で

表されるから，$-(\partial p/\partial z)\boldsymbol{v}_\mathrm{h}\cdot\nabla_p z$ は等圧面が傾斜しているために水平運動によって空気塊が違った p の位置に移動するために p の値が変わる効果を表す．最後に，空気塊が運動していなくても，等圧面の位置が変われば z の値が変わることになり，この効果を表すのが $-(\partial p/\partial z)(\partial z/\partial t)_p$ である．この 3 つの効果を総合したものが dp/dt である．

現実の総観気象の典型的な値を用いて，上記の 3 つの効果の大きさをみつもってみると (d≡日)，

$$w \sim 1\ \mathrm{cm\ s^{-1}} \sim 10^3\ \mathrm{m\ d^{-1}}$$
$$\partial z/\partial t \sim 10^2\ \mathrm{m\ d^{-1}} \tag{3.39}$$
$$\boldsymbol{v}_\mathrm{h}\cdot\nabla_p z \sim (10\ \mathrm{m\ s^{-1}})\{10^2\ \mathrm{m}(10^3\ \mathrm{km})^{-1}\} \sim 10^2\ \mathrm{m\ d^{-1}}$$

となる．したがって近似的に

$$\omega \sim -\rho g w \tag{3.40}$$

である．

ただし，式 (3.40) は注意して使う必要がある．たとえば，平坦な地表面では $w=0$ である．ところが式 (3.37) のなかの $\partial z/\partial t$ は地表面気圧の時間的変化量に対応する量であるから，天気予報の上からは重要な量である．したがって，$w=0$ であるからといって，$\omega=0$ とすることは許されない．

p 系では水平発散と渦度の鉛直成分を次のように定義する．

$$\nabla_p\cdot\boldsymbol{v}_\mathrm{h} = \left(\frac{\partial u}{\partial x}\right)_p + \left(\frac{\partial v}{\partial y}\right)_p \tag{3.41}$$

$$\boldsymbol{k}\cdot\nabla_p\times\boldsymbol{v}_\mathrm{h} = \left(\frac{\partial v}{\partial x}\right)_p - \left(\frac{\partial u}{\partial y}\right)_p \tag{3.42}$$

したがって，等圧面が傾いているときには，z 系のそれとは多少違った値をとる．

3.3 プリミティブ・モデル

前節で求めた z 系から p 系への変換によると，基本方程式は次のように書き直せる．

(1) 運動方程式

摩擦力を省略すると，z 系での水平運動方程式は

である。式 (3.32) によれば

$$\nabla_z p = \nabla_p p + \rho g \frac{\partial p}{\partial p} \nabla_p z$$

$$\frac{d\boldsymbol{v}_h}{dt} + f\boldsymbol{k} \times \boldsymbol{v}_h + \frac{1}{\rho}\nabla_z p = 0 \tag{3.43}$$

であるが，$\nabla_p p = 0$ であり，$\partial p/\partial p = 1$ であるから，重力加速度 g は一定値であるとして，p 系の運動方程式を成分に分けて書くと，

$$\begin{aligned}\left(\frac{\partial u}{\partial t}\right)_p + u\left(\frac{\partial u}{\partial x}\right)_p + v\left(\frac{\partial u}{\partial y}\right)_p + \omega\frac{\partial u}{\partial p} - fv = -\left(\frac{\partial \phi}{\partial x}\right)_p \\ \left(\frac{\partial v}{\partial t}\right)_p + u\left(\frac{\partial v}{\partial x}\right)_p + v\left(\frac{\partial v}{\partial y}\right)_p + \omega\frac{\partial v}{\partial p} + fu = -\left(\frac{\partial \phi}{\partial y}\right)_p\end{aligned} \tag{3.44}$$

が得られる．ここで ϕ は式 (3.9) で定義したジオポテンシャル $(=gz)$ である．

(2) 静水圧平衡の式

z 系では

$$\frac{\partial p}{\partial z} = -\rho g \tag{3.45}$$

であるが，式 (3.28) で $\varphi = \phi$ とおくと，

$$\frac{\partial \phi}{\partial p} = -\frac{1}{\rho} = -\alpha \tag{3.46}$$

という p 系の静水圧平衡の式が得られる．α は比容である．

(3) 連続の式

z 系の式

$$-\frac{1}{\rho}\left(\frac{d\rho}{dt}\right)_z = \left(\frac{\partial u}{\partial x}\right)_z + \left(\frac{\partial v}{\partial y}\right)_z + \frac{\partial w}{\partial z}$$

の各項に，これまで得られた変換式を適用し，式 (3.37) により w を ω で表現すると，

$$\begin{aligned}-\frac{1}{\rho}\Big\{&\left(\frac{\partial \rho}{\partial t}\right)_p + u\left(\frac{\partial \rho}{\partial x}\right)_p + v\left(\frac{\partial \rho}{\partial y}\right)_p + \omega\frac{\partial \rho}{\partial p}\Big\} \\ =&\left(\frac{\partial u}{\partial x}\right)_p + \left(\frac{\partial v}{\partial y}\right)_p + \rho g\Big\{\left(\frac{\partial z}{\partial x}\right)_p\frac{\partial u}{\partial p} + \left(\frac{\partial z}{\partial y}\right)_p\frac{\partial v}{\partial p}\Big\} \\ &+ \frac{\partial \omega}{\partial p} - \frac{\omega}{\rho}\frac{\partial \rho}{\partial p} - \rho g\frac{\partial}{\partial p}\Big\{\left(\frac{\partial z}{\partial t}\right)_p + u\left(\frac{\partial z}{\partial x}\right)_p + v\left(\frac{\partial z}{\partial y}\right)_p\Big\}\end{aligned} \tag{3.47}$$

となる．右辺最後の項に $\partial z/\partial p = -1/(\rho g)$ を適用すると，多くの項が打ち消しあって，結局

$$\left(\frac{\partial u}{\partial x}\right)_p + \left(\frac{\partial v}{\partial y}\right)_p + \frac{\partial \omega}{\partial p} = 0 \tag{3.48}$$

が得られる．これは z 系での非圧縮流体に対する質量保存則と同じくらい簡単である．これがすでに述べたように，総観規模の大気の運動を扱うときに p 系がよく用いられる理由の1つである．

(4) 熱力学の第1法則

$$\left(\frac{d\theta}{dt}\right)_z = \frac{\theta}{C_p T}\dot{Q} \tag{3.49}$$

は，p 系に変換しても，みかけ上の形は変わらない．

$$\left(\frac{d\theta}{dt}\right)_p = \frac{\theta}{C_p T}\dot{Q} \tag{3.50}$$

そして，θ の定義から，

$$\alpha = \frac{\theta R_d}{p}\left(\frac{p}{p_{00}}\right)^{R_d/C_p} \tag{3.51}$$

である．

　式 (3.44)，(3.46)，(3.48)，(3.50)，(3.51) の組合せは1.5節で述べた意味で閉じた運動方程式系を成す．すなわち未知の従属変数は v_h, ω, ϕ, θ, α の5個あり，独立な方程式が5個ある．1.5節で導いた圧縮性の流体に対する運動方程式系は最も基本的なものであった．この節で導いたものは，静水圧平衡を仮定した場合の運動方程式系であり，これをプリミティブ方程式系あるいはプリミティブ・モデルという．プリミティブ (primitive) と呼ぶ理由は数値予報の発達の歴史的背景にある．この歴史については，小倉 (1968) や岩崎 (1993) などの一般向け解説書に詳しく書いてあるが，1950年代に数値予報という手段が現実の天気予報の基礎となった時代には，静水圧平衡という近似に加えて，第5章で述べる地衡風近似が用いられた．その後コンピューターや数値計算技術などの進歩により，地衡風近似を使わないで，静水圧平衡の近似だけを使い，もとの圧縮性流体の運動方程式系に近い方程式系に戻ったという意味をこめている．プリミティブ方程式系が現在数値予報の基礎として広く用いられている方程式系である．ただし，実際の数値予報では鉛直座標として，気圧 p の代りに次式で定義された σ を用いること

が多い．これをシグマ系と呼ぶ．

$$\sigma = \frac{p}{p_G} \tag{3.52}$$

ここで p_G は地表面における気圧であり，x, y, t の関数である．たとえば山頂が 800 hPa より高いような地形がある場合には，800 hPa の等圧面はその地形の区域でとぎれてしまう．その点，σ 座標系ならば $\sigma=1$ はいつも地表面を表すので便利である．

3.4 有効位置エネルギーというもの

2.1 節において，ニュートンのリンゴのような剛体の物体が落下するさいには，空気の摩擦の影響を無視すると，運動エネルギーと位置のエネルギーの和は保存されることをみた．この 2 種類のエネルギーと，1.4 節で述べた熱力学の話を組み合わせると，一般的に，単位質量の乾燥空気は次の 3 種類のエネルギーをもつことになる．

$$\text{運動エネルギー} \quad k = \frac{|\boldsymbol{v}|^2}{2} \tag{3.53}$$

$$\text{位置エネルギー} \quad \phi = gz \tag{3.54}$$

$$\text{内部エネルギー} \quad u = C_v T \tag{3.55}$$

いま単位質量の空気が単位時間に $\dot{Q}$ の割合で熱を受け，また W の割合で周囲から仕事をされるとすると

$$\frac{d}{dt}(k+\phi+u) = \dot{Q} + W \tag{3.56}$$

である．これが熱力学の第一法則の一般的な形である．仕事 W としては，周囲の空気から押されたり，周囲の空気を押したりする仕事と，空気の粘性のために周囲の空気から受ける摩擦応力による仕事がある．

次に，静水圧平衡にある大気を考える．密度を ρ とすると，単位面積の底面をもち，地表面に直立している空気柱の位置エネルギーは，

$$\text{位置のエネルギー} = \int_0^\infty gz\rho dz = \int_0^{p_G} z dp \tag{3.57}$$

であるが，これを次のように変形する．まず，

$$\frac{d}{dp}(pz) = z + p\frac{dz}{dp} = z - \frac{p}{\rho g} = z - \frac{R_d T}{g} \tag{3.58}$$

の両辺を $p=0$ から $p=p_G$（地表面）まで積分すると，

$$pz\Big|_{p=p_G} - pz\Big|_{p=0} = \int_0^{p_G} z\,dp - \frac{R_d}{g}\int_0^{p_G} T\,dp \tag{3.59}$$

を得る．$p=0$ で $pz=0$ とすると，左辺は 0 となるから，結局，

$$\text{位置のエネルギー} = \frac{R_d}{g}\int_0^{p_G} T\,dp = R_d\int_0^\infty \rho T\,dz \tag{3.60}$$

となる．一方，この空気柱の内部エネルギーは，

$$\text{内部エネルギー} = C_v\int_0^\infty \rho T\,dz \tag{3.61}$$

である．そして空気を理想気体とすれば，式 (1.46) により，$R_d = C_p - C_v$ という関係がある．したがって，位置エネルギーと内部エネルギーの和を全位置エネルギーと定義すると，

$$\text{全位置エネルギー} = C_p\int_0^\infty \rho T\,dz \tag{3.62}$$

である．

ここで便利なのが熱力学でしばしば使われるエンタルピー (entarpy)，あるいは顕熱という量である．単位質量当りのエンタルピーは内部エネルギー u を用いて

$$\text{エンタルピー} \equiv u + p\alpha \tag{3.63}$$

で定義される．乾燥空気では，気体に状態方程式と式 (3.55) を用いて

$$\text{エンタルピー} = u + R_d T = C_p T \tag{3.64}$$

となる．それで式 (3.62) によれば，気柱の全位置エネルギーは気柱の全エンタルピーに等しいことがわかる．

地球大気全体の運動エネルギーと全位置エネルギーをそれぞれ K，$P+I$ と表す．外からの加熱と摩擦の効果を無視すると，$K+(P+I)$ は大気全体について保存される．いま空気中の音波の速度を c_s とすると，$c_s^2 = (C_p/C_v)R_d T$ であるから，$C_p T = (C_v/R_d)c_s^2$ である．また大気中の代表的な風速の大きさを U とすると，K と $P+I$ の比の大きさは

$$\frac{K}{P+I} \sim \frac{U^2/2}{(C_v/R_d)c_s^2} \tag{3.65}$$

とみつもることができる．C_v/R_d の値はほぼ 5/2 である．U として 10 m s^{-1} の値をとると，U/c_s（マッハ数に相当する無次元量）は約 1/30 となり，式

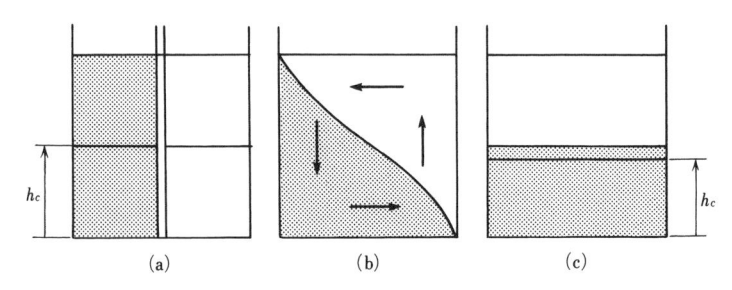

図 3.5 有効位置エネルギーの説明図
陰影がつけてあるのが密度の大きい流体．h_c は系全体の重心の高さ．

(3.65) の $K/(P+I)$ はおよそ $1/4{,}500$ となる．すなわち，K は $P+I$ の 0.02%にすぎない．これは全位置エネルギーの中のほんの一部分だけが運動エネルギーに変換されることを示している．このわずかな部分を有効位置エネルギー（available potential energy）と呼ぶ．

有効位置エネルギーの説明によく利用されるのが図 3.5 である．タンクに鉛直な隔壁を立て，左側に密度の大きい流体，右側に密度の小さい流体を入れる（図 3.5(a)）．隔壁を除くと，重い流体は沈み下の部分は右側に動きはじめ，水平および垂直な循環が始まる（図 3.5(b)）．粘性の影響がなければ，2つの流体の境界面は上がったり下がったりのシーソー運動を繰り返すが，粘性のためやがて重い流体は完全に軽い流体の下に静止するようになる（図 3.5(c)）．図 3.5(a)の状態に比べると，図 3.5(c)の状態では流体全体の重心が下がった分だけ全位置エネルギーが減少している．そして図 3.5(c)の状態でも全位置エネルギーはゼロではない．状態図 3.5(a)と図 3.5(c)の全位置エネルギーの差が有効位置エネルギーであり，それが状態(a)から(c)の間の運動エネルギー（および摩擦で消費されたエネルギー）に変換されたわけである．

有効位置エネルギーという概念は，ストームのエネルギーの源を議論したマルグレス（Margules, 1906）に発する．彼は図 3.5 のような実験を通じて，いろいろな擾乱に伴って等圧面上で温度（したがって温位）が不均一であった大気は，断熱的にかつ粘性の影響なしに質量を再配分して，最後は等圧面上で温位が一様という状態に落ち着くと考えた．最初の状態から最後の静止した状態まで空気は断熱的に動くとすれば，大気の重心が下がったことになり，これは全位置エネルギーの減少と運動エネルギーの増加を意味する．

その後，プリミティブ方程式系 (3.3節) の枠組の中で，温位が高度によらず一定という基本状態に対する有効位置エネルギーを最初に厳密に定義したのはロレンツ (Lorenz, 1955) である．ただ，その定義を導くのには数式の長い演算が必要であるし，本書では使用しないので，ロレンツの有効位置エネルギーについては，これ以上述べない．興味ある読者は気象力学の教科書，たとえば小倉 (1978) を参照していただきたい．準地衡風モデルにおける有効位置エネルギーについては，5.3節で述べる．

3.5 渦度方程式

1.6節で述べたように，総観規模の運動では水平運動が卓越していて，渦度の鉛直成分は水平成分より1桁も2桁も小さい．しかし，鉛直渦度 ζ

$$\zeta = \left(\frac{\partial v}{\partial x}\right)_p - \left(\frac{\partial u}{\partial y}\right)_p$$

は総観気象ではよく登場する．気圧の谷や尾根に伴う空気の回転運動の強さは，鉛直渦度の強さや広がりで要領よく表現される．温帯低気圧の発達の度合いをみるのに，低気圧の中心気圧の低下や，運動エネルギーの増加とともに，鉛直渦度の増大も1つの目安となる．

鉛直渦度の時間的変化を決める式が，次のように導かれる渦度方程式である．以下本節では p 系を用いるが，添字 p は省略することにする．またベータ平面近似 (1.5節) を用いることにして，$f = f_0 + \beta y$ とする．式 (3.44) の v についての式を x で微分すれば，

$$\frac{\partial}{\partial t}\left(\frac{\partial v}{\partial x}\right) + u\frac{\partial}{\partial x}\left(\frac{\partial v}{\partial x}\right) + v\frac{\partial}{\partial y}\left(\frac{\partial v}{\partial x}\right) + \omega\frac{\partial}{\partial p}\left(\frac{\partial v}{\partial x}\right)$$
$$+ \frac{\partial u}{\partial x}\frac{\partial v}{\partial x} + \frac{\partial v}{\partial x}\frac{\partial v}{\partial y} + \frac{\partial \omega}{\partial x}\frac{\partial v}{\partial p} + f\frac{\partial u}{\partial x}$$
$$= -\frac{\partial^2 \phi}{\partial x \partial y} \qquad (3.66)$$

を得る．式 (3.44) の u についての式を y で微分すれば，

$$\frac{\partial}{\partial t}\left(\frac{\partial u}{\partial y}\right) + u\frac{\partial}{\partial x}\left(\frac{\partial u}{\partial y}\right) + v\frac{\partial}{\partial y}\left(\frac{\partial u}{\partial y}\right) + \omega\frac{\partial}{\partial p}\left(\frac{\partial u}{\partial y}\right)$$
$$+ \frac{\partial u}{\partial y}\frac{\partial u}{\partial x} + \frac{\partial v}{\partial y}\frac{\partial u}{\partial y} + \frac{\partial \omega}{\partial y}\frac{\partial u}{\partial p} - f\frac{\partial v}{\partial y} - \frac{df}{dy}v$$

$$= -\frac{\partial^2 \phi}{\partial x \partial y} \tag{3.67}$$

を得るが，これを式 (3.66) から引けば，ϕ を含む項が消えて，

$$\frac{\partial \zeta}{\partial t} + u\frac{\partial \zeta}{\partial x} + v\frac{\partial \zeta}{\partial y} + \omega\frac{\partial \zeta}{\partial p} + (f+\zeta)\left(\frac{\partial u}{\partial x} + \frac{\partial v}{\partial y}\right)$$
$$+ \frac{\partial \omega}{\partial x}\frac{\partial v}{\partial p} - \frac{\partial \omega}{\partial y}\frac{\partial u}{\partial p} + \beta v = 0 \tag{3.68}$$

となる．あるいは，f は y だけの関数であることを考慮して書き直すと，

$$\begin{aligned}\frac{\partial(\zeta+f)}{\partial t} &= -\boldsymbol{v}_h \cdot \nabla_h (\zeta+f) & \text{水平移流項} \\ &\quad -\omega\frac{\partial(\zeta+f)}{\partial p} & \text{鉛直移流項} \\ &\quad -(\zeta+f)\left(\frac{\partial u}{\partial x} + \frac{\partial v}{\partial y}\right) & \text{発散項} \\ &\quad -\left(\frac{\partial \omega}{\partial x}\frac{\partial v}{\partial p} - \frac{\partial \omega}{\partial y}\frac{\partial u}{\partial p}\right) & \text{傾斜項}\end{aligned} \tag{3.69}$$

となる．ふつう，

$$\zeta_a \equiv \zeta + f \tag{3.70}$$

を絶対渦度，ζ を相対渦度という．これに関連して f（すなわちコリオリ・パラメター）を惑星渦度と呼ぶ．すなわち大気の下面である地球表面はいつも f という渦度をもって回転しているのだから，これと相対渦度の和は絶対空間（慣性系）からみた渦度すなわち絶対渦度を表していることになる．

式 (3.69) の右辺第 1 項は絶対渦度の場が水平流によって流されるために起こる絶対渦度の局地的時間変化である．第 2 項は同じく鉛直流による移流効果である．空気塊についての絶対渦度の実質的な変化を表すのは第 3 項以下である．中・高緯度では f は比較的大きく，ジェット気流の低緯度側や気圧の尾根などで ζ は負になるが，大体いつも $\zeta+f$ は正である．それで，たとえば対流圏内で図 3.6 のように下層で収束，上層で発散がある場合には，第 3 項により，下層の収束域では絶対渦度は増大し，上層の発散域では減少する．

式 (3.69) の第 4 項の中で $-(\partial\omega/\partial x)(\partial v/\partial p)$ の項を考える．p 系だと符号が考えにくいならば，これは z 系の $-(\partial w/\partial x)(\partial v/\partial z)$ に対応する．図 3.7 のように，下層で南風，上層で北風が吹いている状況（$\partial v/\partial z < 0$，渦の x 成

図 3.6 無発散面と鉛直流が極大となる面

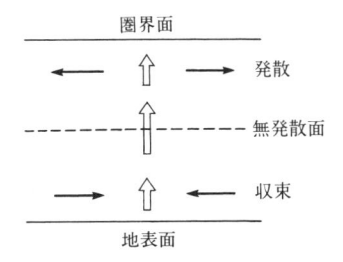

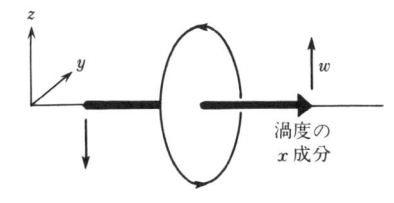

図 3.7 渦度方程式における傾斜項の説明図

分は正) は，x 方向に軸をもつ円盤が回転している状況に対応する．もし w が x 方向に増大している場合には，この回転軸は x 軸から傾く．そのため上から見下ろすと，反時計回りに，すなわち正の ζ をもって回転するようにみえる．すなわち，第 4 項は鉛直流に水平傾度があるため，水平渦度が鉛直渦度に変換される効果を表し，tilting term と呼ばれる．立ち上がり項とか起き上がり項と訳されることもあるが，もともと tilt は to cause to slope の意味なので，本書では傾斜項と呼ぶ．いずれにしても大きさからいうと，この項は無視していいほど小さくはないが，他の 3 項に比べると一般的に小さい．事実，地衡風近似を用いた渦度方程式には，この項は含まれていない (5.1 節参照；ちなみに，メソ気象のスーパーセルや竜巻の発生を議論するときには，この項が本質的な役割をする)．

　ここで式 (3.69) の第 3 項に戻って，連続の式 (3.48) を用いると，これは，

$$(\zeta + f)\frac{\partial \omega}{\partial p} \tag{3.71}$$

と書ける．地表面は固体地球あるいは液体海洋との境界であり，対流圏界面は静的安定度が非常に大きい成層圏下部との境界だから，一般的に地表面と対流圏界面では ω の値は小さい．したがって対流圏の偏西風波動に伴う擾乱では，図 3.6 に示したように，中層に鉛直流の極値 ($\partial \omega / \partial p = 0$) があることが多い．その場合には，連続の式により，この面は収束・発散がゼロの面でもある．そして，この無発散面の下層では収束，上層では発散 (あるいは，それらの逆符号) があることになる．これがいわゆるダインズの補償 (Dines compensation) と呼ばれている現象である．経験的に，この無発散面は 500 hPa あたりの高度にあることが多い．式 (3.69) の第 4 項の傾斜項を無視す

(a) 1985年9月26日 0000 UTC

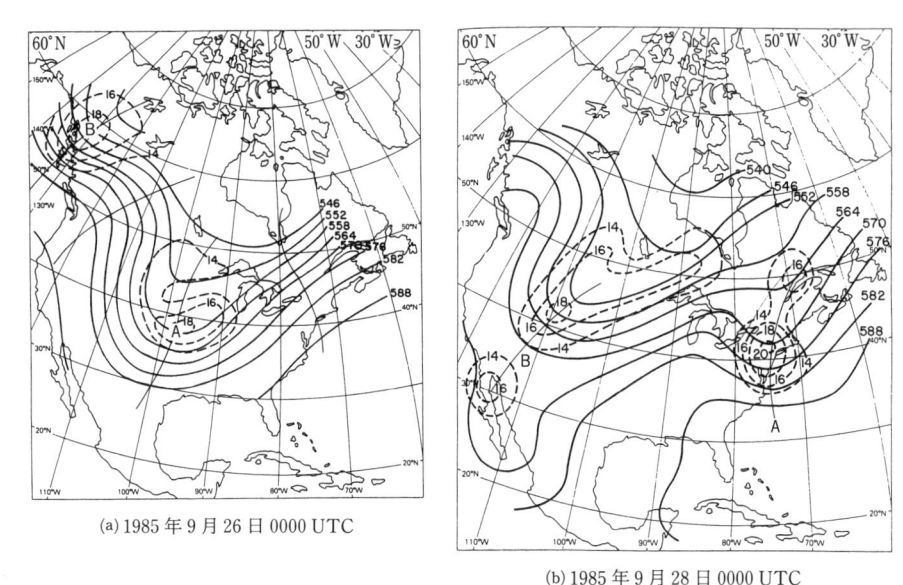

(b) 1985年9月28日 0000 UTC

図 3.8 絶対渦度の保存則の一例 (Carlson, 1991)
実線は 500 hPa のジオポテンシャル高度 (単位は dam), 破線は絶対渦度の等値線 (単位は $10^{-5}\,\mathrm{s}^{-1}$).

れば, この無発散面では,

$$\frac{d(\zeta+f)}{dt}=0 \tag{3.72}$$

となり, 空気塊についての絶対渦度は保存されることがわかる.

500 hPa 等圧面上で絶対渦度がほぼ保存されることを示した例が図 3.8 である. 図(a)では米国の中央部に主な気圧の谷 (図で A の記号) があるが, その上流のカナダ西部に波長も振幅も小さい気圧の谷 (図の B) がある. これがいわゆる短波のトラフ (short wave trough) である (波長がどれくらい以下ならば短波と呼ぶかの取決めがあるわけではない). 48時間後の図(b)では, 短いトラフは主なトラフに伴う流れに乗って南東方向に (すなわち低緯度に) 移動している. 絶対渦度の極大値はもととほとんど変わらず $18\times10^{-5}\,\mathrm{s}^{-1}$ のままである. すなわち絶対渦度はほぼ保存されている. しかし振幅はずっと増大して, いまやこれが卓越するトラフである. これは, もと 60°N ($f=12.6\times10^{-5}\,\mathrm{s}^{-1}$) に位置していたときには約 $5.3\times10^{-5}\,\mathrm{s}^{-1}$ であった相対渦度が, 約 42°N ($f=9.7\times10^{-5}\,\mathrm{s}^{-1}$) に移動したときには $8.3\times10^{-5}\,\mathrm{s}^{-1}$ と約 50% も増大

したためである．すなわち，このトラフは発達したようにみえても，コリオリの力がみかけの力であるように，みかけの発達である．一方，トラフAはやや高緯度に移動し，全体としては弱くなっている．

最後に練習問題として，2.3節で述べた浅水方程式系において式 (2.45)，(2.46)，(2.49) を用いて，

$$\frac{d}{dt}\left(\frac{\zeta+f}{h}\right)=0 \tag{3.73}$$

を導いてほしい．この式によれば，鉛直に立った気柱について，$(\zeta+f)/h$ という量は保存される．4.1節において，空気塊について渦位が保存される話をする．浅水系では初め鉛直であった気柱はいつまでも鉛直に立っていて，$(\zeta+f)/h$ が浅水系における渦位である．h が大きくなり気柱が細長くなれば，絶対渦度は大きくなる．

第4章

渦位でみる大気の流れ

4.1 渦位とは何か

4.1.1 等温位解析

　空気塊が断熱な運動をしている限り，その空気塊の温位は変化しない．この特性を利用して，ロスビー (Rossby, 1937) の示唆を受けたナマイアス (Namias, 1940, 1983) は，1930年代に等温位解析 (isentropic analysis) という気象データの解析法を導入した．これは現在でも天気解析の有力な手段の1つとして用いられている．ある地点でレーウィンゾンデの観測により，気温が高度（気圧）の関数として決められたら，温位の高度分布を計算する．そして，たとえば温位305 Kの高度を決める．同じ操作を他の地点でも行う．それらの値を白地図に記入し，等高度線を引く．その高度での風のデータも記入する．こうして温位305 Kの面上の天気図ができあがる．図4.1がその一例である．

　この図が示す気象状況については6.3節で述べるが，米国中央部に顕著な地上の寒冷前線がほぼ南北方向に位置している．一般的に温位は高度とともに高くなるから，図の分布をある水平面で断ち切って考えると，寒冷前線背後で等温位面の高度が高い地域は相対的に温位が低く，そこに寒気があることがわかる．運動がすべて断熱変化をしているとすると，空気塊は風のまにまに動くが，この等温位面を離れることはない．そして寒冷前線背後では，風は等高度線を横切って低高度の方に吹いている．すなわち空気塊は等温位面に沿って下降しており，ここに下降流があることがわかる．これが図8.13(a)左端で示す下降流に相当する．一般的に水平風に比べて鉛直流の大きさは2桁くらい小さいので，レーウィンゾンデの観測から直接鉛直流を測定することは難しいが，等温位面での解析によって，それをある程度知ることができる．

82──第 4 章 渦位でみる大気の流れ

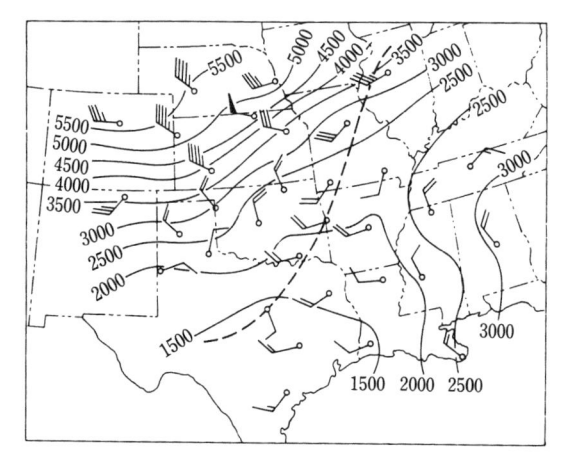

図 4.1 等温位解析の一例 (Ogura and Portis, 1982)
1979 年 4 月 26 日 0200 UTC，305 K の等温位面の高度分布（500 m おき）．短い矢羽は 2.5 m s^{-1}，長い矢羽は 5 m s^{-1}，ペナントは 25 m s^{-1}．破線は地上における寒冷前線の位置を示す．

等温位解析の欠点は，
(1) 大気境界層内では地表面との熱の出入りがあり，雲があるところでは潜熱の出入りがあるので，温位は保存されない．
(2) 等圧面はほぼ水平であるが，等温位面は大体傾いている傾向があり，地表面と交差したところを越えた地表面下では解析できない．
(3) 接地境界層内では日中絶対不安定な成層をしていることがあり，この場合には温位は高度とともに減少している．その層の上では高度とともに増加しているので，同じ温位をもつ高度が 2 つあることになり，高度と温位は 1 対 1 の対応はしない．

こうした欠点はあるものの，自由大気の大部分では運動は断熱的に起こっているとみてよく，等温位解析は上下運動を含めた 3 次元の運動をみるのに適している．本書でもあとで等温位解析の結果について述べる．

4.1.2 エルテルの渦位

ここで，本節の主題である渦位の話となるが，2 つだけ予備知識がいる．いま大気中に任意の閉じた曲線を考える．この曲線上の各点で速度 (v) はい

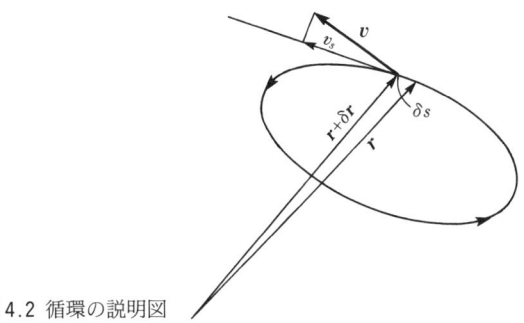

図 4.2 循環の説明図

ろいろな方向を向いているが，その各点における曲線の接線の方向の速度成分を v_s とする（図 4.2）．ここで，この曲線を無数の小さな線分に分割したと考え，その線分の長さを δs として，$v_s \delta s$ という積を曲線に沿って全部足し合わせる．もう少し厳密にいうと，座標原点からみて曲線上の各点の位置ベクトルを r と表すと，小さな線分は線分の両端の位置ベクトルの差であるから δr というベクトルで表せる．$v_s \delta s$ は式 (1.65) のスカラー積の定義により，$v \cdot \delta r$ と表現できるから，上記の足し算は，

$$J = \oint v \cdot \delta r \tag{4.1}$$

という（曲線に沿って反時計回りにひと回りした）積分で表現される．これが気象学（もっと一般的に流体力学）で循環（circulation）といわれている量である．

循環の定義がわかりにくいかもしれないので，図 4.3 に例を示そう．図(a)では，水平面上で，x 軸と y 軸に平行な辺をもつ四角形の辺 ABCD に沿った循環を考えているが，この場合には，

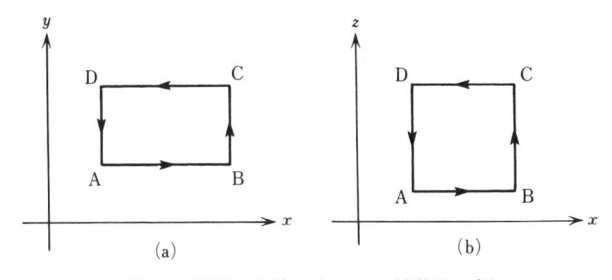

図 4.3 循環の定義に含まれる線積分の例

である．
$$J = \int_A^B u dx + \int_B^C v dy + \int_C^D u dx + \int_D^A v dy \tag{4.2}$$
である．図(b)の (x, z) 鉛直面内の場合には，次のようになる．
$$J = \int_A^B u dx + \int_B^C w dz + \int_C^D u dx + \int_D^A w dz \tag{4.3}$$

ここで J のラグランジュ的時間微分 dJ/dt を考える．すなわち，もとの曲線を構成していた流体素片は，それぞれの速度によって移動するが，微小時間後にその素片をつなぎ合わせて閉曲線をつくり，その新しい曲線について循環を計算し，もとの循環との差を考えるという意味の微分である．このとき，
$$\frac{dJ}{dt} = \oint \frac{d\boldsymbol{v}}{dt} \cdot \delta \boldsymbol{r} + \oint \boldsymbol{v} \cdot \frac{d}{dt}(\delta \boldsymbol{r}) \tag{4.4}$$
となるが，
$$\oint \boldsymbol{v} \cdot \frac{d}{dt}(\delta \boldsymbol{r}) = \oint \boldsymbol{v} \cdot \delta \boldsymbol{v} = \frac{1}{2} \oint \delta(\boldsymbol{v} \cdot \boldsymbol{v})$$
$$= \frac{1}{2}|\boldsymbol{v}|^2(\text{到着点}) - \frac{1}{2}|\boldsymbol{v}|^2(\text{出発点}) = 0$$
であるから，式 (4.4) は，
$$\frac{dJ}{dt} = \oint \frac{d\boldsymbol{v}}{dt} \cdot \delta \boldsymbol{r} \tag{4.5}$$
となる．

ここで絶対空間（慣性系）からみた速度を $\boldsymbol{v}_a$ と表し，$\boldsymbol{v}_a$ についての循環
$$J_a \equiv \oint \boldsymbol{v}_a \cdot \delta \boldsymbol{r} \tag{4.6}$$
を定義し，これを絶対循環 (absolute circulation) と呼ぶ．摩擦力の影響を無視すると，絶対空間で空気塊に働いている力は重力と気圧傾度力であるから，$\boldsymbol{v}_a$ に対する運動方程式は前に導いたように，ϕ を重力ポテンシャルとして，z 系を用いて，
$$\frac{d\boldsymbol{v}_a}{dt} = -\nabla \phi - \alpha \nabla p \tag{4.7}$$
である．これを式 (4.5) に代入し，
$$\oint \nabla \phi \cdot \delta \boldsymbol{r} = \oint \delta \phi = 0 \tag{4.8}$$
であることに注意すると，
$$\frac{dJ_a}{dt} = -\oint \alpha \nabla p \cdot \delta \boldsymbol{r} = -\oint \alpha \delta p \tag{4.9}$$

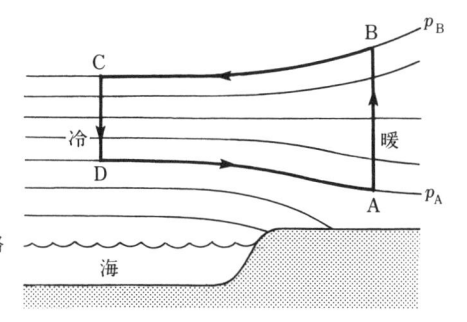

図 4.4 海風発達時における循環の積分路
　　　（太い実線）の一例
　細い実線は等圧線.

が得られる．これをビヤークネス (Bjerknes) の循環定理といい，右辺をソレノイド (solenoid) 項という．その大きさは p と $α$ の分布によって決まる．

　ソレノイド項は見慣れない形の積分なので，例をあげよう．図 3.2 の海風が発達している状況を考える．閉曲線として図 4.4 の ABCD をとる．AB と CD は鉛直方向，DA と BC は等圧線に沿ってとってある．このとき式 (4.9) は，

$$\frac{dJ_a}{dt} = -\int_A^B α dp - \int_B^C α dp - \int_C^D α dp - \int_D^A α dp \tag{4.10}$$

となるが，右辺第 2 項と第 4 項は等圧線に沿っての積分であり，そこでは $δp=0$ であるから積分も 0 となる．それで，AB と CD の間の平均の $α$ をそれぞれ $\bar{α}_{AB}$ と $\bar{α}_{CD}$ と書くと，式 (4.10) は，

$$\begin{aligned}\frac{dJ_a}{dt} &= -\bar{α}_{AB}(p_B - p_A) - \bar{α}_{CD}(p_A - p_B) \\ &= (p_A - p_B)(\bar{α}_{AB} - \bar{α}_{CD})\end{aligned} \tag{4.11}$$

となる．p_A と p_B はそれぞれ点 A と B における気圧である．$p_A > p_B$ であり，図 4.4 に示した状況では，$\bar{α}_{AB} > \bar{α}_{CD}$ であるから，$dJ_a/dt > 0$ となる．すなわち，閉曲線 ABCD に囲まれた循環（海風・上昇流・海風反流・下降流を結ぶ循環）は時間とともに強くなっている状況である．

　非圧縮流体では密度は一定であるから，ソレノイド項は，

$$-α\oint δp$$

となる．閉曲線に沿ってひと回り積分すれば，もとの値に戻るから，結局ソレノイド項は 0 となる．また，順圧大気は密度がいつでもどこでも気圧だけの関数であるような大気と定義された大気であるから（『一般気象学 第 2 版』

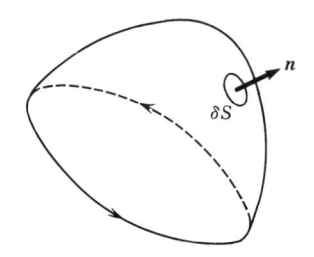

図 4.5 ストークスの定理の説明図

図 7.20)，このときも閉曲線をどうとってもソレノイド項は 0 となる．すなわち，$dJ_a/dt=0$ である．

たとえば，仮に図 4.4 の状況で α が p だけの関数とする（実際の海風ではそうでないが）．このとき AB と CD に沿った積分では，δp が逆符号になるから，相互に打ち消しあって，ソレノイド項は 0 となる．

こうして，順圧大気では，任意の閉曲線について絶対循環は保存されるというケルビン (Kelvin) の循環定理が導かれる．

もう 1 つ必要な予備知識がストークスの定理 (Stokes theorem) である．一般に任意のベクトル A の閉曲線に沿う成分の線積分は，次のような面積積分に書き直すことができるというのがこの定理である．

$$\oint A \cdot \delta r = \int (\nabla \times A) \cdot n \delta S \tag{4.12}$$

ここで面積積分は閉曲線を境界とする任意の曲面について行う（図 4.5）．δS はその曲面の微小な面積，n はそこで曲面に垂直な単位ベクトルである．ここで A として絶対速度 v_a をとると，

$$\oint v_a \cdot \delta r = \int (\nabla \times v_a) \cdot n \delta S = \int \omega_a \cdot n \delta S \tag{4.13}$$

が得られる．$\omega_a (\equiv \nabla \times v_a)$ は絶対渦度である．この式の左辺は式 (4.6) の絶対循環である．式 (4.12) の証明は省略するが，式 (4.13) によって速度の線積分（循環）が渦度の面積分と関係づけられる．図 4.4 の例でいえば，図の閉曲線で囲まれた面積全体の y 方向（紙面に直角方向）の渦度が増大していることになる．

これだけの準備をして，図 4.6(a) のように，ある等温位面上の小さな閉曲線を考える．式 (3.51) でみるように，ある等温位面上では密度は気圧だけの関数である．このときには，断熱変化をしている限り，風とともに閉曲線

(a) z 座標系   (b) θ 座標系

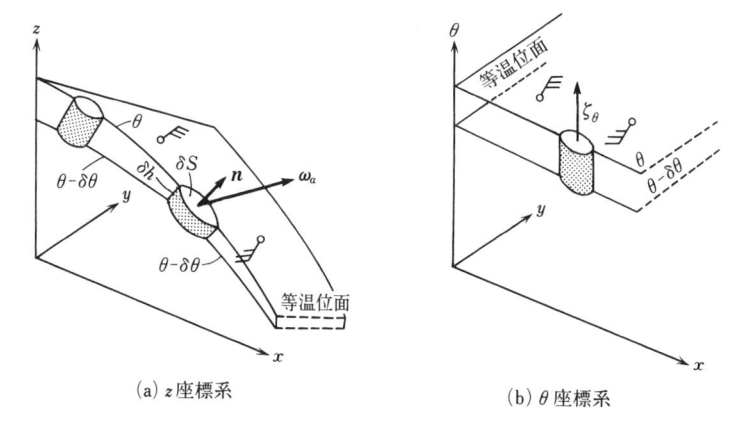

図 4.6 (a) z 座標系における渦位保存の説明図と(b) θ 座標系の説明図

が等温位面上を移動して形が変わっても，閉曲線に沿ってひと回りした絶対循環は保存される．そうすると式 (4.13) により，小面積について，

$$\boldsymbol{\omega}_a \cdot \boldsymbol{n}\delta S = 一定 \tag{4.14}$$

となる．ここで温位が微小量 $\delta\theta$ だけ違うもう 1 つの等温位面を考え，図 4.6(a)のように，等温位面に直角な $\boldsymbol{n}$ ベクトルに沿った壁面をもつ小さな気柱をとり，その厚さを δh とする．時間が経ち，小気柱がほかの場所に移動しても，各等温位面上で絶対循環は保存されているし，この小気柱はいつも同じ空気で構成されている．だから，小気柱の質量は保存されていて，

$$\rho\delta S\delta h = 一定 \tag{4.15}$$

が成り立つ．ところで，ベクトル $\boldsymbol{n}$ の方向は温位の傾度 $\nabla\theta$ の方向であり，その大きさは 1 であるから，

$$\boldsymbol{n} = \frac{\nabla\theta}{|\nabla\theta|} \tag{4.16}$$

である．式 (4.14) に式 (4.15) と (4.16) を代入すると，

$$\frac{\boldsymbol{\omega}_a \cdot \nabla\theta}{\rho|\nabla\theta|\delta h} = 一定 \tag{4.17}$$

となる．さらに，$\delta\theta = |\nabla\theta|\delta h$ であり，$\delta\theta$ は一定に保たれているから，式 (4.17) は，

$$P_E \equiv \frac{\boldsymbol{\omega}_a \cdot \nabla\theta}{\rho} = 一定 \tag{4.18}$$

となる．すなわち，絶対渦度の等温位面に直角方向の成分と比容との積は空気塊の移動とともに保存される．これがエルテルの渦位 (potential vorticity) の保存則といわれているものである (Ertel, 1942)．大気の流れと状態 (温位や密度の分布) は時々刻々と変化しているが，この両者は絶えず相互に連携しながら渦位を保存するように変化しているのである．0.2 節で，流体の力学が複雑である理由は，流れと状態が絶えず相互に作用し合っていることであると強調したが，このような保存則があることは，気象力学にとってきわめて重要な発見である．

4.1.3 等温位渦位

エルテルの保存則はきわめて一般的で，静水圧平衡は仮定していない．総観気象ではよい近似で成り立つ静水圧平衡を仮定すると，エルテルの渦位はもっと使いやすい形に変形できる．ただし，そのさいには温位を鉛直座標とする温位座標系 (以下 θ 系と記す) を用いると便利である．その理由は，エルテルの渦位は絶対渦度の等温位面に直角方向の成分で表現されており，θ 系では等温位面は (x, y) 面に平行な平面だから，絶対渦度の"鉛直成分"を考えればよいからである (図 4.6(b))．

θ 系における運動方程式系は p 系のそれと同じようにして導くことができる．ここで大気の静的安定度は正であるとしている ($\partial\theta/\partial z>0$)．例として，静水圧平衡の式を考える．

$$\frac{1}{\rho}\frac{\partial p}{\partial \theta}\frac{\partial \theta}{\partial z}+g=0 \tag{4.19}$$

において，

$$\frac{\partial \theta}{\partial z}=\left(\frac{\partial z}{\partial \theta}\right)^{-1} \tag{4.20}$$

であり，θ の定義式から，

$$\ln p=-\frac{1}{\chi}(\ln \theta-\ln T)+\ln p_{00}$$

であるから，この両辺を θ で微分し，$1/\rho$ を掛けると，

$$\frac{1}{\rho}\frac{\partial p}{\partial \theta}=-\frac{1}{\chi}\left(\frac{p}{\rho\theta}-\frac{p}{\rho T}\frac{\partial T}{\partial \theta}\right)=-\frac{C_p T}{\theta}+\frac{\partial}{\partial \theta}(C_p T) \tag{4.21}$$

と変形できる．式 (4.20) と (4.21) を式 (4.19) に代入すると，結局 θ 系の静水圧平衡の式として，

$$\frac{\partial M}{\partial \theta} = \frac{C_{\mathrm{p}} T}{\theta} \tag{4.22}$$

を得る．ここで，M はモンゴメリー・ポテンシャル（Montgomery potential）あるいはモンゴメリー流線関数と呼ばれているもので，

$$M \equiv C_{\mathrm{p}} T + gz \tag{4.23}$$

である．空気塊のもつエンタルピー（$C_{\mathrm{p}} T$）と位置のエネルギー（あるいはジオポテンシャル，gz）の和に等しい．式 (4.23) の中の z はもちろん θ という値をもつ等温位面の高度である．ちなみに，式 (4.22) は，

$$\frac{\partial M}{\partial \theta} = C_{\mathrm{p}} \left(\frac{p}{p_{00}} \right)^{\kappa} \equiv C_{\mathrm{p}} \Pi(p) \tag{4.24}$$

と書くことができる．ここで導入した $\Pi(p)$ はエクスナー関数（Exner function）と呼ばれ，気圧を無次元の量として表す利点があるので，理論的な議論ではしばしば用いられる．本書では使わない．

以下，導き方は省略するが，θ 系のその他の方程式をまとめて書く．θ 系の個別時間微分は，

$$\frac{d}{dt} = \left(\frac{\partial}{\partial t} \right)_{\theta} + \boldsymbol{v}_{\mathrm{h}} \cdot \nabla_{\theta} + \dot{\theta} \frac{\partial}{\partial \theta} \tag{4.25}$$

である．ここで $\dot{\theta} \equiv d\theta/dt$ である．p 系では $dp/dt\,(=\omega)$ が "鉛直速度" を表した．θ 系では $\dot{\theta}$ が "鉛直速度" を表す．断熱変化をしている限り，$\dot{\theta} = 0$ であり，空気塊は等温位面を離れない．$\dot{\theta}$ は加熱の程度を表すとともに（式 (3.49) 参照），空気塊が等温位面から離れる速度を表す．運動方程式は，

$$\frac{d\boldsymbol{v}_{\mathrm{h}}}{dt} = -f\boldsymbol{k} \times \boldsymbol{v}_{\mathrm{h}} - \nabla_{\theta} M \tag{4.26}$$

である．連続の式は，

$$\frac{d}{dt} \ln\left(\rho \frac{\partial z}{\partial \theta} \right) + \nabla_{\theta} \cdot \boldsymbol{v}_{\mathrm{h}} + \frac{\partial \dot{\theta}}{\partial \theta} = 0 \tag{4.27}$$

または

$$\frac{\partial}{\partial t}\left(\frac{\partial p}{\partial \theta} \right) + \nabla_{\theta} \cdot \left(\boldsymbol{v}_{\mathrm{h}} \frac{\partial p}{\partial \theta} \right) + \frac{\partial}{\partial \theta}\left(\dot{\theta} \frac{\partial p}{\partial \theta} \right) = 0 \tag{4.28}$$

である．$\partial p/\partial \theta$ が "密度" に似た役割をしている．

熱力学第 1 法則は同じ形である．

$$\frac{d\theta}{dt} = \frac{\theta}{C_{\mathrm{p}} T} \dot{Q} \tag{4.29}$$

前節で述べた p 系では，無発散面において絶対渦度が保存されることをみた．無発散面は大気中できわめて限られた部分でしか存在しないが，θ 系では摩擦を無視し運動が断熱である限り，絶対渦度を含む次の量が保存することを証明することができる．

$$P_\theta \equiv -g\frac{(\zeta_\theta+f)}{(\partial p/\partial \theta)} \tag{4.30}$$

ここで，

$$\zeta_\theta = \left(\frac{\partial v}{\partial x}\right)_\theta - \left(\frac{\partial u}{\partial y}\right)_\theta \tag{4.31}$$

である．式 (4.30) の量が 1940 年にロスビーが導入した θ 系における渦位，あるいは等温位の渦位 (isentropic potential vorticity，略して IPV) である[†]．$\partial p/\partial \theta = (\partial \theta/\partial p)^{-1}$ であるから，この量は $P_\theta = -g(\zeta_\theta+f)(\partial \theta/\partial p)$ と書いてもよい．ただし ζ_θ はあくまでも θ 系で計算された（すなわち等温位面上の風の分布から計算された）渦度であり，p 系で計算された ζ ではない．P_θ という保存量をもつことが θ 系の最大の利点である．すなわち各空気塊は温位と渦位という 2 つの保存量をもつ．もし水蒸気の凝結がないときには，混合比が第 3 の保存量である．保存量はいわばその空気塊につけた名札 (tracer) のようなものであるから，等温位面上で空気塊がどこから来て，どこへ行くか，軌跡を追うことができるのである．具体例を次節で述べる．

[†] 仮に等温位面がほぼ水平であるとすると，エルテルの渦位の式 (4.18) において，$\boldsymbol{\omega}_\mathrm{a}\cdot\nabla\theta \approx (\zeta_\theta+f)(\partial\theta/\partial z)$ と近似される．さらに，$\partial\theta/\partial z = (\partial\theta/\partial p)(\partial p/\partial z)$ として静水圧平衡の式を使うと，等温位渦位 (4.30) を導くことができる．しかし，一般的に中緯度の等温位面は傾いているから（図 4.7 参照），この仮定はあまり正しくないし，等温位面に直交する方向の渦度成分を考えていることに留意する必要がある．

式 (4.30) の P_θ の保存則を証明するためには，まず P_θ の個別時間微分をとると，

$$\frac{dP_\theta}{dt} = -\frac{g}{(\partial p/\partial\theta)}\left\{\frac{d(\zeta_\theta+f)}{dt} - \frac{\zeta_\theta+f}{(\partial p/\partial\theta)}\frac{d}{dt}\left(\frac{\partial p}{\partial\theta}\right)\right\} \tag{4.32}$$

となる．式 (3.69) の p 系における渦度の方程式を導いたのと全くおなじようにして，θ 系の渦度方程式を式 (4.26) から導くと，

$$\frac{d}{dt}(\zeta_\theta+f) = -(\zeta_\theta+f)\left(\frac{\partial u}{\partial x}+\frac{\partial v}{\partial y}\right)_\theta \tag{4.33}$$

が得られる．次に，連続の式 (4.28) から，

$$\frac{d}{dt}\left(\frac{\partial p}{\partial\theta}\right) = -\frac{\partial p}{\partial\theta}\left(\frac{\partial u}{\partial x}+\frac{\partial v}{\partial y}+\frac{\partial \dot\theta}{\partial\theta}\right) \tag{4.34}$$

が得られるから，式 (4.33) と式 (4.34) を式 (4.32) に代入すると，

$$\frac{dP_\theta}{dt} = P_\theta \frac{\partial \dot{\theta}}{\partial \theta} \qquad (4.35)$$

が得られる．これが加熱 $\dot{\theta}$ があるときの渦位の時間変化を決める方程式である．断熱のときには右辺が 0 となり，P_θ は保存される．

典型的な値として，$\zeta_\theta \sim f \sim 10^{-4}\,\mathrm{s}^{-1}$, $\partial p/\partial \theta \sim -100\,\mathrm{hPa}/10\,\mathrm{K}$ をとれば，

$$P_\theta \sim -(10\,\mathrm{m\,s^{-2}})(10^{-4}\,\mathrm{s^{-1}})\left(-\frac{10\,\mathrm{K}}{100\,\mathrm{hPa}}\right)$$
$$= 10^{-6}\,\mathrm{m^2\,s^{-1}\,K\,kg^{-1}} \equiv 1\,\mathrm{PVU} \qquad (4.36)$$

である．ここで PVU は potential vorticity unit の略で，これを渦位の単位の大きさにとるのが慣習である．図 4.7 はエルテルの渦位と温位の 1 月の高度・緯度分布の平均である．まず温位については，350 K の等温位面はほぼ 200 hPa 付近にあって，その高度は緯度によってあまり変わらず，中・高緯度では成層圏内に位置し，熱帯では対流圏内にある．これに反して，300 K の等温位面の高度は低緯度の 1,000 hPa 付近から高緯度の 300 hPa まで大きく変わる．一方，対流圏に比べて成層圏の静的安定度は大きい．またコリオリ・パラメター f の値は高緯度ほど大きい．したがって，図に示すように，

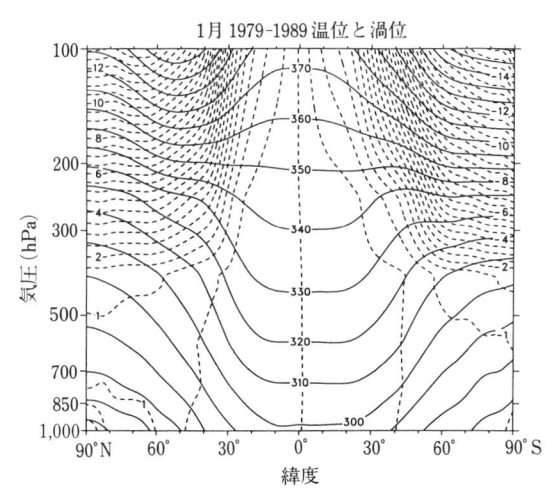

図 4.7 1979-89 年 1 月の平均温位 (実線) とエルテルの渦位 (破線) の高度・緯度分布図 (Carlson, 1991) 温位は 10 K おき．渦位は 0.5 PVU おき (1 PVU = 10^{-6} m^{2}s^{-1}K kg^{-1}).

渦位の値は成層圏の高緯度側で大きい．ふつう，渦位の値が 1 PVU より小さい空気は対流圏の空気であり，2 PVU より大きい値は成層圏の空気である．

4.2 渦位と寒冷渦と雷雨

前節で渦位の保存則を述べたが，話が抽象的であったから，この節で渦位の分布の変化が実際の天気の変化とどう関連するか，一例を述べよう．

図 4.8 は 1994 年 8 月，345 K の等温位面上の渦位 P_θ の月平均分布図である．図 4.7 で述べたように，渦位は高緯度と成層圏内で大きく，ここに大きな渦位の溜りがある．図 4.9 が 8 月 12 日 0000 UTC から 21 日 0000 UTC まで，同じ 345 K の等温位面上の渦位と等温位面の高度の分布を示す．12 日にはまず日付変更線のあたりで，偏西風の波動に伴って，高緯度の溜りから高渦位の部分が南に流れ出し（図(a)），その部分は 13 日には南西方向に伸張する（図(b)）．この部分をストリーマー（streamer）と呼ぶ．やがて，その先端が巻き上がって，15 日までに南端が 160°E あたりで切り離される（図

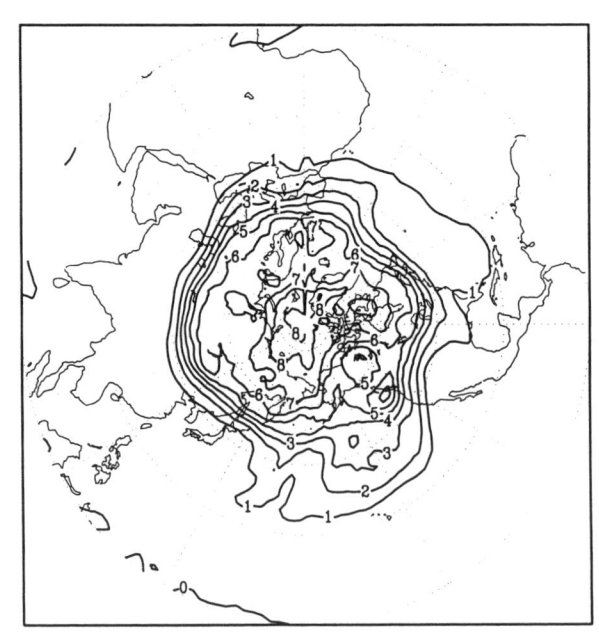

図 4.8　345 K の等温位面上，1994 年 8 月の平均渦位の分布図（坪木・小倉，1999）等渦位線は 1 PVU おき．

4.2 渦位と寒冷渦と雷雨——93

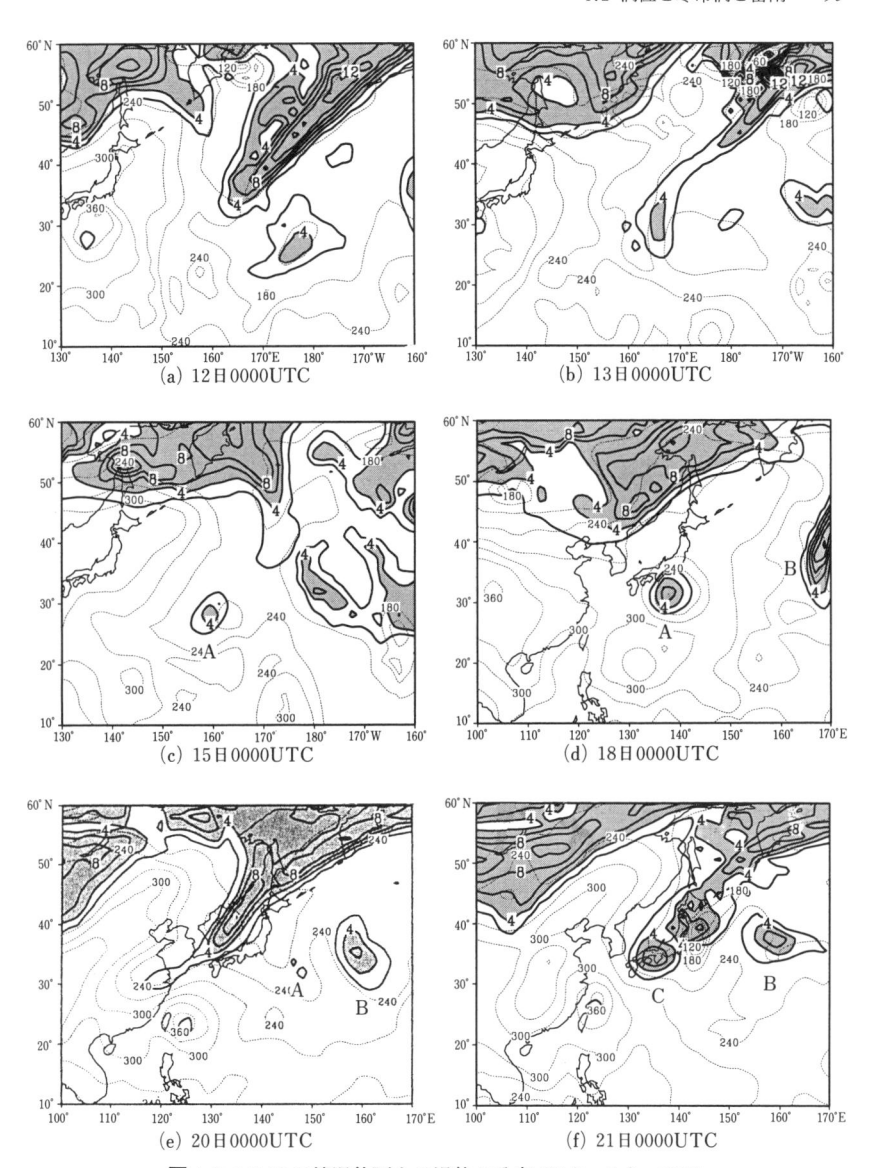

図 4.9 345 K の等温位面上の渦位の分布 (坪木・小倉, 1999)
2 PVU おき, 陰影は 4 PVU より大きい領域. 細い点線は等温位面上の気圧分布で, 30 hPa おき. A, B, C は切り離された渦. 1994 年 8 月 12 日 0000 UTC から 21 日 0000 UTC まで. ただし時間は等間隔でないことに注意.

(a) 1994年8月18日 0600 UTC

(b) 19日 0600 UTC

図4.10 図4.9の渦AとBを表す「ひまわり (GMS 4)」赤外雲画像 (坪木・小倉, 1999)

(c))．これを切離低気圧 (cut-off low) という．この切り離された渦 (以下渦Aという) は，そこからほぼ30°Nの緯線に沿って西に向かう．これは夏季チベット山塊が受ける強い日射のため，対流圏上層ではチベット高気圧が卓越し，それを巡る高気圧性の流れが30°Nあたりでは東風となっていたためである (特にこの1994年の猛暑の夏にはチベット高気圧と亜熱帯高気圧が例年に比べて北に偏っていた)．

渦Aは18日ごろ紀伊半島の南方洋上に達する (図(d))．このときには図4.10の「ひまわり (GMS)」雲画像にみるように，直径約700 kmのリング状の対流雲があり，さらにその内部にも活発な対流雲がある．このため18

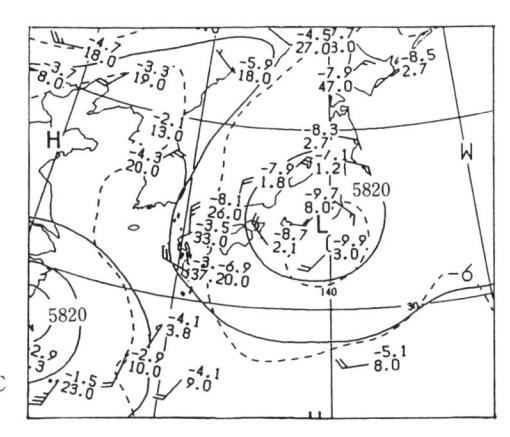

図 4.11 1994 年 8 月 21 日 1200 UTC の 500 hPa 高層天気図

日から 19 日にかけての 15 時間，伊豆諸島は雷や突風などに襲われている．また図 4.9(d) にみるように，渦 A のあたりでは気圧は低く，等温位面は上に盛り上がっている．このことは，渦 A の中心付近は周囲より温位が低いことを示す．すなわち渦 A は寒冷低気圧である．この後，渦 A はやや北上し，19 日には関東地方に最も接近した後，東に移動しながら弱くなっていく．一方，すでに 17 日ごろには次の偏西風波動が活発となり，日本の西と東で等渦位線が南に突出している．やがて 19 日までに再び 160°E あたりで切離が起こる (図(e))．この渦 (渦 B) はほとんど移動しないが，図 4.10 の 19 日の雲画像では，渦 A のすぐ東方に，ほとんど渦 A の雲リングと押し合うような大きなリング状の雲域として認めることができる．

この間，日本の西方で等渦位線はゆっくり東に移動しながら，日本海から朝鮮半島南部にかけて伸張し，その先端は 21 日までに切り離されて渦 C となる (図 4.9(f))．渦 C は東進して関東地方に接近する．

図 4.11 は 8 月 21 日 1200 UTC での 500 hPa の高層天気図である．ほぼ関東地方を中心として低気圧があり，風は渦を巻き，中心付近で気温も周囲より低く，渦 C も寒冷渦 (寒冷低気圧) である．この寒冷渦に伴って多くの雷雨が発生したことは図 4.12 からわかる．この図は，1994 年夏の 7 月 10 から 9 月 10 日まで，関東地方の雷雨活動の強さと広がりの指標として，1 時間降水量が 20 mm 以上を記録したアメダス地点の数の推移を示す．俗に「雷 3 日」といわれているように，夏の熱雷は 2 – 3 日かたまって起こる傾向

96──第4章 渦位でみる大気の流れ

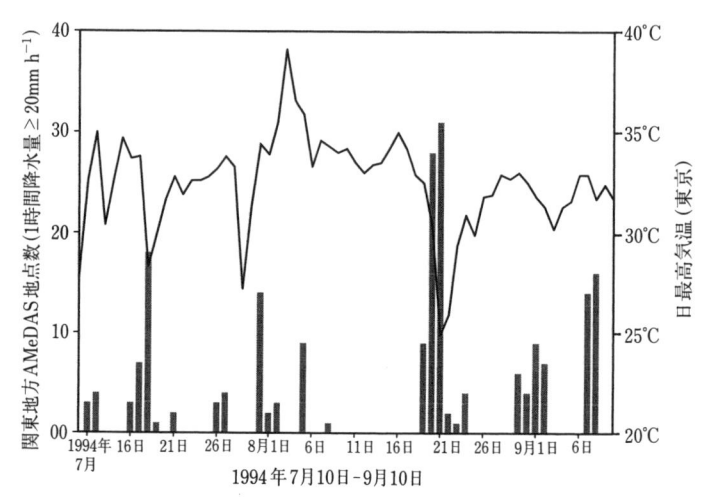

図4.12 関東地方の雷雨活動の強さと広がりの一例 (小倉，1995)
棒グラフは1994年7月10日から9月10日までの各日に，1時間降水量20 mm以上を観測した関東地方のアメダス地点の数，折線グラフは東京における日最高気温．

がある．これは雷雨活動が総観規模の気象に支配されることの反映であるが，図の期間内に関東地方で特に雷雨活動が広範囲で強かったのが8月21-22日であり，これは関東地方が上に述べた寒冷渦Cに覆われ，大気の成層が不安定になった期間である．寒冷渦の接近とともに，東京における地上の最高温度も低下していることが図4.12からも読み取れる．

4.3 渦度的考え方

4.3.1 渦度の場と速度の場の関係

前節では渦位の大きい部分が伸張し，その先端が巻き上がり切離するという運動をみた．このような運動は実はもっとはるかに簡単な力学系である非圧縮流体の2次元の運動にもみられ，流体の運動の基本的な性格を表しているので，それを説明しよう．

図4.13のように，左から右に向かうほぼ一様な流れの中に，2次元の剛体の楔を固定する．流体は楔を迂回して流れるが，楔の表面に沿って境界層ができる．すなわち，摩擦のため楔の表面での速度はゼロであるが，ある距

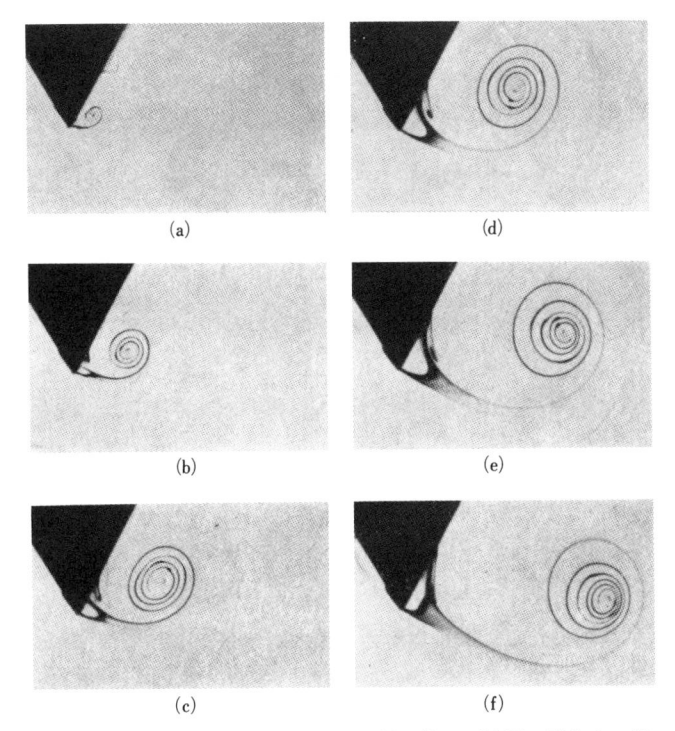

図 4.13 一様な流れの中に置かれた剛体の楔の下流側に発生する渦の成長 (Pullin and Perry, 1980)
経過時間は (a) 1.0 s, (b) 3.0 s, (c) 5.0 s, (d) 7.0 s, (e) 9.0 s, (f) 11.0 s. 図に示した楔の部分の長さは約 5 cm, レイノルズ数＝1,560.

離表面から離れた場所では流体は表面摩擦の影響なしに流れており，この境界層内では速度傾度が大きい．つまり渦度が大きい．そして楔の表面からは絶えず染料が滲み出るようにしておく．すなわち境界層は渦度と染料の源となっている．この図によると，染料の多い帯（すなわち渦度の大きい帯）は楔の先端で渦を巻くが，右方向にストリーマーとして流れ去るにつれて，渦の大きさが増すとともに，帯の先端がまくれ上がり，幾重もの渦巻となる．

このような渦巻の変化がどうして起こるか．簡単化のため，流体は非圧縮性で，流れは完全に水平面上で 2 次元とする．このときには，速度の鉛直成分も水平発散もないし，渦度は鉛直成分だけが 0 でない．上記の実験ではも

ちろん流体の粘性の影響は重要であるが，しばらく図 4.13 から離れ，摩擦の影響を無視すると，渦度の鉛直成分，

$$\zeta = \frac{\partial v}{\partial x} - \frac{\partial u}{\partial y} \tag{4.37}$$

は保存されて，渦度方程式

$$\frac{d\zeta}{dt} = \frac{\partial \zeta}{\partial t} + u\frac{\partial \zeta}{\partial x} + v\frac{\partial \zeta}{\partial y} = 0 \tag{4.38}$$

が成り立つ．そして，連続の式は，

$$\frac{\partial u}{\partial x} + \frac{\partial v}{\partial y} = 0 \tag{4.39}$$

であるから，流線関数 (stream function) ψ を導入すると，

$$u = -\frac{\partial \psi}{\partial y}, \quad v = \frac{\partial \psi}{\partial x} \tag{4.40}$$

と表現される．ここで $\psi=$ 一定の曲線が流線である．流線の任意の点での接線方向がその点における流れの方向であり，流線の間隔が狭いところの流速は大きい．流線関数を使うと，2 つの速度成分 u, v の代りに，ただ 1 つの従属変数 ψ を考えればよいから便利なのである．そして渦度 ζ は，

$$\zeta = \frac{\partial^2 \psi}{\partial x^2} + \frac{\partial^2 \psi}{\partial y^2} \tag{4.41}$$

と表現される．

　式 (4.41) は診断方程式 (すなわち時間微分の項を含まない式) であるから，この式をある時刻 t において，ψ が x, y の関数として与えられたとき，$\zeta(x, y)$ を計算する式とみてもよいし，あるいは $\zeta(x, y)$ が与えられたとき，$\psi(x, y)$ を計算する式とみてもよい．いま，後者の立場をとるとすると，実は $\zeta(x, y)$ を与えても，$\psi(x, y)$ は一義的には決まらない．この事情は，2.1 節と 2.2 節において，時間の 2 次導関数を含む微分方程式を解くさいには，2 つの積分定数が出てくるので，2 つの初期条件を与えて，初めて解が一義的に決定されることに似ている．式 (4.41) は x と y についての 2 次の偏微分を含むから，x と y について 2 つの条件を課して，初めて解は一義的に決まる．これを境界条件 (boundary condition) という．

　具体的な例として，$x=0$ と $x=a$, $y=0$ と $y=b$ という 4 本の直線で囲まれた領域を考える．境界条件として，

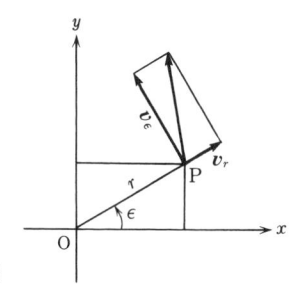

図4.14 直交座標系(x, y)と円柱座標系(r, ε)の関係

$$x=0, \quad x=a, \quad y=0, \quad y=b \quad \text{で} \quad \psi=0 \tag{4.42}$$

を指定する．そして，この領域内で$\zeta(x, y)$の分布が，

$$\zeta(x, y) = A \sin\frac{2\pi}{a}x \cdot \sin\frac{2\pi}{b} \cdot y \tag{4.43}$$

と与えられたとする．このとき，境界条件を満足する式(4.41)の解は，

$$\psi(x, y) = -A\left\{\left(\frac{2\pi}{a}\right)^2 + \left(\frac{2\pi}{b}\right)^2\right\}^{-1} \sin\frac{2\pi}{a}x \cdot \sin\frac{2\pi}{b}y \tag{4.44}$$

であることは，式(4.44)を直接式(4.41)に代入して確かめることができる．このように，式(4.41)は診断方程式であるから，右辺と左辺でどちらが原因でどちらが結果ということはないのであるが，ζを与えてψを決める式とみるとき，気象学ではψをζによって誘起された運動(induced motion)という言い方をする．

もう1つ，2次元運動で渦度の分布を与えて速度分布を決める例を述べよう．いま，水平面上で，ある点を中心として，無限に広がった流体が円運動をしているとする．このような運動を議論するためには，円柱座標系あるいは円筒座標系(cylindrical coordinates)を用いると便利である．この座標系では，鉛直軸はこれまでの直交直線座標系と同じであるが，水平面上では，ある点Pのxとyの代りに，図4.14のように，座標原点Oからの距離rと，x軸とOPの間の角度εを用いる（習慣として，反時計回りにεを正にとる）．したがって，(x, y, z)と(r, ε, z)の間の変換式は，

$$x = r\cos\varepsilon, \quad y = r\sin\varepsilon, \quad z = z \tag{4.45}$$

である．そしてOP方向の速度の成分を動径速度(radial velocity)，これに直角方向の成分を接線速度(tangential velocity)と呼ぶ．すなわち，

$$\text{動径速度 } v_r = \frac{dr}{dt}$$
$$\text{接線速度 } v_\varepsilon = r\left(\frac{d\varepsilon}{dt}\right) \tag{4.46}$$

である．中心から外に向かう動径速度を正，反時計回りの接線速度を正にとる．

円柱座標系を用いた運動方程式や渦度と水平発散の表示は付録にある．台風や竜巻の議論のさいには，よく用いられる．この表示によると，v_r と v_ε は流線関数 ψ を用いて，

$$v_r = -\frac{1}{r}\frac{\partial \psi}{\partial \varepsilon}, \quad v_\varepsilon = \frac{\partial \psi}{\partial r} \tag{4.47}$$

と表現される．また，渦度 ζ は，

$$\zeta = \frac{\partial v}{\partial x} - \frac{\partial u}{\partial y} = \frac{1}{r}\frac{\partial}{\partial r}(rv_\varepsilon) - \frac{1}{r}\frac{\partial v_r}{\partial \varepsilon} \tag{4.48}$$

である．いまは軸対称な運動，すなわち ε に依存しない運動を考えることにすると，$v_r = 0$ であり，ζ は

$$\zeta = \frac{1}{r}\frac{d(rv_\varepsilon)}{dr} = \frac{d^2\psi}{dr^2} + \frac{1}{r}\frac{d\psi}{dr} \tag{4.49}$$

で与えられる．

さて，中心からある半径 r_0 までは渦度は一様に分布していて，その大きさは ζ_0 であり，その外側では渦度は 0 と指定したとき，その渦度分布で誘起された速度の分布を求めよう．境界条件としては，$r=0$ と $r\to\infty$ で $v_\varepsilon = 0$ とする（この特別な渦運動をランキン渦，Rankin vortex という）．

まず，中心から半径 r_0 までは，

$$\frac{1}{r}\frac{d(rv_\varepsilon)}{dr} = \zeta_0, \quad 0 \leq r \leq r_0 \tag{4.50}$$

を $r=0$ から r_0 まで積分し，$r=0$ における境界条件を考慮して，

$$v_\varepsilon = (\zeta_0/2)r, \quad 0 \leq r \leq r_0 \tag{4.51}$$

を得る．速度は r に比例して増大する．これは剛体の円柱が $(\zeta_0/2)$ という角速度で回転をしているときの円柱内の速度分布に等しい．次に $r=r_0$ から無限大までの領域では，

$$\frac{1}{r}\frac{d(rv_\varepsilon)}{dr} = 0, \quad r_0 < r < \infty \tag{4.52}$$

を $r=r_0$ から ∞ まで積分し，$r=r_0$ では v_ε は式 (4.51) が与える v_ε（すなわち $(\zeta_0/2)r_0$）と一致しなければならないことを考慮して，

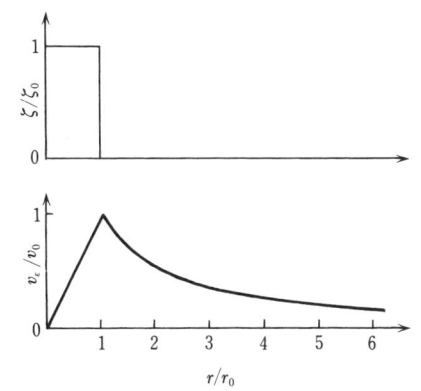

図 4.15 剛体回転している中心部（中心から半径 r_0 まで）とその外側における渦度と接線速度の分布（ランキン渦）
中心からの距離は r_0 で，渦度は ζ_0 で，接線速度は $v_0 (\equiv (\zeta_0 r_0)/2)$ で無次元数にしてある．

$$v_\varepsilon = \frac{\zeta_0}{2} \frac{r_0^2}{r}, \quad r_0 < r < \infty \qquad (4.53)$$

を得る．この解は $r \to \infty$ で $v_\varepsilon \to 0$ という条件を満足している．図 4.15 は指定した渦度と，求めた速度の分布を r の関数として示したものである．

この図から，2つの興味あることがわかる．1つは，$r = r_0$ の外側の領域の運動がそうであるように，巨視的にみて確かに円運動をしていて渦のようでも，微視的にみると渦度がゼロという運動があることである．もう1つはもっと一般的なことであるが，$r = r_0$ の外側の領域の運動を $r = r_0$ の内側の渦度によって誘起された運動とみるとき，有限の範囲にある渦度によって無限遠までの流体に運動が誘起されることである．しかも今回の場合，式 (4.53) にみるように，$\zeta_0 r_0^2$ を一定に保ったまま r_0 を無限に小さくしても，速度は変わらない（半径 r_0 の円を通る渦管を考えると，その断面積は πr_0^2 であるから，それに ζ_0 を乗じた $\pi r_0^2 \zeta_0$ が渦管の強さを表す）．いわば中心に点源があっても，無限遠まで広がる運動が誘起されるのである．

この事情は静電場の問題との類推を考えるとよくわかる．静電場では電位を ψ，電荷密度を ζ と表すと，ψ と ζ の関係は式 (4.41) や (4.49) と同じ形の微分方程式で支配される（応用数学では，この形の微分方程式をポアソン方程式という）．電荷密度として点源を与えても，電位は滑らかに無限に広がる分布をするのである．

もちろん，これは極端な話であって，点源によって無限遠まで運動が誘起されるためには，点源の ζ_0 が無限大でなければならない．ここでいいたい

ことは，流体の一部に渦度があるとき，流体の運動は渦度がある領域だけにあるのではなく，その周囲にも及ぶということである．

さて，ある時刻 t_0 において，速度分布 $u(x,y)$, $v(x,y)$ が与えられたとする．その時刻における $\zeta(x,y)$ は式 (4.37) から計算できる．速度の分布が三角関数のような簡単な関数で与えられず複雑な場合には，微分を微差で置き換えて数値的に ζ を計算すればよい．そして，その時刻における平面内の各点の ζ の時間変化は，

$$\left(\frac{\partial \zeta}{\partial t}\right)_{t_0} = -\left(u\frac{\partial \zeta}{\partial x} + v\frac{\partial \zeta}{\partial y}\right)_{t_0} \tag{4.54}$$

によって計算できるから，微小時間 δt 後の ζ は，

$$\zeta_{t_0+\delta t} = \zeta_{t_0} + \left(\frac{\partial \zeta}{\partial t}\right)_{t_0} \delta t \tag{4.55}$$

で計算できる．この $\zeta(t_0+\delta t)$ の分布に対して，すぐ上で述べたように式 (4.41) の解として $t_0+\delta t$ における ψ，すなわち u と v が計算できる．ζ の分布が変わったから，$t_0+\delta t$ における u,v は t_0 におけるそれとは違う．この誘起された u,v が新たな ζ の分布を引き起こす．

図 4.13 の場合には，境界層を源とする強い渦度が帯状に楔の先端から流れ出す．その帯状の渦度はそれ以後は，単に初めから与えられていた左から右への楔を巡る流れに乗るだけでなく，自らその周囲に新たな流れを誘起する．その流れがさらに渦度の帯の形を変え，という連鎖反応を繰り返す．その結果，渦度の帯の厚さは薄くなるとともに，自ら誘起した流れによって渦度の帯を巻き込んで，初めの滑らかな流れにはなかった微細構造をもつ渦巻をつくっていったのである．

このように，順圧大気の運動，あるいは非圧縮性流体の 2 次元の運動を議論するさいには，渦度が決定的な役割をする．渦度を中心として流れをみる考え方を渦度的考え方 (vorticity thinking) という．この呼び方は航空流体力学 (aerodynamics) でときどき用いられている．ちなみに，航空機の翼の下流の端に図 4.13 のような渦巻ができると，翼の空気抵抗が増してしまう．翼を流線形にして渦の発生をできるだけ抑える必要がある．

4.3.2 フラクタルとカオスと渦運動

図 4.13 の例では，渦度と染料が楔の先端から絶えず補給されていた．次の例の図 4.16 は，回転しているタンクの中の水面に四角状に染料を初期に落とし，回転している水に流されながら染料の形が変化していく様子をみたものである．染料の塊はしだいに長く引き伸ばされながら (stretching)，曲がりくねり折り畳まれて (folding)，微細構造をもった縞模様ができている．今日の言葉でいえば，カオス的な混合 (chaotic mixing)，あるいはカオス的な移流が起こっているといえる．すなわち，決定論的に決まる滑らかな流れによって移流される粒子の軌跡（あるいは初期に接近して存在していた2つの粒子の位置の違い）はカオス的でありうる．

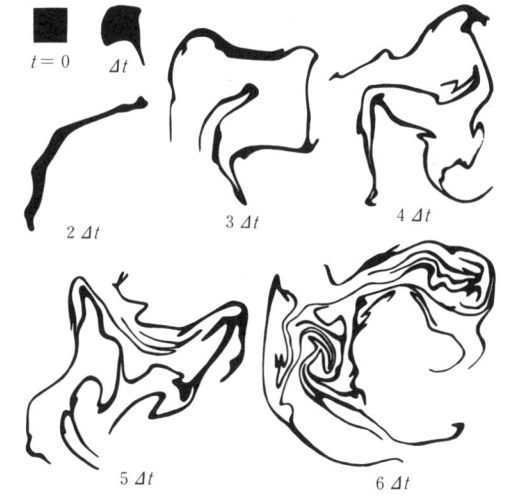

図 4.16 緩やかに回転運動をしているタンク内の水面におかれた染料の形の時間変化 (Welander, 1955)

［寺田寅彦の墨流し］

図 4.16 は中谷 (1947) が紹介した寺田寅彦の墨流しの図を思い起こさせる．それによると，墨流しは古来わが国で行われた遊戯であるが，染め物にも応用されている．これを行うには，まず広い器に水を満たし，その水面に少量の墨汁を流して墨の薄膜をつくる．そして針状の尖ったものの先に，石鹸脂類などをちょっとつけて（あるいは鼻のあたりをちょっと撫でて），それで墨膜上の一点にちょっと触れる．するとその点を中心にして，墨膜に丸い穴ができ，そこだけ水面が白い顔を出す．穴の直径は脂類の量によって決まり，多いほど大きくなる．墨膜上にそのような穴をたくさんつくっておいて，水を徐々に動かすと，墨膜はいろいろ複雑な形となる．そのとき紙をそっと水面に当てて，この墨膜を紙につけてとるのが，いわゆる墨流しである．

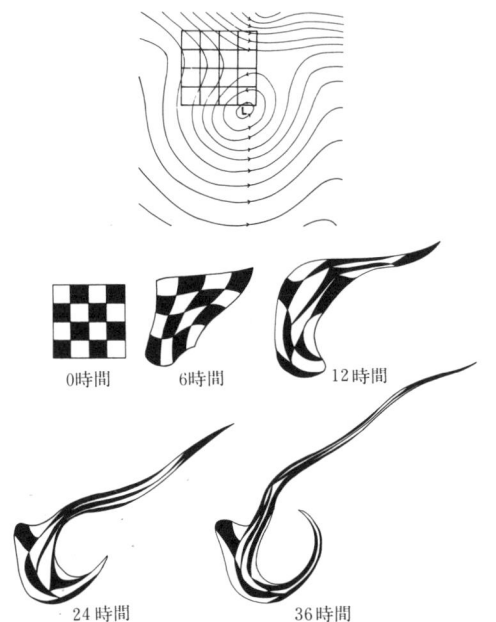

図4.17 2次元順圧モデルによる500 hPa の初期のチェッカー模様の時間変化 (Welander, 1955)

同じようなことを数値実験で示したのが図4.17である．ここでは500 hPa 面では発散がゼロであるとし，初期に図に示したような気圧の谷があったとして，以後の流れの変化を絶対渦度の保存の式 (3.72) を用いて計算する．そのさいに，初期に格子状に配置された染料の形が，モデルが予測する流れのまにまに輸送されて，どう変化するかも計算する．その結果は図のようにドラマチックで，最初のチェッカーボード模様は12時間後までに引き伸ばされ，やがてその先端は低気圧性の流れとともに折り畳まれる．そして，染料の面積は一定に保たれたままで，それを取り囲む線の長さは無限大になりうる可能性が図4.18を用いて議論されている．このいわゆるコッホ曲線は今日では大抵のフラクタルの解説書にまず最初に登場するが，1955年の気象学の論文がすでに同じことを議論していることは興味深い．

非圧縮性流体の2次元運動や順圧大気の運動は，適用範囲が比較的狭いが，傾圧性が強い現実の中緯度大気の運動では，渦度の代りに等温位面上の渦位が保存される．そして近年では決定論的カオス理論やフラクタル理論ほか，図4.16や図4.17のような運動を扱う理論が発達して，滑らかな流れの中で，

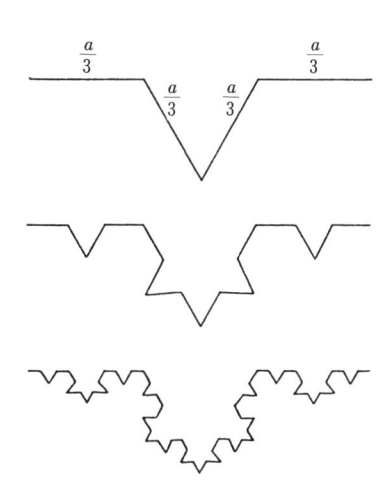

図 4.18 雪片曲線の構築 (Welander, 1955)

カオス的な移流や混合がどう起こるか，それをどう記述するか，活発な研究が進められている．それを述べることは，本書のような入門書の範囲を越えているが，図 4.19 はその一例である．入力する風の場は，米国の地球流体研究所 (Geophysical Fluid Dynamics Laboratory) が気候モデルを 100 年分走らせたときの出力の一部分，20 年目の 1 月 1 日から 60 日間の風である．これから 315 K の等温位面上の風を計算しておく．この等温位面は極域ではほぼ 300 hPa あたりにあり，そこから急に傾斜して，熱帯では 600 hPa 付近にある．初期に，図 4.19 に示した中緯度のある地点の小区域に，10,000 個の粒子から成るトレーサーの雲をおく．あとは上に指定した風で粒子が流れていく軌跡を追う．結果が図 4.19 である．最初のトレーサーの塊は伸張して筋状となり，その長さは時間とともに急速に増え，折り畳みが繰り返し起こった結果として一様化が起こっている．

渦位を用いた総観気象の解析例は前節で述べたが，図 4.20 (a) は別の例である．これはもともと下部成層圏の空気がどのように対流圏に侵入するかの研究であるが，1992 年 5 月 10 日 1200 UTC，320 K 等温位面上に分布していた渦位が，その後 4 日間，ECMWF（欧州中期予報センター）が解析した風によって移流したときの分布を示している．その分布の計算のさいには，

106──第4章 渦位でみる大気の流れ

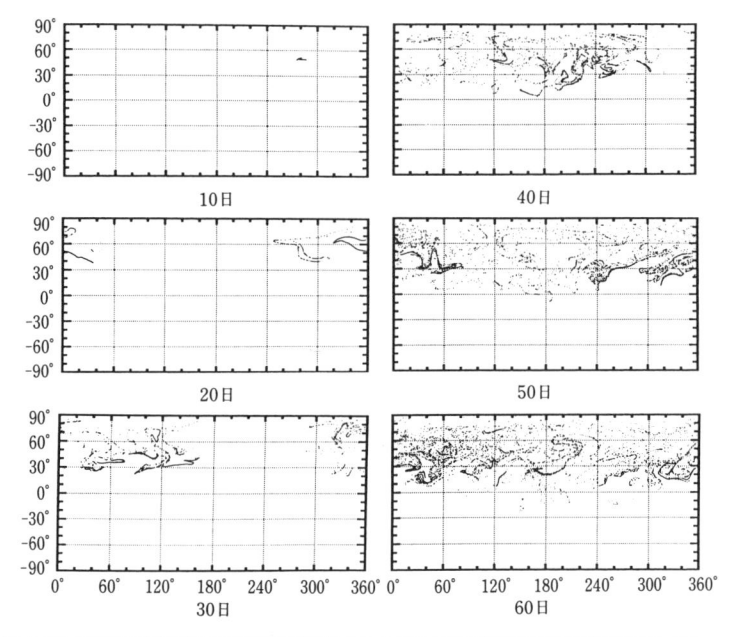

図4.19 初期に中緯度で局所的に放出された粒子群の拡散の数値実験結果(Pierre-humbert and Yang, 1993)

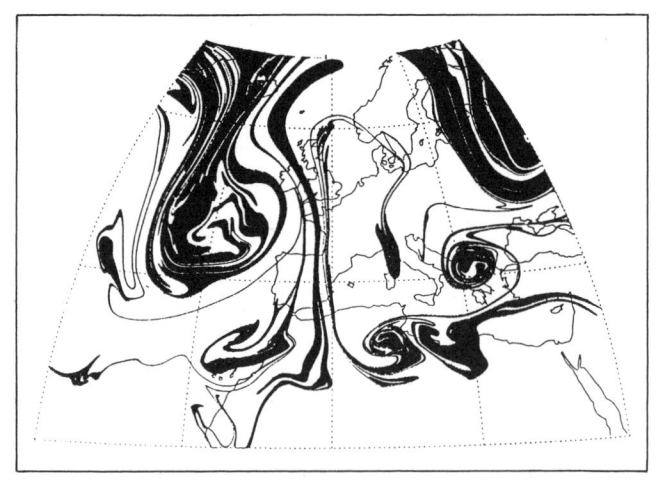

(a) 1992年5月14日1200 UTC, 320 Kの等温位面上の渦位の分布
等値線は1 PVUおき.4日前に解析された渦位を,やはり解析された風を用いてトレーサーとして流すさいに,輪郭移流法により空間分解能を高めている.原図はカラー.

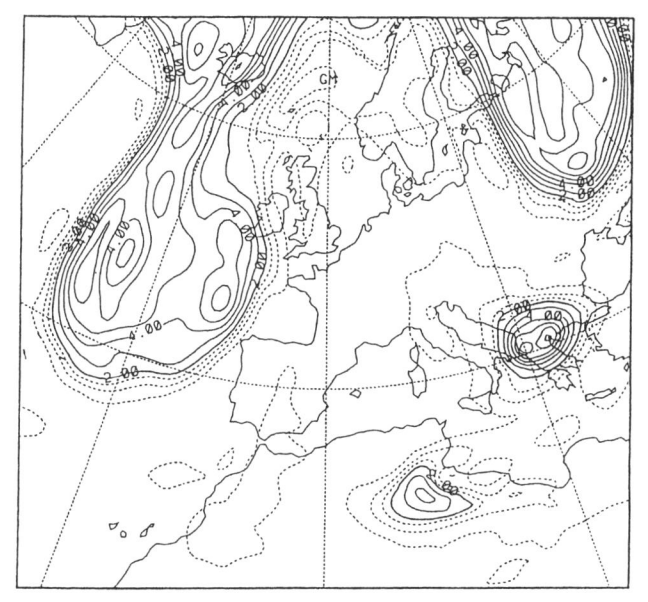

(b) 通常の気象業務で解析された同時刻の渦位の分布
点線は対流圏界面付近の 0.5, 1.0, 1.5 PVU の等値線，実線は 2, 3, 4 PVU の等値線．

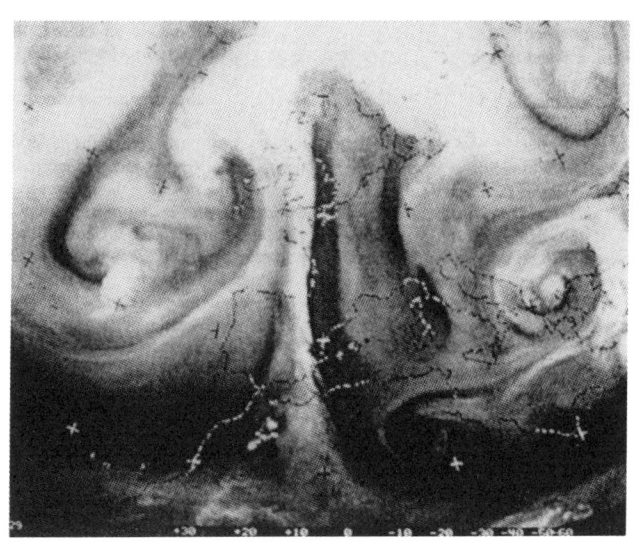

(c) (a)とほぼ同時刻の気象衛星 Meteosat 5 による 7-7.1 μm の水蒸気画像
図 4.20 渦位の解析と水蒸気画像 (Appenzeller *et al.*, 1996)

輪郭移流法（contour advection technique）を用いて，空間分解能を増加させている．この方法は物質の輪郭（material contour，いまの場合には渦位の等値線）の時間変化を追跡するために，多数の仮想的な粒子を等値線上におき，それらの粒子を与えられた風で移流させる．スケールの収縮が起こったり，運動の曲率が大きくなった場合には，適宜粒子の数を増す．その結果，図(a)は通常の解析による渦位の分布図(b)よりストリーマーを含めた微細な構造を示すのに成功している．そして図(c)が同時刻の衛星水蒸気画像であり，図(a)はこれによく対応している（対流圏下層を除いた大ざっぱな話になるが，渦位が大きい地域には下降流があり，水蒸気量が少なく，水蒸気画像では暗黒にみえる）．

図4.20によれば，大西洋西部には地上の低気圧に対応する高い渦位の塊があるが，その一部はストリーマーとなって南方に流れ，その先端はまくれ上がって，チュニジア付近の低気圧性の渦として認められる．別のストリーマーの先端がバルカン半島の低気圧性の渦である．

4.4 渦位的考え方

前節までに，等温位面上の渦位を通じて大気の流れをみた．渦位を視点の中心にすえて中緯度の総観気象の進化をみる態度を渦位的考え方（potential vorticity thinking）という（Hoskins et al., 1985）．第5章以下でも渦位を使って温帯低気圧の発達を記述する．その前に，本節で渦位に関連した一般的な性質を述べておこう．

以下の記述では，渦位のアノマリー（anomaly）という言葉をよく使う．これは，ある基本状態からの渦位の偏差を意味する．基本状態の取り方は問題によって違う．平均状態をとることもあるし，全く運動がない状態をとることもある（この状態でもコリオリ・パラメターがあるから渦位は0ではない）．すでに図4.9や図4.20で，渦位の大きい部分が，あるときは孤立して，あるときは伸張して存在することを示したが，こうした部分が渦位のアノマリーに相当する．

4.4.1 渦位の場と速度・温位の場の関係

前節でみたとおり，2次元あるいは順圧大気の運動では渦度と速度（流線

関数)の間には式 (4.41) の関係があり，渦度の分布という情報を速度あるいは流線関数の分布に転換することは，(適当な境界条件を与えれば)可能であった．同じように，密度成層をした大気中で，ある時刻に渦位の3次元の分布が与えられているとき，その情報を速度の分布に転換できるであろうか．

一般的には不可能である．それは渦位の定義式 (4.30) からわかるように，渦位は速度(あるいは渦度)と温度(あるいは温位)の分布によって決められるから，逆に渦位だけの分布からは，速度と温度の両方の場は決められないのである．しかし，このことを逆にいうと，もう1つ，なにか温度の場と速度の場を結びつける関係式を使ってよければ，転換は可能になる．たとえば地衡風の関係式では，速度の場は気圧の場と関連づけられていて，静水圧平衡の式により，気圧の場は温度の場と関連づけられている．したがって，地衡風の関係式を使えば，渦位の場から速度と温度の両方の場を同時に決めることが原則的に可能となる．これを一般的に渦位の転換可能性の原則 (invertibility principle) という．

事実，これは 5.1 節の知識を先取りすることになるが，p 座標系において，地衡風近似を用いると，渦位のアノマリー P_g' とジオポテンシャルのアノマリー ϕ' の間には，次の関係がある(式 (5.25) 参照)．

$$P_g' = f + \frac{1}{f_0}\left(\frac{\partial^2 \phi'}{\partial x^2} + \frac{\partial^2 \phi'}{\partial y^2}\right) + f_0 \frac{\partial}{\partial p}\left(\frac{1}{S_0}\frac{\partial \phi'}{\partial p}\right) \quad (4.56)$$

ここで，f_0 は一定のコリオリ・パラメター，$S_0 = -\alpha_0 d(\ln \theta_0)/dp$ で静的安定度の指数である．式 (4.56) を式 (4.41) と比べると，前者は3次元，後者は2次元という違いはあるものの，両者は本質的に同じポアソン型の微分方程式である．したがって，適当な境界条件を指定すれば，与えられた渦位の分布から，ϕ' を決めることができる．そうすると地衡風の関係から風の分布が決まる．すなわち，転換は可能である．

この事情は地衡風でなく，傾度風の関係(『一般気象学 第2版』6.3節)が成り立つ場合でも同じである．それで，仮想的な状況であるが，渦位の分布から風と温位の両方を決める例を示そう．以下述べる理論的結果は，一見抽象的にみえるが，第6章以下の実例と比較すると，多くの共通点が認められる．

図 4.21 が傾度風の関係式を使って，圏界面付近に存在する軸対称の渦位の正または負の孤立したアノマリーを，速度と温位の分布に転換した結果で

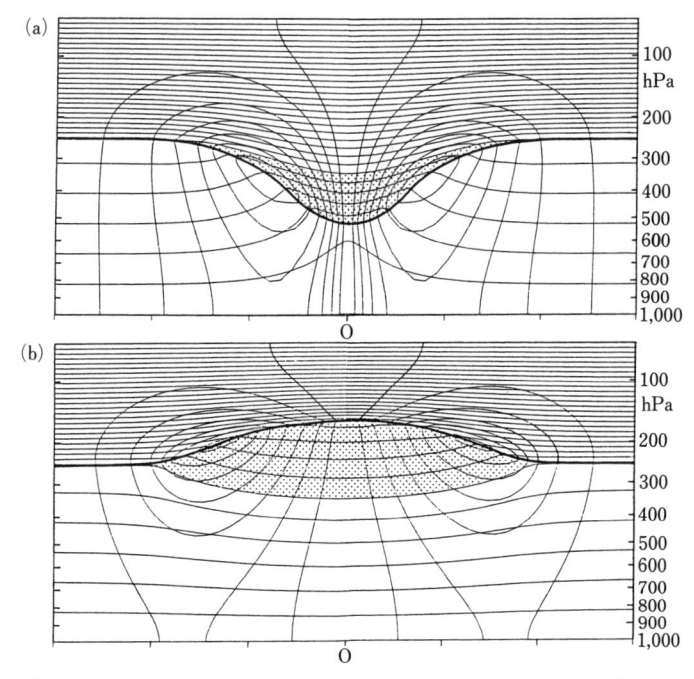

図 4.21 対流圏界面付近に孤立して存在する仮想的な軸対称の渦位のアノマリーに伴う風と温位の分布 (Hoskins *et al.*, 1985)
(a)正のアノマリー，(b)負のアノマリー．真中の点々の部分が渦位のアノマリー．太い実線が対流圏界面．細い実線が温位 (5 K おき) と風速 (3 m s^{-1} おき) の等値線．最大の風速等値線の値は 21 m s^{-1}．軸対称の中心線における風速 0 の線は省略してある．風は(a)では低気圧性，(b)では高気圧性に回転している．横軸の中心点 (O) から半径 2,500 km の範囲が示されている．

ある (Thorpe, 1985)．あるいは前節の用語を使えば，正または負の渦位のアノマリーが誘起した速度と温位の場である．さらに，これを孤立して静止している渦位のアノマリーの構造の一例とみてもよい．図の結果を導くさいの基本状態としては，①コリオリ・パラメター f は一定，②温位は水平方向には一様，高度 10 km に圏界面があり，対流圏内では温位の鉛直傾度は一定で，それより上の成層圏内では鉛直傾度は対流圏の 6 倍，③基本状態に運動はない，と指定する．この基本状態に図の点々で示した渦位のアノマリーが重なったとする．これによって誘起された流れと温位の分布を決めるためには長い数式の扱いが必要であるが，それは省略して，結果だけが図 4.21

に示されている．細い実線は 5 K ごとに引かれた等温位線と 3 m s^{-1} ごとに引かれた等風速線である．図(a)の正のアノマリーの場合には，流れは低気圧性の回転運動であり，図(b)の負のアノマリーの場合には，高気圧性の回転運動となっている．同時に温位の分布も基本状態から変化して，アノマリーがなかったときは水平であった対流圏界面（太い実線）は，いまや図(a)では下方に垂れ下がり（実例はたとえば図 6.13），図(b)では逆に盛り上がっている．

さらに図から気がつくことは，渦位のアノマリーが存在する範囲に比べて，それが誘起する風と温位の分布の範囲が広いことである．このことは 2 次元大気について前節で，渦度が限定された区域にだけ存在していても，それが誘起する水平流は広い区域に存在すると述べたことと本質的には同じことである．ただ今回の 3 次元の場合には水平方向のみならず，鉛直方向にも広がっている．

これに加えて，図から読み取れる一般的な性質を述べると，

(1) アノマリーによって誘起される循環（水平面上の渦巻）は上層から下層まで同じ向きで，正のアノマリーの場合は低気圧性，負のアノマリーの場合は高気圧性になっている．

(2) これは図からはわからないことであるが，実際上重要なこととして，大気の成層が中立に近い場合には，式 (4.56) の S_0 が小さく，したがって最後の項が大きい．このことは渦位のアノマリーの影響は上下方向に広く及ぶことを意味する．圏界面付近に正のアノマリーがあると，それによって誘起された循環は対流圏下層にまで存在する．すなわち，鉛直方向のスケールが大きい．逆に，大気が非常に安定な成層をしている場合には，S_0 は大きく，誘起された循環の鉛直方向のスケールは小さい．

(3) 渦位の正のアノマリーの内部では，絶対渦度が大きいのみならず，成層安定度 S_0 も大きい．これは渦位の定義から，渦位は絶対渦度と安定度の両者から成り立っており，もし絶対渦度だけが変化していて，安定度（つまり温位の分布）にはなにも変化がないとすると，傾度風のバランスが崩れてしまうことから明らかである．逆に，渦位の負のアノマリーの内部では安定度は弱い．

(4) 渦位のアノマリーの上および下の領域では，安定度のアノマリーは渦位のアノマリーと逆の符号をもつ．たとえば，図 4.21(a) の場合には，

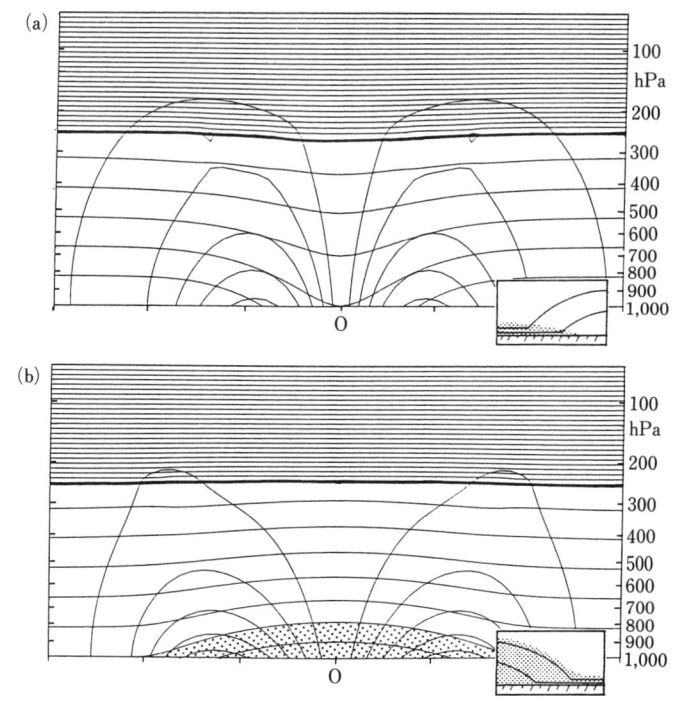

図 4.22 図 4.21 と同じ，ただし渦位のアノマリーが地表面近くに存在する場合 (Hoskins *et al.*, 1985)

　正のアノマリーの上下の領域では周囲に比べて安定度は悪い．こうなる理由は，①と②で述べたように，アノマリーの上下の領域にもアノマリーと同じ向きの循環があるから，そこで渦位のアノマリーをゼロにするためには，安定度が逆の符号のアノマリーをもたなければならないからである．この理由から，図 4.21 (a) では，対流圏の等温位線は上に盛り上がっている．このことは，ここでは温位は周囲より低く，いわば寒気のドームがあり，しかも安定度も悪いことを意味する．これは一般的に，対流雲が発生しやすい状況である．寒気ドームの実例は図 6.8 にある．
　図 4.21 (a) が静止した，あるいは動きの遅い寒冷渦の一般的な構造を示している．
　次に図 4.22 は同じ基本状態で，地表面付近に正あるいは負の温位の総観

規模で円形のアノマリーがあった場合に誘起される流れと温位の分布である．アノマリーは中心で最大で，10 K と指定している．北半球では，温度風は高温部を右にみるように吹く (5.2 節)．それで図(a)の正の温位のアノマリーの場合には，高気圧性の温度風が吹く傾向となるが，図の場合には圏界面では誘起された温位はゼロで流れは弱くなるような条件で解を求めているから，地表面付近では低気圧性の水平回転運動が最も強く，あとは高度とともに温度風の関係を満足するように回転運動が弱まっていくという流れになっている．したがって，図(a)は地表面付近に正の渦位のアノマリーが存在したとき，それが誘起する流れと温位の分布図とみてよい．アノマリーのある区域の上空では，周囲に比べて温位は高く，安定度は悪い．図(b)は負の渦位のアノマリーの場合である．実際の場合には，この図で地表面近くというのは，大気境界層の上端付近と思ってよい．

4.4.2 進行中の渦位のアノマリーと鉛直流の関係

総観気象において，鉛直流は天気を支配するだけでなく，3.5 節で述べたように，渦度方程式において発散項を通じて鉛直渦度の変化に大きな影響を及ぼすので重要である．

いま，対流圏内で下層から上層に西風の風速が増しているという基本場の中で，上層に渦位の正のアノマリーが存在している状況を考える．このアノマリーは上層の西風に流されているが，アノマリーは静止しているとして，アノマリーに相対的な流れを考えると，図 4.23 のように下層では東から西に向かう基本場の流れがある．図 4.21 (a) で述べたように，上空の渦位のアノマリーに伴って，アノマリーの下の円柱形の領域では周囲に比べて相対的に温位は低い．円柱部分の西側では，この冷気が基本場の東風によって流れ出している．ところが，すべては定常状態にあるから，この冷却を補償するためには，ここで下降気流による断熱圧縮がなければならない (上空の温位の高い空気が降りてこなければならない)．すなわち西側には下降気流があることになる．逆に，円柱部分の東側では，基本場の流れによる暖気移流があり，これを補償するように上昇気流がある．

同じことを渦度のバランスからいうことができる．地衡風近似を用いた渦度方程式は式 (5.22) で与えられるが，ベータ項を無視し，定常状態を仮定

114——第4章 渦位でみる大気の流れ

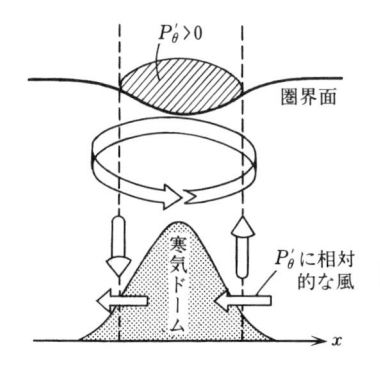

図 4.23 対流圏界面付近に存在し，東進している渦位の正のアノマリー（P'_θ）が誘起する鉛直流の説明図

すると，

$$u\frac{\partial \zeta}{\partial x}+v\frac{\partial \zeta}{\partial y}=-f_0\times(\text{発散}) \tag{4.57}$$

となる．すなわち，渦度の移流効果が水平発散・収束による効果とバランスしている．さて，図 4.21 で示したように，上空の正の渦位のアノマリーの下の円柱部分では正の渦度が誘起されている．それで基本場の下層の東風によって，円柱部分の西側では正の渦度が移流されている（$u<0, \partial\zeta/\partial x>0$）．これを補償して定常状態を保つためには，ここで発散がなければならない．そうすると，連続の式から，ここで下降気流があることになる．逆に，東側の下層には収束があり，上昇気流がある．

　繰返しになるから図は示さないが，上空の負の渦位のアノマリーが東進しているときには，その東側には下降気流，西側には上昇気流がある．

　こうして，移動中の正の渦位のアノマリーは，真空の電気掃除器にたとえられる．進行方向の下層の空気を吸い上げては，反対側に吐き下ろしているからである．地上付近にあった弱い低気圧は，上層で西から気圧の谷が接近してくると，発達しはじめることが多い．これは低気圧の B 型の発達として知られているが（6.3節），上層の気圧の谷は渦位の正のアノマリーであり，それに伴う上昇流が下層の低気圧の発達を促したのである．実例は 6.2節と 6.3節で述べる．なお，等温位面上の渦位の分布と実際の総観気象を結びつけた解説としては，二階堂（1986）が参考になる．

第5章

準地衡風の世界

5.1 準地衡風モデル

　中緯度における総観規模の流れがなぜ地衡風に近いかについては 2.3 節で述べた．それにしても，もし風がいつでもどこでも完全に地衡風であれば，その水平発散はゼロになってしまう．それでは連続の式によって鉛直流もゼロになって，雲もできず，雨も降らない．それでは困る．水平の風は第 1 近似としては地衡風であるが，その水平の風の発散はゼロとは限らないような，そうした流れを支配する運動方程式系をつくりたい．その目的に沿うのが本節で述べる準地衡風運動方程式系である．これを簡単に準地衡風モデル (quasi-geostrophic model) という．そして，そうした運動方程式系が支配する世界を本書では準地衡風の世界と呼ぶ．

　順序として，中緯度の総観規模の流れがどの程度地衡風であるか調べよう．その目的のために，いま考えている擾乱の特徴的な水平スケールを L, p 座標系における鉛直スケールを D_p, 水平速度の大きさのスケールを U とする．総観規模の擾乱を考えているのだから，$L \sim 10^6$ m, 圏界面を含む対流圏内の擾乱を考えているのだから $D_\mathrm{p} \sim 10^3$ hPa $= 10^5$ kg m^{-1}s^{-2} ととる．現実の高・低気圧などの擾乱に伴う代表的な風速は 10 m s^{-1} の大きさであるから，これを U として採用する．水平スケールが L で，速度のスケールが U であるから，時間のスケールは L/U である．10^5 s の大きさである．

　こうすると，運動方程式 (3.44) の中の各偏微分の大きさの程度は，

$$\frac{\partial}{\partial x} \sim \frac{\partial}{\partial y} \sim \frac{1}{L} \sim 10^{-6} \, \mathrm{m}^{-1}$$
$$\frac{\partial}{\partial p} \sim \frac{1}{D_\mathrm{p}} \sim 10^{-3} \, \mathrm{hPa}^{-1} \qquad (5.1)$$
$$u\frac{\partial}{\partial x} \sim v\frac{\partial}{\partial y} \sim \frac{U}{L} \sim 10^{-5} \, \mathrm{s}^{-1}$$

$$\frac{\partial}{\partial t} \sim \frac{U}{L} \sim 10^{-5}\,\mathrm{s^{-1}}$$

である．また，連続の式 (3.48) から，ω の大きさは最大でも，

$$\omega \sim \frac{UD_\mathrm{p}}{L} \sim 10^{-2}\,\mathrm{hPa\,s^{-1}} \tag{5.2}$$

の程度である．最大といった意味は次節の式 (5.36) で明らかになる．

このようにして，運動方程式の各項の大きさは，$f \sim 10^{-4}\,\mathrm{s^{-1}}$ として，

$$\frac{\partial \boldsymbol{v}}{\partial t},\ (\boldsymbol{v}\cdot\nabla)\boldsymbol{v},\ \omega\frac{\partial \boldsymbol{v}}{\partial p} \sim \frac{U^2}{L} \sim 10^{-4}\,\mathrm{m\,s^{-2}}$$
$$\boldsymbol{k}\times f\boldsymbol{v} \sim fU \sim 10^{-3}\,\mathrm{m\,s^{-2}} \tag{5.3}$$

であることがわかる．すなわち，運動方程式において，水平加速度とコリオリ力の大きさの比は，

$$R_0 \equiv \frac{U}{fL} \tag{5.4}$$

であり，10^{-1} の程度である．この無次元の量がロスビー数 (Rossby number) といわれている重要なパラメターである．そして，運動方程式の中で 1 桁大きいコリオリ力の項は，運動方程式の中で残っている項，すなわち水平気圧傾度力によってバランスされていなければならない．こうして近似的に地衡風平衡が成り立っていることが示される．その近似の精度はロスビー数の程度，すなわち 10^{-1} である．静水圧平衡が 10^{-5} の精度で成り立っているのに比べて精度はよくない．

このことを考慮して，観測された風を地衡風 (geostrophic wind) ($u_\mathrm{g}, v_\mathrm{g}$) と，非地衡風 (ageostrophic wind) ($u_\mathrm{a}, v_\mathrm{a}$) の和として表す．

$$u = u_\mathrm{g} + u_\mathrm{a},\quad v = v_\mathrm{g} + v_\mathrm{a} \tag{5.5}$$

ここで，地衡風は，

$$u_\mathrm{g} = -\frac{1}{f_0}\frac{\partial \phi}{\partial y},\quad v_\mathrm{g} = \frac{1}{f_0}\frac{\partial \phi}{\partial x} \tag{5.6}$$

で与えられる．f_0 は一定としたコリオリ・パラメターである．すでにみたように，非地衡風は地衡風より 1 桁小さいから，時間についての個別微分は，

$$\frac{d_\mathrm{g}}{dt} \equiv \frac{\partial}{\partial t} + u_\mathrm{g}\frac{\partial}{\partial x} + v_\mathrm{g}\frac{\partial}{\partial y} \tag{5.7}$$

と近似できる．式 (5.3) の大きさの見積りによれば，ここに $\omega(\partial/\partial p)$ の項も含まれるべきであるが，次節の式 (5.36) によれば ω の値は式 (5.2) より

1桁小さいから，式 (5.7) では省略してある．

ここでコリオリ・パラメター f は緯度の関数であることを考慮して，
$$f = f_0 + \beta y \tag{5.8}$$
とする[†]．$\beta \equiv df/dy$ である．これが1.5節で述べたベータ面近似であり，f_0 に比べると βy は1桁小さい．x 方向の運動方程式は，
$$\frac{d_g u_g}{dt} = (f_0 + \beta y)(v_g + v_a) - \frac{\partial \phi}{\partial x} = f_0 v_a + \beta y v_g + \beta y v_a \tag{5.9}$$
となるが，$\beta y v_a$ は微小量の積であるから省略すると，
$$\frac{d_g u_g}{dt} = f_0 v_a + \beta y v_g \tag{5.10}$$
が得られる．同様にして，y 方向の運動方程式は，
$$\frac{d_g v_g}{dt} = -f_0 u_a - \beta y u_g \tag{5.11}$$
である．静水圧平衡の式は，前と同じく，
$$\frac{\partial \phi}{\partial p} = -\alpha \tag{5.12}$$
である．連続の式は，式(5.5)を式(3.48)に代入し，式(5.6)を考慮すると，
$$\frac{\partial u_a}{\partial x} + \frac{\partial v_a}{\partial y} + \frac{\partial \omega}{\partial p} = 0 \tag{5.13}$$
となる．

[†] 式 (5.6) の地衡風の定義式では f は一定とし，ここではベータ面近似を使っているのは矛盾しているようにみえるが，もっと厳密なスケール・アナリシスによっても，これは正当であることがわかる (小倉，1978 の4.3節参照)．

次に，熱力学の式では，3.1節と同じように，温位 θ を基本場の θ_0 とそれからの偏差 θ' に分けて，
$$\theta(x, y, p, t) = \theta_0(p) + \theta'(x, y, p, t) \tag{5.14}$$
とする．基本場は p だけの関数とし，既知であるとする．ふつう θ_0 に比べて θ' は小さいから，熱力学の第1法則は，
$$\frac{d_g \theta'}{dt} = \frac{\partial \theta'}{\partial t} + u_g \frac{\partial \theta'}{\partial x} + v_g \frac{\partial \theta'}{\partial y} + \omega \frac{d\theta_0}{dp} = \frac{\theta_0}{C_p T_0} \dot{Q} \tag{5.15}$$
と書ける．あるいは，式 (5.14) と同様にして，比容 α とジオポテンシャル ϕ もそれぞれ2つに分けて，
$$\alpha(x, y, p, t) = \alpha_0(p) + \alpha'(x, y, p, t) \tag{5.16}$$

とすると，熱力学の第1法則は $\alpha'(=-\partial\phi'/\partial p)$ について，

$$\phi(x,y,p,t)=\phi_0(p)+\phi'(x,y,p,t) \tag{5.17}$$

$$\frac{\partial}{\partial t}\left(\frac{\partial\phi'}{\partial p}\right)=-\left(u_g\frac{\partial}{\partial x}+v_g\frac{\partial}{\partial y}\right)\left(\frac{\partial\phi'}{\partial p}\right)-S_0\omega-\frac{R_d}{pC_p}\dot{Q} \tag{5.18}$$

と書ける．ここで，

$$S_0(p)\equiv-\frac{\alpha_0}{\theta_0}\frac{d\theta_0}{dp}=\frac{1}{p}\frac{d}{dp}\left(p\frac{d\phi_0}{dp}-\frac{R_d}{C_p}\phi_0\right) \tag{5.19}$$

であり，いま考えている大気の平均的な静的安定度を表す．式 (5.18) の特徴として，① α' を水平に移流させる風は実際の風でなく地衡風である．② 鉛直移流では，$\omega(\partial\alpha'/\partial p)$ の効果は考えなくて，平均の安定度 S_0 に関連した効果だけを考えている．

渦度の鉛直成分は，

$$\zeta_g=\frac{\partial v_g}{\partial x}-\frac{\partial u_g}{\partial y} \tag{5.20}$$

で定義される．これに式 (5.6) を代入すれば，

$$\zeta_g=\frac{1}{f_0}\left(\frac{\partial^2\phi'}{\partial x^2}+\frac{\partial^2\phi'}{\partial y^2}\right) \tag{5.21}$$

となる．これは式 (4.41) で述べた渦度と流線関数の関係と同じで，ある等圧面上でジオポテンシャルの分布が与えられれば，渦度が計算できるし，逆に渦度の分布が与えられれば，適当な境界条件の下でジオポテンシャルの分布を知ることができる．そして，式 (5.11) を x で偏微分し，式 (5.10) を y で偏微分して引き算をすると，

$$\frac{d_g\zeta_g}{dt}=\frac{\partial\zeta_g}{\partial t}+u_g\frac{\partial\zeta_g}{\partial x}+v_g\frac{\partial\zeta_g}{\partial y}=-\beta v_g-f_0\left(\frac{\partial u_a}{\partial x}+\frac{\partial v_a}{\partial y}\right) \tag{5.22}$$

という準地衡風の渦度方程式が得られる．右辺の最後の項が発散項である．これに連続の式 (5.13) を代入すると，

$$\frac{d_g\zeta_g}{dt}=\frac{\partial\zeta_g}{\partial t}+u_g\frac{\partial\zeta_g}{\partial x}+v_g\frac{\partial\zeta_g}{\partial y}=-\beta v_g+f_0\frac{\partial\omega}{\partial p} \tag{5.23}$$

となる．式 (5.22) あるいは式 (5.23) をプリミティブ方程式系の (3.68) と比較すると，主に違う点が4つある．①渦度は地衡風を用いて計算される．②渦度は実際の風でなく，地衡風で移流される．③渦度の鉛直移流は考えない．④発散項（あるいは伸張項）はあるが，傾斜項 (tilting term) はない．移流の項を除けば，絶対渦度を時間的に変化させるのは発散だけである．これ

だけ簡単化されているから，いかに準地衡風の渦度方程式が使いやすいかわかる．

さらに断熱変化を仮定し（$\dot{Q}=0$），熱力学の式 (5.18) に (f_0/S_0) を掛け p で微分してから式 (5.23) と加え合わせると，ω を含む項が消える．さらに，次節で述べる温度風の式 (5.26) を代入すると，結局，

$$\frac{d_g P_g}{dt}=\frac{\partial P_g}{\partial t}+u_g\frac{\partial P_g}{\partial x}+v_g\frac{\partial P_g}{\partial y}=0 \qquad (5.24)$$

が得られる．ここで，

$$P_g \equiv f+\zeta_g+f_0\frac{\partial}{\partial p}\left(\frac{1}{S_0}\frac{\partial \phi'}{\partial p}\right)$$
$$=f+\frac{1}{f_0}\left(\frac{\partial^2 \phi'}{\partial x^2}+\frac{\partial^2 \phi'}{\partial y^2}\right)+f_0\frac{\partial}{\partial p}\left(\frac{1}{S_0}\frac{\partial \phi'}{\partial p}\right) \qquad (5.25)$$

である．これが準地衡風の世界における渦位である．式 (5.24) はこのように定義された渦位が，断熱過程および摩擦の影響のないときには，空気塊について保存されることを示す．

ここで 4.3 節で 2 次元運動の予測について述べたことを拡張する．ある時刻にジオポテンシャル ϕ' の分布が与えられたら，その時刻における u_g と v_g を式 (5.6) から，ζ_g を式 (5.20) から，P_g を式 (5.25) から計算する．次に式 (5.24) から，δt 時間後の P_g を計算する．その新しい P_g について，3 次元のポアソン微分方程式である式 (5.25) の解を求めて，新しい ϕ' を決める．この計算を繰り返すと，24 時間先でも 48 時間先でも将来の大気の状態と流れが予測できる．これが準地衡風モデルを用いた数値予報の原理である．2 次元あるいは順圧モデルと違い，こんどは傾圧大気を扱っており，ちゃんと鉛直運動を含めた 3 次元の運動の予測が可能となる．

歴史的にみると，チャーニーが式 (5.24) の渦位の保存則を用いて初めて傾圧不安定性を議論したのが 1947 年，チャーニーほかが順圧渦度方程式の積分を議論したのが 1950 年，そして 1953 年にはチャーニーとフィリップスが上記の準地衡風モデルを用いて初めて温帯低気圧の発達のシミュレーションに成功している (Charney and Phillips, 1953)．こうした進展を受けて，米国の当時の気象局 (US Weather Bureau)，空軍，海軍の 3 者が協力して，日々の数値予報を業務とする Joint Numerical Weather Prediction Unit という機関を設立したのが 1954 年である．その後はコンピューターや数値計

算技術の進歩により,1950年代の終りから1960年代にかけて,数値予報はより精度のよいプリミティブ・モデルを用いるようになった.それとともに,数値予報の基礎としての準地衡風モデルは使命を終えた.

しかし,プリミティブ・モデルでは運動方程式と熱力学の式を別々に扱う必要があるのに対して,準地衡風モデルでは温位(つまり気圧)と流れは地衡風の関係で自動的に結びついているから,断熱過程では,ただ1つの変数(ジオポテンシャル ϕ)を考えればよいという利点がある.このため,傾圧不安定(5.6節),ロスビー波(5.7節),前線を巡る鉛直循環(5.5節)など,気象学で重要な概念の多くは地衡風近似を用いて導入された.また,渦位のアノマリーの構造(4.4節)やエネルギーの変換(5.7節)などは,地衡風近似を用いると理解しやすい.こうした理由から,もう少し準地衡風の世界に住み続けることにしよう.

5.2 温度風

傾圧大気では,地衡風の式(5.6)を p で微分し,静水圧平衡の式を使うと次の温度風の関係式が得られる.

$$\frac{\partial u_\mathrm{g}}{\partial p}=\frac{1}{f_0}\frac{\partial \alpha}{\partial y}, \quad \frac{\partial v_\mathrm{g}}{\partial p}=-\frac{1}{f_0}\frac{\partial \alpha}{\partial x} \tag{5.26}$$

θ を使って書けば,

$$\frac{\partial u_\mathrm{g}}{\partial p}=\frac{R_\mathrm{d}}{f_0 p}\frac{\partial \theta}{\partial y}\left(\frac{p}{p_{00}}\right)^{\chi}, \quad \frac{\partial v_\mathrm{g}}{\partial p}=-\frac{R_\mathrm{d}}{f_0 p}\frac{\partial \theta}{\partial x}\left(\frac{p}{p_{00}}\right)^{\chi} \tag{5.27}$$

となる.温度 T を使うと,

$$\frac{\partial u_\mathrm{g}}{\partial \ln p}=\frac{R_\mathrm{d}}{f_0}\frac{\partial T}{\partial y}, \quad \frac{\partial v_\mathrm{g}}{\partial \ln p}=-\frac{R_\mathrm{d}}{f_0}\frac{\partial T}{\partial x} \tag{5.28}$$

となる.

もっと実用的に,式(5.28)を2つの高度 p_1 と p_2 ($p_1<p_2$) の間で積分すると,温度風はこの2つの高度の地衡風ベクトルの差として,

$$u_\mathrm{T}=u_\mathrm{g1}-u_\mathrm{g2}=-\frac{R_\mathrm{d}}{f_0}\left(\frac{\partial \overline{T}}{\partial y}\right)\ln\left(\frac{p_2}{p_1}\right) \tag{5.29}$$

$$v_\mathrm{T}=v_\mathrm{g1}-v_\mathrm{g2}=\frac{R_\mathrm{d}}{f_0}\left(\frac{\partial \overline{T}}{\partial x}\right)\ln\left(\frac{p_2}{p_1}\right) \tag{5.30}$$

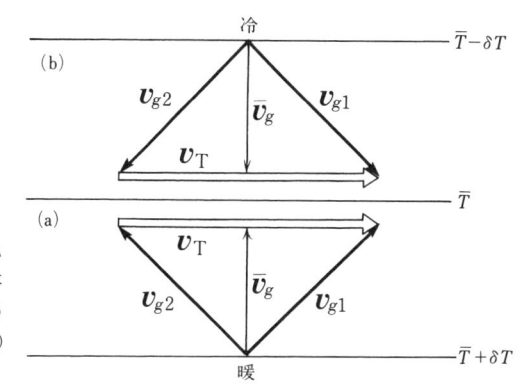

図 5.1 温度風の説明図
白い矢印が温度風ベクトル．細い実線は高度 1 と高度 2 の間の層の平均気温の等値線で，$\bar{v}_g$ はその層内の平均の風ベクトル．(a)風向順転，(b)風向逆転．

で与えられる．ここで $\bar{T}$ は平均温度で，

$$\bar{T} \equiv \frac{\int_{p_1}^{p_2} T d\ln p}{\ln(p_2/p_1)} \tag{5.31}$$

である．ベクトル表示では

$$\boldsymbol{v}_\mathrm{T} = \frac{R_\mathrm{d}}{f_0} \ln\left(\frac{p_2}{p_1}\right) \boldsymbol{k} \times \nabla_\mathrm{h} \bar{T} \tag{5.32}$$

となる．すなわち，温度風は $\bar{T}$ の等値線（等層厚線）に平行に，北半球では高温域を右手にみるように吹き（図5.1），温度風の大きさは平均気温の水平傾度に比例する．

このことを利用して，ある 1 地点でレーウィンゾンデなどにより風の高度分布が測定されたとき，その風を地衡風と仮定して，その地点では暖気移流があるか寒気移流があるかを知ることができる．その前に，気象学では風ベクトルをホドグラフで表示したとき，風向が時間とともに，あるいは高度とともに時計回りに変化しているならば，それを風向順転（veering）という．反対に，風向が反時計回りに変化しているときは，風向逆転（backing）という．たとえば，北半球では台風が通過するとき，その進路の右側の地点では時間とともに風向順転，左側の地点では風向逆転が起こる．さて本題に戻って，図5.1において，ある高度の地衡風を $\boldsymbol{v}_{g2}$，それより高い高度における地衡風を $\boldsymbol{v}_{g1}$ とする．その層の平均気温の等値線が東西に走っていて，南方が高温とすると，北半球では温度風は西から東に吹く．図(a)の場合には，風向は高度とともに順転しており（南東風から南西風へ），層内の平均の風は南

から北を向いているから，層内では平均して暖気移流があることになる．反対に図(b)の場合には，風向は高度とともに逆転しており，層内には寒気移流がある．

　前節においてプリミティブ・モデルの運動方程式の各項の大きさをみつもったが，温度風の関係式を用いると，ωの大きさを連続の式に基づいた式 (5.2) より正確に求めることができる．まず，ωの大きさは熱力学の式 (5.18) から

$$\omega \sim u_g \frac{\partial \alpha'}{\partial x} \Big/ S_0 \tag{5.33}$$

であるから，温度風の式 (5.28) を代入すると

$$\omega \sim \frac{u_g f_0}{S_0} \frac{\partial v_g}{\partial p} \sim \frac{U^2 f}{S_0 D_p} \tag{5.34}$$

となる．この式によると他の条件が同じならば，S_0 が小さいほど，すなわち安定度が中立に近いほど鉛直 p 速度が大きいことがわかる．

　同じく安定度に関係ある量としてはリチャードソン数 (Richardson number) という重要な無次元数がある．一般的に，z 座標系では式 (2.19) の浮力振動数 N を使って，p 座標系では S_0 を使って，次のように定義される．

$$Ri \equiv \frac{N^2}{(\partial u/\partial z)^2 + (\partial v/\partial z)^2} \quad \text{あるいは} \quad Ri \equiv \frac{S_0}{(\partial u/\partial p)^2 + (\partial v/\partial p)^2} \tag{5.35}$$

これを使うと，式 (5.34) は

$$\omega \sim \frac{fD_p}{Ri} \tag{5.36}$$

となる．Ri の値は時と場所によってかなり違うが，代表的な値として $N \sim 10^{-2}\,\mathrm{s}^{-1}$ をとり，対流圏の厚さ 10 km を通して風速の違いを $10\,\mathrm{m\,s}^{-1}$ とすると，式 (5.35) により Ri の代表的な大きさは 10^2 である．前と同じように $f \sim 10^{-4}\,\mathrm{s}^{-1}$，$D_p \sim 10^3\,\mathrm{hPa}$ とすると，式 (5.36) により $\omega \sim 10^{-3}\,\mathrm{hPa\,s}^{-1}$ となる．この値は式 (5.2) の見積りより 1 桁小さい．このことは，連続の式で $\partial u/\partial x$ と $\partial v/\partial y$ とが互いに消し合って，水平発散 $\{(\partial u/\partial x)+(\partial v/\partial y)\}$ としては，このおのおのの項より 1 桁小さくなっていることを示している．すなわち

$$\nabla \cdot \boldsymbol{v} \sim \frac{\omega}{D_p} \sim \frac{f}{Ri} \tag{5.37}$$

である．一方，渦度の鉛直成分 ζ の大きさは

$$\zeta \sim \frac{U}{L} \tag{5.38}$$

で与えられる．したがって，

$$\frac{\text{水平発散}}{\text{渦度の鉛直成分}} \sim \frac{1}{R_0 Ri} \sim 10^{-1} \tag{5.39}$$

である．このように，水平発散と渦度の鉛直成分はどちらも速度の空間微分であるが，水平発散は渦度に比べて 1 桁小さい．これが総観規模の流れの特

徴であり，風が近似的に地衡風であることの反映にほかならない．そしてこのことは，ある等圧面上で実測の風の分布が与えられたとき，渦度の鉛直成分は精度よく計算できるが，発散の計算の精度を保つには注意が必要なことを示している．

5.3 エネルギーの保存則

3.4 節では，プリミティブ・モデルにおいて，有効位置エネルギーという概念を導入した．この節では準地衡風の世界におけるエネルギー保存則を考えながら，有効位置エネルギーに具体的な表現を与えよう．

式 (5.10) に u_g を掛け，式 (5.11) に v_g を掛けると，それぞれ，

$$\left(\frac{\partial}{\partial t}+u_g\frac{\partial}{\partial x}+v_g\frac{\partial}{\partial y}\right)\left(\frac{1}{2}u_g^2\right)=f_0 v_a u_g+\beta y v_g u_g$$

$$\left(\frac{\partial}{\partial t}+u_g\frac{\partial}{\partial x}+v_g\frac{\partial}{\partial y}\right)\left(\frac{1}{2}v_g^2\right)=-f_0 u_a v_g-\beta y u_g v_g$$

が得られる．2 式をたし，$(\partial u_g/\partial x)+(\partial v_g/\partial y)=0$ であることを考慮すると，

$$\frac{\partial K}{\partial t}+\frac{\partial(u_g K)}{\partial x}+\frac{\partial(v_g K)}{\partial y}=f_0(v_a u_g-u_a v_g) \tag{5.40}$$

となる．ここで，K は単位質量あたりの運動エネルギーで，

$$K\equiv\frac{1}{2}(u_g^2+v_g^2) \tag{5.41}$$

である．そして，連続の式と静水圧平衡の式を用いると，

$$f_0(v_a u_g-u_a v_g)=-\left(v_a\frac{\partial\phi}{\partial y}+u_a\frac{\partial\phi}{\partial x}\right)$$

$$=-\left(\frac{\partial\phi v_a}{\partial y}+\frac{\partial\phi u_a}{\partial x}+\frac{\partial\phi\omega}{\partial p}+\omega\alpha\right) \tag{5.42}$$

と変形できる．式 (5.42) を式 (5.40) に代入し，いま考えている容積全体について積分する．φ を任意の従属変数とするとき，積分値を，

$$\langle\varphi\rangle\equiv\iiint\varphi dx dy dp=g\iiint\rho\varphi dx dy dz \tag{5.43}$$

という記号で表す．その積分のさいに，x と y の積分の両端では速度がゼロであるか，あるいは変数は周期的に変わっていて，片方の端における値はもう一方の端における値に等しいと仮定する．また ω は大気の上端と下端

でゼロと仮定する．すなわち，

$$\left\langle \frac{\partial \varphi}{\partial x} \right\rangle = 0, \quad \left\langle \frac{\partial \varphi}{\partial y} \right\rangle = 0, \quad \left\langle \frac{\partial \varphi}{\partial p} \right\rangle = 0 \tag{5.44}$$

と仮定する．そのときには，積分の結果，

$$\frac{\partial \langle K \rangle}{\partial t} = -\langle \omega \alpha' \rangle \tag{5.45}$$

が得られる．右辺で$\langle \omega \alpha \rangle$でなく，$\langle \omega \alpha' \rangle$としたのは，ある等圧面上で積分した$\omega$の値は上記の仮定によりゼロであるから，$\alpha$を基本状態の$\alpha_0$とそれからの偏差$\alpha'$に分けた結果である．

次に，熱力学の式(5.18)にα'を掛けると，

$$\left(\frac{\partial}{\partial t} + u_g \frac{\partial}{\partial x} + v_g \frac{\partial}{\partial y} \right)\left(\frac{1}{2} \alpha'^2 \right) - S_0 \omega \alpha' = \frac{R_d}{C_p p} \dot{Q} \alpha' \tag{5.46}$$

が得られる．これを容積積分すると，

$$\frac{\partial}{\partial t} \left\langle \frac{\alpha'^2}{2 S_0} \right\rangle = \langle \omega \alpha' \rangle + \frac{R_d}{C_p} \left\langle \frac{\dot{Q} \alpha'}{p S_0} \right\rangle \tag{5.47}$$

となる．そこで，式(5.45)と式(5.47)を加え合わせると，

$$\frac{\partial}{\partial t} \left(\langle K \rangle + \left\langle \frac{\alpha'^2}{2 S_0} \right\rangle \right) = \frac{R_d}{C_p} \left\langle \frac{\dot{Q} \alpha'}{p S_0} \right\rangle \tag{5.48}$$

が得られる．S_0は正であるから，式(5.48)の左辺2項はいずれも正であり，これをエネルギーとみることができる．第1項は容積全体の運動エネルギーを表す．第2項が準地衡風の世界の有効位置エネルギーである．αでなく，基本状態α_0からの偏差α'を考えているところに，3.4節で述べた「有効」位置エネルギーの精神が生かされている．式(5.48)は，摩擦の影響を無視し，断熱変化を仮定すると，いま考えている力学系全体の運動エネルギーと有効位置エネルギーの和が保存されることを示す．そして式(5.45)と式(5.47)には$\langle \omega \alpha' \rangle$という項が符号を逆にして入っており，これが運動エネルギーと有効位置エネルギーの間の変換を表していることは明瞭である．密度が小さいところで($\alpha' > 0$)上昇気流($\omega < 0$)があり，密度が大きいところで下降気流があれば，$\langle \omega \alpha' \rangle < 0$である．これは相対的に軽い空気が上昇し，重い空気が下降しているのだから，系全体の重心の位置が下がり，位置のエネルギーが減り，その分が運動エネルギーとなったことを示す．式(5.48)の右辺は，相対的に密度が小さいところで加熱され，密度が大きいところで

冷却されると，有効位置エネルギーが増大することを示す．

5.4 オメガ方程式

準地衡風の世界では，風（水平気流）はいつでもどこでも地衡風であり，温位も水蒸気も運動量もすべて地衡風で移流される．しかし鉛直流はちゃんと存在する．2次元ラプラシアン（Laplacian）という偏微分を，

$$\nabla_h^2 \equiv \frac{\partial^2}{\partial x^2} + \frac{\partial^2}{\partial y^2} \tag{5.49}$$

で定義する．断熱過程を仮定し，式(5.23)をpで微分し，式(5.18)に∇_h^2を作用させて，引き算をすると，時間微分を含む項が消えて，

$$\left(S_0 \nabla_h^2 + f_0^2 \frac{\partial^2}{\partial p^2}\right)\omega = F_1 + F_2 \tag{5.50}$$

が得られる．ここで，

$$F_1 = f_0 \frac{\partial}{\partial p}\left\{u_g \frac{\partial(\zeta_g + f)}{\partial x} + v_g \frac{\partial(\zeta_g + f)}{\partial y}\right\} \tag{5.51}$$

$$F_2 = \nabla_h^2 \left\{u_g \frac{\partial}{\partial x}\left(-\frac{\partial \phi'}{\partial p}\right) + v_g \frac{\partial}{\partial y}\left(-\frac{\partial \phi'}{\partial p}\right)\right\} \tag{5.52}$$

である．ある時刻にϕ'の分布が与えられていれば，式(5.50)の右辺が計算できるから，この3次元のポアソン方程式の解として，その時刻のωを決めることができる．式(5.50)をオメガ方程式という．4.3節の言い方を使うと，式(5.50)は右辺の強制項が誘起したωの分布を決める式とみることができる．

少し大雑把な議論になるが，ふつうωの値は地表面と圏界面では小さく，中層（500 hPaあたり）で極大となる．それで波状の擾乱に伴うωの分布が，

$$\omega = \hat{\omega} \sin kx \sin ly \sin\left(\frac{\pi p}{p_G}\right) \tag{5.53}$$

で与えられたとする．$\hat{\omega}$が振幅，p_Gが地上気圧で，両者とも定数とする．このとき，式(5.50)の左辺は，

$$\left(S_0 \nabla_h^2 + f_0^2 \frac{\partial^2}{\partial p^2}\right)\omega = -\left\{S_0(k^2 + l^2) + \left(\frac{f_0 \pi}{p_G}\right)^2\right\}\omega \tag{5.54}$$

となる．すなわち，式(5.50)の左辺はωにある係数をつけ，符号を逆にしたものに等しい．現実のωの分布は式(5.53)のような単純な関数形ではな

いが，式 (5.50) の左辺は $-\omega$ に比例するとして，定性的な議論をすることが多い．本書でもしばしばそうする．

さて，式 (5.50) の右辺は 2 つの項からなる．F_1 は地衡風による絶対渦度の移流の高度変化に比例する．ふつうトラフの部分で ζ_g は極大であるから，トラフの東側で南西風が吹いている部分では，正の渦度の移流があり，$\boldsymbol{v}_g \cdot \nabla_h (\zeta_g + f) < 0$ である．たとえば 700 hPa の ω を考えると，ふつう 500 hPa の $\boldsymbol{v}_g$ と ζ_g の方が 850 hPa のそれより大きい．それで $\partial \{\boldsymbol{v}_g \cdot \nabla_h (\zeta_g + f)\}/\partial p > 0$ である．したがって F_1 による ω は負である．すなわちトラフの軸の東側では上昇流が期待される．これを簡単に正の渦度移流の高度変化による上昇流ということがある．

次に，F_2 は地衡風による温度の移流の ∇_h^2 に比例する．前の ω のときの議論と同じく，$\nabla_h^2(\ )$ は $(\ )$ に比例して，ただ符号が逆とみることができる．そうすると，暖気移流がある地域では，$\boldsymbol{v}_g \cdot \nabla_h \alpha' \propto \boldsymbol{v}_g \cdot \nabla_h T' < 0$ であるから，$\nabla_h^2 (\boldsymbol{v}_g \cdot \nabla_h \alpha') > 0$ である．すなわち，F_2 による $\omega < 0$ であり，上昇流が期待される．これを簡単に暖気移流による上昇気流ということがある．反対に，寒気移流の地域は下降気流である．

しかし，現実の（つまり式 (5.50) で計算された）ω の分布は F_1 と F_2 の和によって決まる．もし F_1 と F_2 のどちらかが他方に比べて圧倒的に大きいということがあれば，現実の ω は渦度移流による鉛直流とか温度移流による鉛直流とか解釈してもよいが，実際には，いつもそうであるとは限らない．F_1 と F_2 が違った符号をもつこともある．そうなるには理由があって，実は F_1 と F_2 の中には共通項があって，しかもそれが反対の符号をもっているのである．

すなわち，F_1 と F_2 の中の微分を遂行して成分に分解すると，

$$F_1 = A + B + C$$
$$F_2 = A - B - 2\Lambda \tag{5.55}$$

となる (Trenberth, 1978)．ここで，

$$A \equiv f_0 \left(\frac{\partial u_g}{\partial p} \nabla_h^2 v_g - \frac{\partial v_g}{\partial p} \nabla_h^2 u_g \right)$$

$$B \equiv f_0 \left(u_g \nabla_h^2 \frac{\partial v_g}{\partial p} - v_g \nabla_h^2 \frac{\partial u_g}{\partial p} \right)$$

$$C \equiv f_0 \frac{\partial v_g}{\partial p} \frac{df}{dy} \tag{5.56}$$

$$\Lambda \equiv \frac{f_0}{2}\left(X\frac{\partial Y}{\partial p} - Y\frac{\partial X}{\partial p}\right)$$

$$X \equiv \frac{\partial u_g}{\partial x} - \frac{\partial v_g}{\partial y}, \quad Y \equiv \frac{\partial v_g}{\partial x} + \frac{\partial u_g}{\partial y}$$

である．C 項はいわゆるベータ効果を表し，一般的に小さい．Λ の中の X と Y は変形の速度を表し (第 8 章参照)，A 項と B 項に比べると一般的に重要でない．ところが A 項は F_1 と F_2 の両者に含まれている．B 項は符号を変えて F_1 と F_2 に含まれている．それで，仮に $\Lambda = 0$ と仮定すれば，$F_1 + F_2 \approx 2A$ となる．これでは，ω の分布図からは，渦度の移流による ω か温度移流による ω か区別できない．

F_1 と F_2 の間に相殺する項があることは，次のような仮想的な (しかし実際にかなり近い) 場合にもっと明瞭に示すことができる．いま，ある等圧面上で一様な西風に波動が重なっていて，そのジオポテンシャルが，

$$\phi = -Uf_0 y + \hat{\phi}\sin(kx+\epsilon) \tag{5.57}$$

で表現されるとする．ここで波動は y 方向には無関係とし，波動の振幅 $\hat{\phi}$ と位相角 ϵ および U は p だけの関数とする．本書では，$(\dot{\ })$ の記号は時間についての個別微分を表すのに使っているが，以下本節と次節に限っては p についての微分を表すとする．ジオポテンシャルが式 (5.57) で与えられているときには，ほかの変数は次のようになる．

$$\begin{aligned}
u_g &= U \\
v_g &= \frac{1}{f_0}\hat{\phi}k\cos(kx+\epsilon) \\
\zeta_g &= -\frac{1}{f_0}\hat{\phi}k^2\sin(kx+\epsilon) \\
\alpha &= \dot{U}f_0 y - \dot{\hat{\phi}}\sin(kx+\epsilon) - \hat{\phi}\dot{\epsilon}\cos(kx+\epsilon)
\end{aligned} \tag{5.58}$$

簡単化のため，f は一定とし，式 (5.58) を用いて式 (5.50) の F_1 と F_2 を計算すると，

$$F_1 = k^3\{(-U\dot{\hat{\phi}} - \hat{\phi}\dot{U})\cos(kx+\epsilon) + U\hat{\phi}\dot{\epsilon}\sin(kx+\epsilon)\} \tag{5.59}$$

$$F_2 = k^3\{(U\dot{\hat{\phi}} - \hat{\phi}\dot{U})\cos(kx+\epsilon) - U\hat{\phi}\dot{\epsilon}\sin(kx+\epsilon)\} \tag{5.60}$$

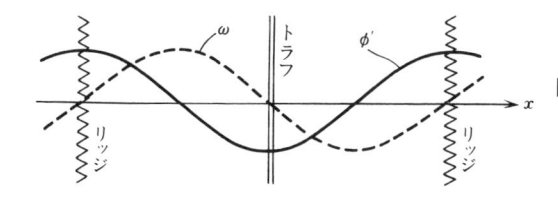

図5.2 $\dot{U}<0$ の場合の式(5.57)のジオポテンシャルと、それに伴う ω の分布の位相関係

が得られる。そして、

$$F_1+F_2=-2k^3\hat{\phi}\dot{U}\cos(kx+\epsilon) \tag{5.61}$$

となる。すなわち、F_1 と F_2 にはそれぞれ3項あるが、その中の1項だけが生き残り、他の2項は相殺する。しかも生き残った項は F_1 と F_2 で全く同じである。だから、F_1 を渦度の移流項、F_2 を温度の移流項と解釈するのは、あまり適当でないことがわかる。

すでに述べたように、F_1+F_2 は $-\omega$ に比例するとみてよい。また中緯度では一般場の西風は高度とともに増すとみてよいから、$\dot{U}<0$ である。このときには、式(5.57)と式(5.61)を比較するとわかるように、トラフとその下流のリッジの間は上昇流である（図5.2）。ω の極小値（鉛直速度 w の最大値）はトラフの下流（東側）1/4波長のところに位置している。そして、（少し意外かもしれないが）このことは波動が発達中か否かには関係ない。波動が式(5.57)の形をしていて、$\dot{U}<0$ ならばいつもそうなっている。

この波動が発達中かどうかは、位相角 ϵ の高度変化 $\dot{\epsilon}$ に依存する。F_1+F_2 が $-\omega$ に比例するとして、式(5.58)の α と組み合わせて $\omega\alpha$ を1波長について平均すると、

$$\overline{\omega\alpha}\propto-(\hat{\phi}^2k^3)\dot{U}\dot{\epsilon}$$

が得られる。それで再び $\dot{U}<0$ の場合、もし $\dot{\epsilon}<0$ ならば $\overline{\omega\alpha}<0$ となり、これは位置のエネルギーが波動の運動エネルギーに変換されつつある状態を表す。そして、$\dot{\epsilon}<0$ というのは、トラフの軸が高度とともに西に傾いていることを示す。そしてこのときには、静水圧平衡により $(\partial\phi'/\partial p=-\alpha')$、サーマルトラフ（気温の谷）の軸はトラフの軸の上流側（西側）にある。すでに述べたように、波動が発達中と否とにかかわらず、トラフとその下流のリッジの間は上昇流であった。それに加えてこんどはそこに相対的に暖かい空気があるので、波動は発達中となったわけである。この構造は5.6節で述べる傾圧不安定波のそれと同じである。

今日では，日々の予報業務の中で，ω の分布はプリミティブ・モデルに基づく数値予報の出力の一部として配布されている．そうして決められた ω に，式 (5.50) のオメガ方程式に基づく解釈，すなわち，渦度の移流の高度変化による鉛直流であるとか，暖気の移流による上昇流であるとかの解釈を与えることがある．しかし，そう解釈をするためには，F_1 と F_2 の一方が桁はずれに小さいことを確認する必要がある．次節で述べるように，オメガ方程式には Q ベクトルを使った新しい形のものがあり，そこでは 2 つの項の相殺ということがない．またその形では，渦度の移流なしで，暖気の移流は上昇流に，寒気の移流は下降流に結びつけられるので，近年では式 (5.50) の形のオメガ方程式はあまり使われない．本書では以後使用しない．

5.5 Q ベクトルとソーヤー・エリアッセンの鉛直循環

気象学の入門者に大気の流れを説明するとき，最初に遭遇する難関はコリオリ力の説明である．それを通過したあとの難関は地衡風である．気圧傾度力とコリオリ力が釣り合った状態で吹いている風を地衡風といい，総観気象の風は地衡風に近いと説明するが，ここで出る質問は，2 つの力が平衡状態にあったら，どうして地衡風は時間的に変化できるのかである．これの答えは比較的簡単で，現実の風は完全には地衡風ではなく，それから少しずれた非地衡風成分というものがあって，それが地衡風を変化させるのだと答えればよい（このことを数式で表現したのが式 (5.10) と (5.11) の運動方程式である）．もう 1 つ別の答えは，一般的に，どの等圧面上でも温度は一様に分布していないから，温度移流により温度の分布が変わる．そうなれば静水圧平衡により気圧の分布が変わる．その気圧傾度力にバランスして地衡風も変わる，というものである．しかし，この 2 つの答えに含まれていないのは，2 つの等圧面上の地衡風は別々に変化するのではなくて，いつも温度風の関係を満足するように変化しているはずであるが，どうしてそのような器用なことができるかである．実は，それをするのが非地衡風成分の役目であり，これによって上記の一見違った 2 つの答えが統一される．本節ではその事情を説明しながら，式 (5.50) とは違った形のオメガ方程式を導く．

議論を簡単にするために，ベータ効果は無視すると，運動方程式は式

(5.10) と (5.11) より,
$$\frac{d_g u_g}{dt} = f_0 v_a, \quad \frac{d_g v_g}{dt} = -f_0 u_a \tag{5.62}$$
である。連続の式は式 (5.13) により,
$$\frac{\partial u_a}{\partial x} + \frac{\partial v_a}{\partial y} + \frac{\partial \omega}{\partial p} = 0 \tag{5.63}$$
である。温度風の関係は,式 (5.28) により,
$$f_0 \frac{\partial u_g}{\partial p} = \frac{R_d}{p} \frac{\partial T}{\partial y}, \quad f_0 \frac{\partial v_g}{\partial p} = -\frac{R_d}{p} \frac{\partial T}{\partial x} \tag{5.64}$$
である。断熱変化を仮定すると,熱力学の式は,式 (5.18) を温度 T を用いて書き直して,
$$\frac{d_g T}{dt} - \left(\frac{p}{R_d}\right) S_0 \omega = 0 \tag{5.65}$$
である。

本論に入り,温度風の式 (5.64) に d_g/dt を作用させる。まず右辺は,p は d_g/dt で微分されないことを考慮して,
$$\begin{aligned}
\frac{d_g}{dt}\left(\frac{R_d}{p}\frac{\partial T}{\partial y}\right) &= \frac{R_d}{p}\left(\frac{\partial^2 T}{\partial t \partial y} + u_g \frac{\partial^2 T}{\partial x \partial y} + v_g \frac{\partial^2 T}{\partial y^2}\right) \\
&= \frac{R_d}{p}\left\{\frac{\partial}{\partial y}\left(\frac{\partial T}{\partial t} + u_g \frac{\partial T}{\partial x} + v_g \frac{\partial T}{\partial y}\right) - \frac{\partial u_g}{\partial y}\frac{\partial T}{\partial x} - \frac{\partial v_g}{\partial y}\frac{\partial T}{\partial y}\right\} \\
&= \frac{R_d}{p}\left\{\frac{\partial}{\partial y}\left(\frac{d_g T}{dt}\right) - \frac{\partial u_g}{\partial y}\frac{\partial T}{\partial x} - \frac{\partial v_g}{\partial y}\frac{\partial T}{\partial y}\right\}
\end{aligned} \tag{5.66}$$
と順次に変形し,$d_g T/dt$ に式 (5.65) を代入して整理すると,
$$\frac{d_g}{dt}\left(\frac{R_d}{p}\frac{\partial T}{\partial y}\right) = S_0 \frac{\partial \omega}{\partial y} + Q_y \tag{5.67}$$
を得る。ここで,
$$Q_y \equiv -\frac{R_d}{p}\left(\frac{\partial u_g}{\partial y}\frac{\partial T}{\partial x} + \frac{\partial v_g}{\partial y}\frac{\partial T}{\partial y}\right) = -\frac{R_d}{p}\frac{\partial \boldsymbol{v}_g}{\partial y}\cdot \nabla_h T \tag{5.68}$$
である。あるいは,$(\partial u_g/\partial x)+(\partial v_g/\partial y)=0$ の関係を用いると,
$$Q_y \equiv -\frac{R_d}{p}\left(\frac{\partial u_g}{\partial y}\frac{\partial T}{\partial x} - \frac{\partial u_g}{\partial x}\frac{\partial T}{\partial y}\right) \tag{5.69}$$
と書くこともできる。

同じようにして,温度風の左辺を微分したものは,
$$\frac{d_g}{dt}\left(f_0 \frac{\partial u_g}{\partial p}\right) = f_0\left\{\frac{\partial}{\partial p}\left(\frac{d_g u_g}{dt}\right) - \frac{\partial u_g}{\partial p}\frac{\partial u_g}{\partial x} - \frac{\partial v_g}{\partial p}\frac{\partial u_g}{\partial y}\right\} \tag{5.70}$$

となるが，式 (5.62) と温度風の式を用いると，

$$\frac{d_g}{dt}\left(f_0\frac{\partial u_g}{\partial p}\right)=f_0{}^2\frac{\partial v_a}{\partial p}-Q_y \tag{5.71}$$

と書ける．Q_y は式 (5.69) と同じである．

準地衡風でなく，純粋な地衡風の世界を考えれば，非地衡風成分は $\omega=v_a=0$ である．このときには，式 (5.67) と式 (5.71) は，

$$\frac{d_g}{dt}\left(\frac{R_d}{p}\frac{\partial T}{\partial y}\right)=Q_y, \quad \frac{d_g}{dt}\left(f_0\frac{\partial u_g}{\partial p}\right)=-Q_y \tag{5.72}$$

となる．この両式には，同じ Q_y が符号を変えて含まれている．つまり，Q_y は温度風というバランスを崩そうと絶えず働いている．もともと温度風は地衡風を鉛直方向に微分したものであるから，地衡風と温度風は双子みたいな関係である．Q_y は地衡風と温度の分布で決まる．地衡風に伴う温度移流により，温度分布は変わる．静水圧平衡の関係により気圧の分布が変わる．風がもとのままでは地衡風が成り立たない．ところが風の鉛直傾度の方は $-Q_y$ により，むしろ逆のセンスに変わる．この意味で温度風は自己破壊型の運動であり，絶えず温度風平衡からはずれようとしている．しかし準地衡風の世界では温度風のバランスは固持されなければならない．密度の場（気圧の場）と流れの場を同時に調整して，温度風の関係を維持するのが非地衡風成分 ω と v_a である．すなわち，準地衡風の世界では式 (5.67) と (5.71) の右辺は等しくなければならない．この要請から，

$$S_0\frac{\partial \omega}{\partial y}-f_0{}^2\frac{\partial v_a}{\partial p}=-2Q_y \tag{5.73}$$

が成り立つ．あるいは，

$$v_a=-\frac{\partial \psi}{\partial p}, \quad \omega=\frac{\partial \psi}{\partial y} \tag{5.74}$$

で鉛直断面 $(y, p$ 面$)$ 内の流線関数 ψ を定義すると，ψ を決める式は，

$$S_0\frac{\partial^2 \psi}{\partial y^2}+f_0{}^2\frac{\partial^2 \psi}{\partial p^2}=-2Q_y \tag{5.75}$$

である．4.3 節において，水平面上の 2 次元運動について，渦度が与えられたとき，それによって誘起される運動の流線関数は式 (4.41) で決められることをみた．物理的な意味は違うが，数学的には，Q_y によって鉛直断面内に誘起される運動は同じ 2 次元のポアソン方程式 (5.75) によって決められ

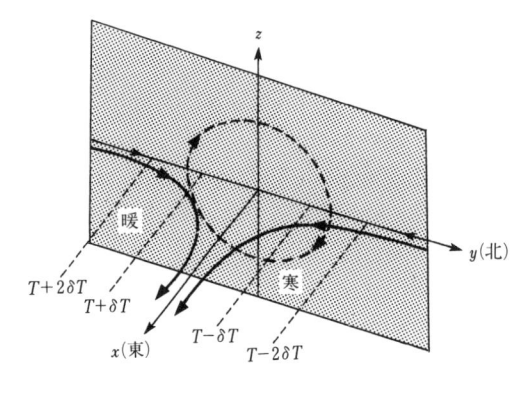

図5.3 変形の流れによって誘起されるソーヤー・エリアッセンの準地衡風鉛直循環の説明図

るのである．そしてこの鉛直循環が大気の密度分布と風の間を調整して，温度風の関係を維持しようとしているのである．

具体的な例を考えよう．図5.3に示す状況では，等温線は東西に走り，温度は x に無関係で，北ほど低い．したがって，東に向かう温度風がある．これに加えて，$u_g = ax$, $v_g = -ay$（a は一定値で $a>0$）という高度によらない地衡風が吹いているとする．この u_g と v_g は第8章で述べる変形の流れであるが，いまはそれはさておき，$y=0$ という緯度を境として，それより低緯度側には暖気移流，高緯度側には寒気移流があり，$y=0$ では前線形成が起こっている（等温線が密集し，温度の南北傾度が増大している）．それとともに，この状況では鉛直断面内でどこでも $\partial T/\partial y < 0$, $\partial v_g/\partial y < 0$ であるから，式(5.68)から計算した Q_y はどこでも負である．すなわち，式(5.75)の右辺は正である．4.3節の2次元水平運動において，正の鉛直渦度によって反時計回りの回転運動が誘起されるのをみた．p 系では z 系と鉛直軸の向きが逆なので，すぐあとの図5.4で説明する理由により，図5.3の鉛直断面内で x 軸の負の方向を向いて，時計回りの回転運動が誘起される．すなわち，暖気側で上昇気流，寒気側で下降気流という循環（これを直接循環という）が誘起される．これがソーヤー(Sawyer, 1956)やエリアッセン(Eliassen, 1962)が最初に議論した準地衡風による前線のまわりの鉛直循環である．

式(5.75)の右辺を慣習により強制項と呼ぶことにする．大気の一部分で強制項がゼロでない領域があるとして，その位置を (y, p) 面の座標の中心にとる（図5.4）．図(a)の循環の場合には，

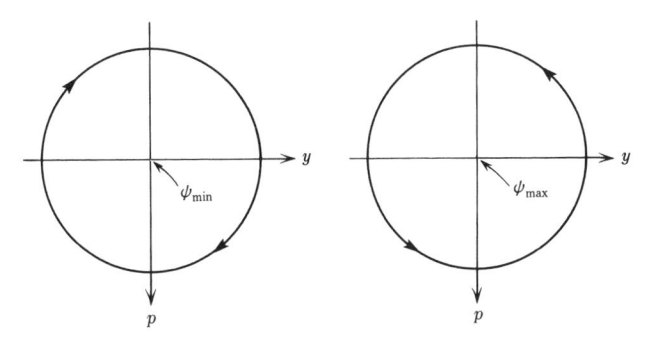

5.5 Qベクトルとソーヤー・エリアッセンの鉛直循環

(a) 強制項>0のとき　　　(b) 強制項<0のとき

図5.4 鉛直断面 (y, p 面) 上の鉛直循環の向きと強制項の正負の関係

$$-\frac{\partial v_\mathrm{a}}{\partial p}=\frac{\partial^2 \psi}{\partial p^2}>0, \quad \frac{\partial \omega}{\partial y}=\frac{\partial^2 \psi}{\partial y^2}>0 \tag{5.76}$$

であるから，強制項>0 であり，ψ は中心で最小となる．図(b)の場合には，$\partial^2\psi/\partial p^2$, $\partial^2\psi/\partial y^2$ はともに負であるから，強制項<0 で，ψ は中心で最大となる．実例は図7.24のポーラーローにある．

上記の議論はもっと一般化することができる．もう一方の温度風の式 (5.64) の左右両辺に d_g/dt を作用させて，全く同じような演算をすると，

$$S_0\frac{\partial \omega}{\partial x}-f_0^2\frac{\partial u_\mathrm{a}}{\partial p}=-2Q_x \tag{5.77}$$

が得られる．ただし，

$$Q_x\equiv-\frac{R_\mathrm{d}}{p}\left(\frac{\partial u_\mathrm{g}}{\partial x}\frac{\partial T}{\partial x}+\frac{\partial v_\mathrm{g}}{\partial x}\frac{\partial T}{\partial y}\right)=-\frac{R_\mathrm{d}}{p}\frac{\partial \boldsymbol{v}_\mathrm{g}}{\partial x}\cdot\nabla_\mathrm{h}T \tag{5.78}$$

である．ここで，式 (5.73) を y で微分し，式 (5.77) を x で微分して加え合わせ，連続の式 (5.63) を用いると，

$$S_0\nabla_\mathrm{h}^2\omega+f_0\frac{\partial^2 \omega}{\partial p^2}=-2\nabla_\mathrm{h}\cdot\boldsymbol{Q} \tag{5.79}$$

という新しい形のオメガ方程式が得られる (Hoskins et al., 1978)．ベクトル $\boldsymbol{Q}$ の成分 (Q_x, Q_y) はそれぞれ式 (5.69) と (5.78) で与えられる．この $\boldsymbol{Q}$ を Q ベクトルという．この式によれば，Q ベクトルの収束がある地域には上昇流があり，発散の地域には下降流がある．

例として，等圧面上で一様な偏西風 U に，y に無関係な波動が重なったときのジオポテンシャルの分布，式 (5.57) を考える．式 (5.58) で与えられた u_g, v_g, α を用い，等圧面上で α は T に比例することを考慮して，Q ベクトルの成分を計算すると，

$$Q_x = U\hat{\phi}k^2 \sin(kx+\epsilon), \quad Q_y = 0 \tag{5.80}$$

が得られるから，

$$-2\nabla_h \cdot \boldsymbol{Q} = -2k^3 \hat{\phi} \dot{U} \cos(kx+\epsilon) \tag{5.81}$$

となり，強制項は前に得た式 (5.61) と一致する．しかも今回は項が相殺することがない．

もっと現実的な，発達中の温帯低気圧の例が図 5.5 である．700 hPa では，トラフの西にサーマルトラフがあり，地上の低気圧はその東方に位置している（図(a)）．地上の寒冷前線の西方に 700 hPa の Q ベクトルの発散があり，下降流の存在を示している（図(b)）．Q ベクトルの収束（上昇流）が最も強いのは，地上の低気圧の中心のやや北方で，上昇流域はそこから南へ，寒冷前線の上に延びている．この分布は，気象衛星の雲画像でみればコンマ状の雲域として認められる．

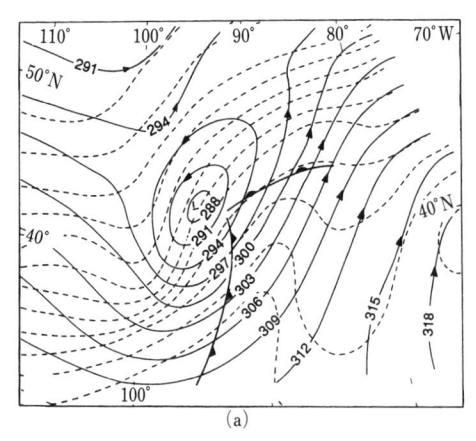

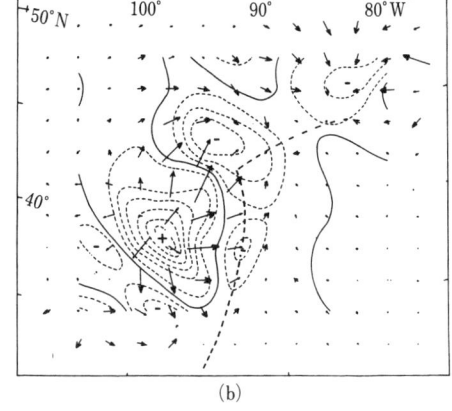

(a)実線は等ジオポテンシャル高度 (30 m おき)，破線は等温線 (2℃おき)．地衡風の向きは矢印で示す．地表面の前線の位置が通常の記号で描かれている．

(b)温度と地衡風の場から計算された Q ベクトル．破線は 1×10^{-16} m^{-1} s^{-3} おきに描いた $(2g/\theta_0)\nabla_h \cdot \boldsymbol{Q}$ の等値線で，値 0 の線だけが実線．

図 5.5 発達中の傾圧波を示す 700 hPa の天気図 (Hoskins and Pedder, 1980)

5.6 傾圧不安定波

5.6.1 傾圧不安定波の線形理論

中緯度の高層天気図をみると,ほとんどいつも等高線は波を打っている.地球をひと回りした緯線に沿って,その波の数は日によって違いはあるが,平均すると,大体7個くらいである(Carlson, 1991).波長(気圧の谷から次の谷までの距離)にすると約 3,500 km である.どうして,このような波長をもつ波が存在するのかを説明するのが傾圧不安定波の理論である.それをできるだけ簡単な数式を用いて議論するのが本節の目的である.まず,$\psi \equiv \phi/f_0$ で定義された地衡風流線関数 ψ を用いると,地衡風の式(5.6)と地衡風の渦度は,それぞれ,

$$u_g = -\frac{\partial \psi}{\partial y}, \quad v_g = \frac{\partial \psi}{\partial x}, \quad \zeta_g = \nabla_h^2 \psi \tag{5.82}$$

と書ける.また,準地衡風の渦度方程式(5.23)と熱力学の第1法則(5.18)は,それぞれ次のようになる.

$$\frac{\partial}{\partial t}\nabla_h^2 \psi + \boldsymbol{v}_g \cdot \nabla_h(\nabla_h^2 \psi) + \beta \frac{\partial \psi}{\partial x} = f_0 \frac{\partial \omega}{\partial p} \tag{5.83}$$

$$\frac{\partial}{\partial t}\left(\frac{\partial \psi}{\partial p}\right) = -\boldsymbol{v}_g \cdot \nabla_h\left(\frac{\partial \psi}{\partial p}\right) - \frac{S_0}{f_0}\omega \tag{5.84}$$

ここで,図5.6のように,大気を0,2,4と番号をつけた等圧面で区切られた2つの層で代表されると考える.これらの等圧面はそれぞれ気圧が0,500,1,000 hPa であるとする.ここで渦度方程式(5.83)をレベル1と3で

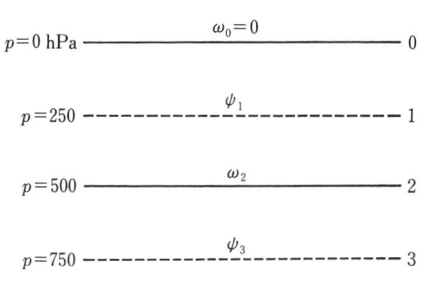

図5.6 2層傾圧モデルにおける鉛直方向の従属変数の配置の仕方

適用する．そのためには，そのレベルにおける $(\partial \omega/\partial p)$ の値を知らなくてはならないが，それは，

$$\left(\frac{\partial \omega}{\partial p}\right)_1 \approx \frac{\omega_2 - \omega_0}{\Delta p}, \quad \left(\frac{\partial \omega}{\partial p}\right)_3 \approx \frac{\omega_4 - \omega_2}{\Delta P} \tag{5.85}$$

のように，微分でなく微差で近似する．ΔP はレベル2と0，4と2の気圧差である．さらにレベル0では $\omega_0=0$ であるし，レベル4は平坦で $\omega_4=0$ と近似できるとすると，渦度方程式は，

$$\frac{\partial}{\partial t}\nabla_h^2\psi_1 + \boldsymbol{v}_{g1}\cdot\nabla_h(\nabla_h^2\psi_1) + \beta\frac{\partial \psi_1}{\partial x} = \frac{f_0}{\Delta P}\omega_2 \tag{5.86}$$

$$\frac{\partial}{\partial t}\nabla_h^2\psi_3 + \boldsymbol{v}_{g3}\cdot\nabla_h(\nabla_h^2\psi_3) + \beta\frac{\partial \psi_3}{\partial x} = -\frac{f_0}{\Delta P}\omega_2 \tag{5.87}$$

となる．

次に熱力学の第1法則 (5.84) をレベル2で適用する．そのさい，レベル2における $(\partial \psi/\partial p)$ を，

$$\left(\frac{\partial \psi}{\partial p}\right)_2 \approx \frac{\psi_3 - \psi_1}{\Delta P}$$

のように微差で近似すると，

$$\frac{\partial}{\partial t}(\psi_1 - \psi_3) = -\boldsymbol{v}_{g2}\cdot\nabla_h(\psi_1 - \psi_3) + \frac{S_0\Delta P}{f_0}\omega_2 \tag{5.88}$$

が得られる．式 (5.88) の右辺第1項は 500 hPa 面での地衡風による 250–750 hPa の層厚の移流を表しているが，この簡単なモデルでは 500 hPa での流線関数 ψ_2 は従属変数として使っていない．それで，250 hPa と 750 hPa の間で内挿して，

$$\psi_2 \approx \frac{\psi_1 + \psi_3}{2}$$

と近似する．

こうして，この簡単な2層モデルでは，ψ_1, ψ_3, ω_2 という3個の従属変数に対して，方程式は (5.86)，(5.87)，(5.88) と3個ある．

ここで，レベル1と3では，水平面上で一様な基本流 U に x と t だけに依存する擾乱が重なった状況を考える．すなわち，

$$\begin{aligned}\psi_1 &= -U_1 y + \psi_1{}'(x, t)\\ \psi_3 &= -U_3 y + \psi_3{}'(x, t)\\ \omega_2 &= \omega_2{}'(x, t)\end{aligned} \tag{5.89}$$

とする．したがって，擾乱は南北方向の風と鉛直流だけをもつ．式 (5.89) を式 (5.86)–(5.88) に代入し，線形項だけを考えると，

$$\left(\frac{\partial}{\partial t}+U_1\frac{\partial}{\partial x}\right)\frac{\partial^2\psi_1'}{\partial x^2}+\beta\frac{\partial\psi_1'}{\partial x}=\frac{f_0}{\Delta P}\omega_2' \tag{5.90}$$

$$\left(\frac{\partial}{\partial t}+U_3\frac{\partial}{\partial x}\right)\frac{\partial^2\psi_3'}{\partial x^2}+\beta\frac{\partial\psi_3'}{\partial x}=-\frac{f_0}{\Delta P}\omega_2' \tag{5.91}$$

$$\left(\frac{\partial}{\partial t}+U_\mathrm{m}\frac{\partial}{\partial x}\right)(\psi_1'-\psi_3')-U_\mathrm{T}\frac{\partial}{\partial x}(\psi_1'+\psi_3')=\frac{S_0\Delta P}{f_0}\omega_2' \tag{5.92}$$

が得られる．この式の中で，

$$U_\mathrm{m}\equiv\frac{U_1+U_3}{2},\quad U_\mathrm{T}\equiv\frac{U_1-U_3}{2} \tag{5.93}$$

である．すなわち，U_m は鉛直方向に平均した基本流であり，U_T は ΔP 間の平均の温度風の半分を表している．

ここで，従属変数として，ψ_1' と ψ_3' の代りに，

$$\psi_\mathrm{m}\equiv\frac{\psi_1'+\psi_3'}{2},\quad \psi_\mathrm{T}\equiv\frac{\psi_1'-\psi_3'}{2} \tag{5.94}$$

で定義される ψ_m と ψ_T を導入する．ψ_m は上層と下層の擾乱の平均，あるいは上層と下層に共通した擾乱の成分を表すもので，これを擾乱の順圧（バロトロピック）成分と呼ぶ．ψ_T は上層と下層の擾乱の差を表すもので，擾乱の傾圧（バロクリニック）成分と呼ぶ．式 (5.90) と (5.91) を辺々足すと，ω_2' が消えて，

$$\left(\frac{\partial}{\partial t}+U_\mathrm{m}\frac{\partial}{\partial x}\right)\frac{\partial^2\psi_\mathrm{m}}{\partial x^2}+\beta\frac{\partial\psi_\mathrm{m}}{\partial x}+U_\mathrm{T}\frac{\partial}{\partial x}\left(\frac{\partial^2\psi_\mathrm{T}}{\partial x^2}\right)=0 \tag{5.95}$$

が得られる．一方，式 (5.90) から式 (5.91) を引いて，式 (5.92) と組み合わせると，

$$\left(\frac{\partial}{\partial t}+U_\mathrm{m}\frac{\partial}{\partial x}\right)\left(\frac{\partial^2\psi_\mathrm{T}}{\partial x^2}-2\mu^2\psi_\mathrm{T}\right)+\beta\frac{\partial\psi_\mathrm{T}}{\partial x}+U_\mathrm{T}\frac{\partial}{\partial x}\left(\frac{\partial^2\psi_\mathrm{m}}{\partial x^2}+2\mu^2\psi_\mathrm{m}\right)=0 \tag{5.96}$$

が得られる．ここで，$\mu^2\equiv f_0^2\{S_0(\Delta P)^2\}^{-1}$ である．式 (5.95) と (5.96) が ψ_m と ψ_T を支配する方程式である．

2.3 節で行ったように，式 (5.95) と (5.96) から ψ_m を消去して ψ_T だけの方程式をつくってもよいが，波動の扱い方にも少し慣れたから，少し違ったやり方をとることにする．式 (5.95) と (5.96) には波動を表す解があるとして，

$$\psi_\mathrm{m}=Ae^{ik(x-ct)},\quad \psi_\mathrm{T}=Be^{ik(x-ct)} \tag{5.97}$$

という形の解を考える．これを式 (5.95) と (5.96) に代入すると，振幅 A と B について次の連立代数方程式が得られる．

$$\{(c-U_\mathrm{m})k^2+\beta\}A - k^2 U_\mathrm{T} B = 0 \tag{5.98}$$

$$\{(c-U_\mathrm{m})(k^2+2\mu^2)+\beta\}B - U_\mathrm{T}(k^2-2\mu^2)A = 0 \tag{5.99}$$

この連立方程式には $A=B=0$ という解があるが，これでは擾乱がなくなってしまって意味がない．しかし，0でない A と B があるときには，式 (5.98) から求めた A/B と，式 (5.99) から求めた A/B とは等しくなければならない．この条件から，

$$\frac{k^2 U_\mathrm{T}}{(c-U_\mathrm{m})k^2+\beta} = \frac{(c-U_\mathrm{m})(k^2+2\mu^2)+\beta}{U_\mathrm{T}(k^2-2\mu^2)} \tag{5.100}$$

でなければならない．これを整理すると，

$$(c-U_\mathrm{m})^2 k^2(k^2+2\mu^2) + 2(c-U_\mathrm{m})\beta(k^2+\mu^2)$$
$$+\{\beta^2 + U_\mathrm{T}^2 k^2(2\mu^2-k^2)\} = 0 \tag{5.101}$$

となる．これが未知数 c を決める2次の代数方程式で，2層モデルにおける傾圧波の分散関係式である．この式の根として，c は

$$c = U_\mathrm{m} - \frac{\beta(k^2+\mu^2)}{k^2(k^2+2\mu^2)} \pm \mathcal{D}^{1/2} \tag{5.102}$$

と求められる．ここで，

$$\mathcal{D} \equiv \frac{\beta^2 \mu^4}{k^4(k^2+2\mu^2)^2} - \frac{U_\mathrm{T}^2(2\mu^2-k^2)}{k^2+2\mu^2} \tag{5.103}$$

である．

ずいぶん長い式であるが，要点は，もし $\mathcal{D}>0$ ならば，c は実数だから，擾乱は式 (5.97) の振幅 A と B をもって式 (5.102) が与える c の速度で伝播する．すなわち，擾乱は安定である．ところが，$\mathcal{D}<0$ ならば c は複素数となり，

$$c = c_\mathrm{r} \pm i c_\mathrm{I} \tag{5.104}$$

である．ここに，

$$c_\mathrm{r} = U_\mathrm{m} - \frac{\beta(k^2+\mu^2)}{k^2(k^2+2\mu^2)} \tag{5.105}$$

$$c_\mathrm{I} = \left\{\frac{U_\mathrm{T}^2(2\mu^2-k^2)}{k^2+2\mu^2} - \frac{\beta^2 \mu^4}{k^4(k^2+2\mu^2)^2}\right\}^{1/2} \tag{5.106}$$

である ($c_\mathrm{I}>0$)．このとき，式 (5.97) の解は，

$$\psi_{\mathrm{m}} = A e^{kc_i t} e^{ik(x-c_r t)}, \quad \psi_{\mathrm{T}} = B e^{kc_i t} e^{ik(x-c_r t)} \tag{5.107}$$

となる($e^{-kc_i t}$という解は時間的にすぐ減少してしまうから，考えなくてよい)．すなわち，振幅は時間とともに指数関数的に増大するから，もとの基本状態は弱い擾乱に対して不安定なわけである．このとき，

$$\alpha \equiv kc_i \tag{5.108}$$

を指数関数的増幅率(exponential growth rate)という．すなわち，$1/(kc_i)$ 時間経つごとに，振幅は e 倍(約 2.72 倍)になっていく．

安定な状態と不安定な状態の境界，すなわち中立の状態は，$c_i = 0$ である．無次元の東西方向の波長の指標として，

$$a \equiv \frac{k^2}{2\mu^2} \tag{5.109}$$

を導入する．この a がどんな無次元数であるかをみるために，まず

$$S_0 \equiv -\frac{\alpha_0}{\theta_0}\frac{d\theta_0}{dp} = \frac{\alpha_0}{\theta_0}\frac{d\theta_0}{dz}\frac{1}{\rho_0 g} = \frac{\alpha_0^2}{g^2}\left(\frac{g}{\theta_0}\frac{d\theta_0}{dz}\right) = \frac{\alpha_0^2}{g^2}N^2 \tag{5.110}$$

という関係に注目する．N は浮力振動数である．次に，ΔP は約 500 hPa であるから，

$$\rho_0 h g \equiv 2\Delta P \tag{5.111}$$

という式で大気の厚さ h を定義して，式(5.110)と(5.111)を μ の定義式に代入すると，

$$\mu^2 \equiv \frac{f_0^2}{S_0(\Delta P)^2} = \frac{4f_0^2}{N^2 h^2} = \frac{4}{\lambda_{\mathrm{RI}}^2} \tag{5.112}$$

となる．ここで λ_{RI} は式(2.80)で定義したロスビーの(内部)変形半径である．したがって，式(5.109)の a はロスビーの変形半径を用いて擾乱の波長を無次元にしたことになる．

話が横道にそれたが，式(5.108)の a を導入すると，式(5.106)から，$c_i = 0$ という条件は，

$$\frac{4\mu^4 U_{\mathrm{T}}^2}{\beta^2} = \frac{1}{4a^2(1-a^2)} \tag{5.113}$$

となる．図 5.7 は横軸に a を，縦軸には無次元にした温度風の指標として $2\mu^2 U_{\mathrm{T}}/\beta$ をとって，式(5.113)の中立曲線を描いたものである．図のアミの部分が不安定な波が存在する領域を表す．この図および式(5.113)から次のことがわかる．

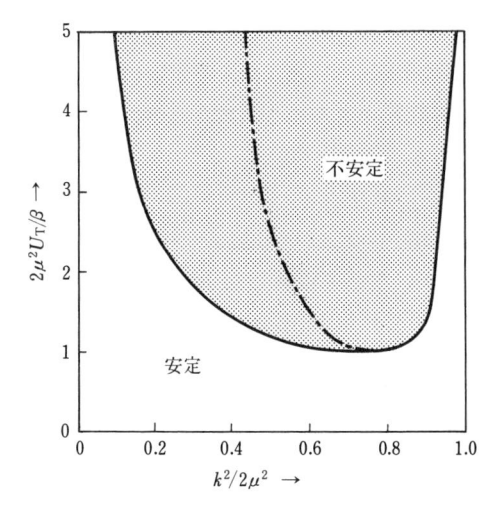

図 5.7 2層傾圧モデルにおける安定度の中立曲線
横軸はロスビーの変形半径を用いて無次元にした波数．縦軸は無次元にした風の鉛直シアー（温度風）の大きさ．

①温度風の強さが $|U_T|>\beta/(2\mu^2)$ のときだけ不安定波が存在する．仮に $\beta=0$ とすれば，式 (5.103) により，U_T の値にかかわらず $k<\sqrt{2}\,\mu$ という波はすべて不安定である．このことから，β は流れを安定化させる効果があることがわかる．不安定波をつくる最小の U_T は $U_T=\beta/2\mu^2$ であり，このとき発生する波の k は，式 (5.113) により，$k=\sqrt{2}\,\mu$ である．②やはり β の安定化効果として，長い波長領域 ($k\to 0$) で流れが不安定となる最小の U_T は k に強く依存する．③臨界波数 $k_c=\sqrt{2}\,\mu$ の波，すなわち臨界波長 $L_c=\sqrt{2}\,\pi/\mu$ より短い波長の波はいつも安定である．

また，U_T が同じでも，増幅率は k によって違う．最大の増幅率をもつ k は，$d(kc_i)/dk=0$ として求められる．図 5.7 には，この関係を表す曲線も鎖線で描いている．この曲線上の点が，与えられた U_T に対して最大の増幅率 kc_i をもつ k を与える．

無次元の量ばかり扱っていると，現実との対応が希薄になるから，早速代表的な数値を代入しよう．まず，$f\approx 10^{-4}\,\mathrm{s}^{-1}$, $\beta\approx 1.6\times 10^{-11}\,\mathrm{m}^{-1}\,\mathrm{s}^{-1}$, $\Delta P\approx 500\,\mathrm{hPa}$, $S_0\approx 2\times 10^{-6}\,\mathrm{m}^2\,\mathrm{Pa}^{-2}\,\mathrm{s}^{-2}$ とすると，$\mu^2\approx 2\times 10^{-12}\,\mathrm{m}^{-2}$ である．このとき，臨界波長 $L_c\approx 3{,}000\,\mathrm{km}$ である．これより短い波はすべて安定である．また，流れが不安定となる最小の U_T は約 $4\,\mathrm{m\,s}^{-1}$ である．これは，250 hPa と 750 hPa の間の鉛直シアーが $8\,\mathrm{m\,s}^{-1}$ であることに相当する．こ

れより大きい鉛直シアーは中緯度で東西方向に平均した流れではふつうに存在する．こうしたことから，太陽放射の影響により，低緯度と高緯度の温度差がしだいに増大し，中緯度の温度風が増大し，それがある限度を越えたとき，傾圧大気中の流れに重なっていた無限小の振幅の波動が発達したのが，中緯度の偏西風帯で観測される総観規模の擾乱であると考えることができる．さらにこれを支持する証拠として，この不安定波の構造を調べよう．

5.6.2 傾圧不安定波の構造

2.3 節の慣性重力波の話では，分散関係式 (2.66) が求められたら，η, u, v の振幅と位相の相互の関係式が決まることをみた．同様に，今回の傾圧不安定波の場合にも，$\psi'_1, \psi'_3, \psi'_2$ (500 hPa のジオポテンシャル高度分布)，$\psi'_1 - \psi'_3$ ($\propto T'_2$, 250 hPa と 750 hPa の間の層厚あるいは平均温度の分布)，ω_2 などの振幅および位相の関係を導くことができる．たとえば，ψ'_1 が実数の振幅 A_1 をもって，

$$\psi'_1 = A_1 e^{ik(x-ct)} \tag{5.114}$$

と与えられたときには，ψ'_3 は，

$$\psi'_3 = |A_3| e^{i[k(x-ct)+\varepsilon_3]} \tag{5.115}$$

である．ただし

$$|A_3|^2 = A_1^2 \left\{ \left(\frac{U_\mathrm{T}^2 - c_i^2}{U_\mathrm{T}^2 + c_i^2} \right)^2 + \left(\frac{2 c_i U_\mathrm{T}}{U_\mathrm{T}^2 + c_i^2} \right)^2 \right\} \tag{5.116}$$

$$\tan \varepsilon_3 = -\frac{2 c_i U_\mathrm{T}}{U_\mathrm{T}^2 - c_i^2} \tag{5.117}$$

である．すなわち，振幅も A_1 とは違うし，位相も ε_3 だけずれている．

こうした関係式を導くには，長い演算が必要になるのでここでは省略する．ただ一例として，$a=0.45$ の場合について，いろいろの物理量の位相の相互関係を図 5.8 に示す（実際との対比をみやすくするために，ω_2 でなく w_2 が図に記入してある）．前から用いているパラメターの値では，これは波長約 4,700 km に相当する．$U_\mathrm{T} \approx 18 \mathrm{~m~s^{-1}}$ のとき，この波は最大の増幅率をもち，その値は $kc_i \approx 14.1 \times 10^{-6} \mathrm{~s^{-1}}$ である．すなわち，約 0.82 日ごとに振幅は約 2.72 倍となるという波動である．次のように，図に示した波動の構造が，観測された発達中の偏西風帯の波動のそれと定性的によく一致していることがわかる．

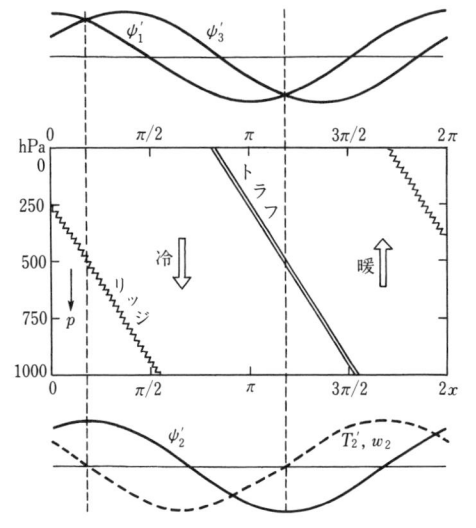

図 5.8 2層傾圧モデルにおける不安定な傾圧波の構造
上段：250 hPa(ψ_1') と 750 hPa(ψ_3') における波動のジオポテンシャル高度の位相関係．中段：東西鉛直断面上のジオポテンシャル・鉛直速度・温度の位相の相互関係．下段：500 hPa におけるジオポテンシャル高度(ψ_2')・温度(T_2')・鉛直速度(w_2)の位相の相互関係．

まず，ψ_3' のトラフは ψ_1' のそれの東に位置している．ψ_2' のトラフはこの両者の中間にある．したがって，トラフを結んだ線は高度とともに西に傾く．そして，ψ_2' のトラフから下流のリッジまでの領域では上昇流があり，また相対的に高温である（今回の傾圧不安定波では，T_2' と w_2 は同位相である）．したがって，波の至るところで $w_2 T_2' > 0$ である．5.3節で述べたエネルギー論によれば，このことは擾乱の有効位置エネルギーが運動エネルギーに変換されていることを示す．さらに，ψ_2' の気圧の谷から下流の気圧の尾根までの間では，$v_2 > 0$ であり，$T_2' > 0$ であるから，波の至るところで $v_{g2} T_2' > 0$ である．このことは，傾圧不安定波は熱を低緯度から高緯度へ輸送していることを示す．すなわち，基本場の南北方向の温度傾度を弱めるように熱輸送をしている．傾圧不安定波は基本場の南北温度傾度（つまり U_T）が強くなりすぎたから起こる運動だから，そういう作用をするのが当然であるといえる．また，エネルギーの見地からは，基本場に南北温度傾度があるということは，高緯度に冷たい空気が溜まり，低緯度に暖かい空気があるということだから，基本場の南北温度傾度は基本場の位置のエネルギーを表す．それで，擾乱が北方に暖気を運び，南方に冷気を運ぶ作用は，基本場の位置のエネルギーを減らすことを意味する．その分だけが擾乱の位置のエネルギーとなり，さら

にその分がそっくり擾乱の運動エネルギーになっているわけである（5.8節参照）．

　最後に重要なことを付け加える．図 5.8 では，横軸も縦軸も無次元の量で示した．これは理論的な結果をなるべく一般的に示すのに最も適した方法である．これにより，どのパラメターがどれだけの効果を及ぼすのか知ることができる．5.6.1 項では，波長約 3,000 km 以下の波動は U_T の値に関係なくいつも安定であるなどと述べたが，これはあくまでも $\mu^2 = 2 \times 10^{-2}\,\mathrm{m}^{-2}$ というパラメターの値を用いた場合である．$\mu^2 = f_0^2/(S_0/\varDelta P)^2\}$ であるから，背が低い擾乱の場合には，$\varDelta P$ はここで仮定した 500 hPa より小さくとるのが適している．また，基本場の安定度が中立に近い場合には，S_0 の値は小さくなる．もっと極端に，水蒸気の影響を加味して考えると，基本場が飽和している場合には，上昇流に対しては安定度はほとんど 0 に近い．こうした要因はいずれも μ^2 の値を大きくするのに寄与する．このため，$a = 1$ という臨界条件を満足する k の値も大きくなる．このことは，背が低い大きさ 1,000 km 程度の擾乱の発達にも，傾圧不安定が寄与している可能性があることを示唆する（7.4 節のポーラーロー）．

5.6.3　有限振幅の傾圧不安定波のシミュレーション

　これまでは，擾乱は非常に弱く，擾乱の振幅の絶対値は無限小であると仮定して，もっぱら線形方程式の解を求めて，傾圧不安定波の安定度と構造を調べた．しかし，時間とともに不安定波の振幅は増大するので，やがて，線形方程式の適用範囲を越えてしまう．このように無限小でない振幅をもつ波動を記述するためには，これまで省略してきた非線形項をもとの運動方程式あるいは渦度方程式に戻した非線形方程式を用いなければならない．ところが一般的に，非線形方程式の解を数学的に求めることはきわめて困難なので，ほとんどすべての場合に数値的に解を求める．

　傾圧不安定な大気の中で，初期に与えられた弱い波状の擾乱が時間とともにどう進化していくかについては，これまで，いくつかのシミュレーションが行われている．図 5.9 はその一例である．ここで考えられた仮想的な大気の対流圏内では，基本場の西風は高度に比例して増大していて，200 hPa にある対流圏界面では 38 m s^{-1} に達すると仮定されている．鉛直方向には，

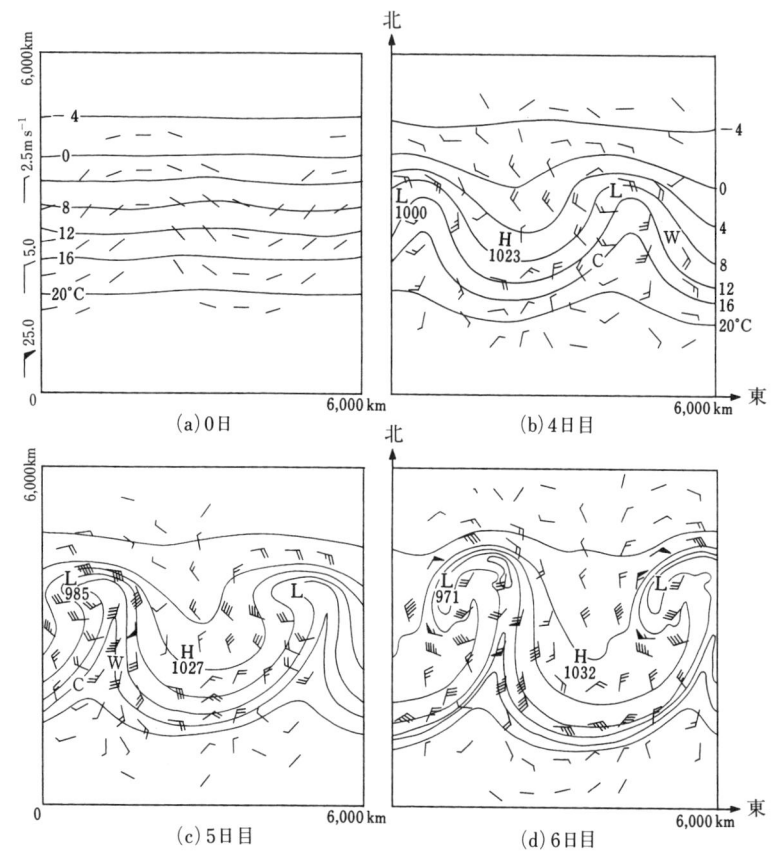

図 5.9 プリミティブ・モデルを用いてシミュレーションされた温帯低気圧の発達の諸段階 (Takayabu, 1986 に基づいて作成)
地表面における風と気温の分布，ならびに低気圧と高気圧の中心の位置 (それぞれ L と H)．C と W はそれぞれ寒冷前線と温暖前線に相当する前線が発生または強化される場所．

大気は 16 の層で代表されている．この基本流に線形理論からは最も早く発達する (振幅が e 倍となる時間は約 1.7 日) はずの波長約 5,000 km の弱い波動が重なったとき，プリミティブ・モデルを時間について数値的に積分した結果の一部が図 5.9 である．実測と比較しやすいように，地表面における状況が示されている．図(a)はゼロ日目で，波動が誕生したばかりの状態である．波動に伴う風はまだきわめて弱いので，風を表す矢印は方向は示すが，風速

は示していない．等温線は波動が発生する前は東西に伸びる直線であったが，弱いながらも波動を重ねたので，わずかに波をうっている．

4日目には(図(b))，擾乱はかなり発達して南北に大きく波をうち，寒冷前線・温暖前線・暖域に相当する温度分布をしている．(等圧線は描いてないが)低気圧の中心のまわりを反時計回りに風が回転している．この図はノルウェー学派の図6.1(c)とよく似ている．それから24時間経った図(c)では，低気圧の中心気圧は15 hPa下がって985 hPaとなっている．寒冷前線での温度傾度も増大し，3°C/100 kmとなった．これはもとの温度傾度の約3倍である．6日目になると(図5.9(d))，低気圧の中心気圧はさらに下がって971 hPaとなり，風速は25 m s^{-1}を越すようになる．低気圧の構造にも重要な変化が現れる．まず，低気圧の中心は，その南にある等温線の密集帯(寒冷前線と温暖前線)から切り離され，比較的高温の核として寒気に囲まれている．また，その低気圧の中心の北部では，強い温暖前線が低気圧中心の西側まで延びている．これが後屈温暖前線といわれているものに相当するが，図(d)に示された発達期の構造については，第6章でさらに詳しく述べる．

[ノーマル・モードの不安定性]

　ノーマル・モード(normal mode)という言葉は音響学でよく用いられている言葉である．楽器の弦をはじくと音が出るが，その音色は，弦の長さで決まる基本振動数とその倍数の振動数をもつたくさんの振動を合成したものである．そのおのおのをノーマル・モードの振動という．同じように考えて，ある基本場の流れに，x方向に$f(x)$という形の擾乱が初期に重なったときには，$f(x)$を2.3節で述べたフーリエ級数に展開して，そのおのおのの調和関数(すなわち，いろいろな波数をもつ$\sin kx$)について，本節で述べた方法によって基本場が不安定がどうか調べることができる．これをノーマル・モードの線形不安定性の解析という．不安定な波の振幅は時間とともに指数関数的に増大する．

図5.9に示した低気圧の発達のシミュレーションの結果をみて感ずる違和感は，線形理論によれば最も成長が速い波長をもつノーマル・モードを初期の擾乱として選んだのに，1人前の低気圧に成長するまでに数日もかかっていることである．現実の低気圧の成長はもっと速い．1日か2日で最盛期に達する低気圧も珍しくない(6.6節)．これがノーマル・モードによる発達の記述の特徴というか限界である．ある波長をもったノーマル・モードの擾乱

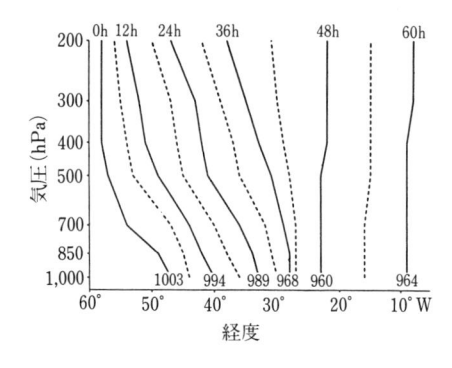

図 5.10 低気圧の発達に伴うトラフの軸の傾きの時間変化の一例 (Simmons, 1999)

1994年1月27日1200 UTCの気象状況を初期値として60時間予報した結果に基づき,各高度におけるトラフの経度方向の位置を6時間おきにプロットした.12時間おきの地表の低気圧中心の気圧 (hPa) も記入してある.

を初期値に選ぶと,上に述べたとおり,上層と下層の擾乱はいつも同じ速度で進むから,対流圏全体を通じて初期に与えたトラフの軸の鉛直方向の傾き(図 5.8 の中段の図)は時間とともに変わらず,振幅だけが増大していく.

現実はどうか.図 5.10 は大西洋東部で急速に発達した後減衰した低気圧を,1994年1月27日1200 UTC の状況(まだ地表の低気圧中心の気圧が 1,003 hPa という状態)を初期値として60時間予報した結果に基づき,トラフの位置の変化を経度と高度の関数として表したものである.この時間変化は,いわば線形発達・非線形発達・順圧減衰という3段階に分けられる.第1段階は6時から24ないし30時までで,この間地上中心気圧は深まっているが,トラフの傾きにはほとんど変化がない.擾乱はほとんどすべての高度で同じ速度で移動している.つまりノーマル・モードの不安定理論のように,擾乱の位相は固定されて (locked) いる.しかし,無限小振幅の状態から進化して,この状態になったのではない.天気図解析によれば,ほとんど傾きをもたない上層のトラフが西方から接近してきた.このため 500 hPa より上の傾きは下層のそれより小さい.第2段階は36〜48時,すなわち地表の低気圧の最盛期まで続く.この期間,トラフの軸の進行は下層で遅く上層で速く,結果としてトラフの軸は鉛直に立つ.第3段階では,再び擾乱の位相は固定される.しかし第1段階とは違い,トラフの軸の傾きはほとんどなく,運動は順圧的であり,(この場合には)移動速度も第1段階より遅い.順圧過程における低気圧の減衰については 6.1 節で述べる.

このように,現実の大気の対流圏では,下層の擾乱はノーマル・モードが仮定するように列 (train) をなして存在するのでなく,孤立していて,それ

が上層の既存のトラフと相互作用して発達することが多い(6.3節)．したがって，低気圧の発達の初期を議論するためには，ノーマル・モードの解析のみならず，初期値問題として現象を眺める必要がある(Farrell, 1982, 1999)．

5.7 ロレンツのエネルギーサイクル：傾圧過程と順圧過程

準地衡風の世界でのエネルギー保存則については5.3節で述べた．次章からいよいよ現実の温帯低気圧のライフサイクルを議論する．それをエネルギー的にみるとき，ロレンツのエネルギーサイクル(Lorenz energy cycle)という概念がよく用いられている．これは大気の大循環のエネルギー収支を議論するために導入された概念であるが，総観気象学でも用いられている．

まず，これまで用いてきた準地衡風方程式系をまとめて書くと，

$$\left(\frac{\partial}{\partial t}+u_\mathrm{g}\frac{\partial}{\partial x}+v_\mathrm{g}\frac{\partial}{\partial y}\right)u_\mathrm{g}=f_0 v_\mathrm{a}+F_x$$
$$\left(\frac{\partial}{\partial t}+u_\mathrm{g}\frac{\partial}{\partial x}+v_\mathrm{g}\frac{\partial}{\partial y}\right)v_\mathrm{g}=-f_0 u_\mathrm{a}+F_y$$
$$\left(\frac{\partial}{\partial t}+u_\mathrm{g}\frac{\partial}{\partial x}+v_\mathrm{g}\frac{\partial}{\partial y}\right)\left(\frac{\partial \phi'}{\partial p}\right)+S_0\omega=-\frac{R_\mathrm{d}}{pC_\mathrm{p}}\dot{Q}$$
$$\frac{\partial u_\mathrm{a}}{\partial x}+\frac{\partial v_\mathrm{a}}{\partial y}+\frac{\partial \omega}{\partial p}=0$$
(5.118)

となる．F_x と F_y は小さな乱れによる摩擦力の成分を表す．ロレンツのエネルギーサイクルの特徴は，任意の物理量 φ を次のように2つに分けることである．

$$\varphi(x, y, p, t)=\bar{\varphi}(y, p, t)+\varphi'(x, y, p, t) \qquad (5.119)$$

ここで，$\bar{\varphi}$ は緯度線に沿って360°平均した値であり，帯状平均(zonal mean)と呼ぶ(実際に360°平均しなくても，x 方向の長さ L の両端で φ の値が同じならば，以下の議論はそのまま適用できる)．φ' は $\bar{\varphi}$ からの偏差であり，擾乱(eddy)に伴う変動を表す(乱流論では，物理量を平均値と変動部分に分けたとき，変動部分を eddy(乱渦)による部分と呼ぶ習慣があり，それがここでも踏襲されている)．帯状平均の定義により，$\overline{\varphi'}=0$ である．ただし，式(5.17)ではジオポテンシャル高度の標準大気からの偏差として ϕ' にダッシュ記号をすでに用いている．記号の混乱を避けるために，本節に限り $\phi'\equiv\varPhi$ とい

う記号を用いる．それで Φ も $\Phi = \overline{\Phi} + \Phi'$ のように2つに分ける．

最初に帯状平均した物理量を支配する方程式を導く．そのためには，従属変数を式 (5.119) のように2つに分け，式 (5.118) に代入してから，再び帯状平均をとる．$\bar{u}_g$ の方程式は，$\bar{v}_g = (1/f_0)^{-1}\overline{(\partial \Phi/\partial x)} = 0$ であることを考慮して，

$$\frac{\partial \bar{u}_g}{\partial t} + \overline{u'_g \frac{\partial u'_g}{\partial x}} + \overline{v'_g \frac{\partial u'_g}{\partial y}} = f_0 \bar{v}_a + \bar{F}_x \qquad (5.120)$$

となるが，これは，

$$\frac{\partial \bar{u}_g}{\partial t} + \frac{\partial \overline{(u'_g v'_g)}}{\partial x} - \overline{u'_g \frac{\partial u'_g}{\partial x}} + \frac{\partial \overline{(u'_g v'_g)}}{\partial y} - \overline{u'_g \frac{\partial v'_g}{\partial y}} = f_0 \bar{v}_a + \bar{F}_x \qquad (5.121)$$

と変形できる．左辺第2項は帯状平均の定義から0であるし，第3項と第5項の和は連続の式により消える．結局，

$$\frac{\partial \bar{u}_g}{\partial t} + \frac{\partial \overline{(u'_g v'_g)}}{\partial y} = f_0 \bar{v}_a + \bar{F}_x \qquad (5.122)$$

を得る．以下同じようにして，

$$\frac{\partial \overline{(v'_g v'_g)}}{\partial y} = -f \bar{u}_a + \bar{F}_y \qquad (5.123)$$

$$\frac{\partial}{\partial t}\left(\frac{\partial \overline{\Phi}}{\partial p}\right) + \frac{\partial}{\partial y}\overline{\left(v'_g \frac{\partial \Phi'}{\partial p}\right)} + S_0 \bar{\omega} = -\frac{R_d}{pC_p}\bar{\dot{Q}} \qquad (5.124)$$

$$\frac{\partial \bar{v}_a}{\partial y} + \frac{\partial \bar{\omega}}{\partial p} = 0 \qquad (5.125)$$

が得られる．

次は変動部分の方程式であるが，簡単のため線形方程式だけを考える（非線形の場合にも同じように扱えるが，式が長くなる）．

$$\left(\frac{\partial}{\partial t} + \bar{u}_g \frac{\partial}{\partial x}\right) u'_g + v'_g \frac{\partial \bar{u}_g}{\partial y} = f_0 v'_a + F'_x \qquad (5.126)$$

$$\left(\frac{\partial}{\partial t} + \bar{u}_g \frac{\partial}{\partial x}\right) v'_g = -f_0 u'_a + F'_y \qquad (5.127)$$

$$\left(\frac{\partial}{\partial t} + \bar{u}_g \frac{\partial}{\partial x}\right)\left(\frac{\partial \Phi'}{\partial p}\right) + v'_g \frac{\partial}{\partial y}\left(\frac{\partial \overline{\Phi}}{\partial p}\right) + S_0 \omega' = -\frac{R_d}{pC_p}\dot{Q}' \qquad (5.128)$$

$$\frac{\partial u'_a}{\partial x} + \frac{\partial v'_a}{\partial y} + \frac{\partial \omega'}{\partial p} = 0 \qquad (5.129)$$

次にエネルギー方程式を導く．式 (5.122) に $\bar{u}_g$ を掛けると，

5.7 ロレンツのエネルギーサイクル：傾圧過程と順圧過程——149

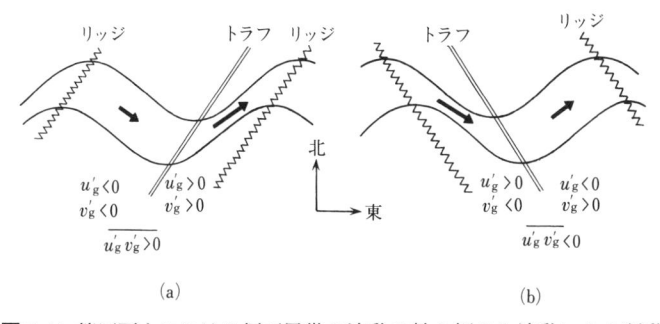

図 5.11 等圧面上における偏西風帯の波動の軸の傾きと波動による運動量輸送の向きの関係
(a)では運動量は高緯度へ，(b)では低緯度へ輸送されている．

$$\frac{\partial}{\partial t}\left(\frac{\bar{u}_g^2}{2}\right)+\bar{u}_g\frac{\partial(\overline{u_g' v_g'})}{\partial y}=f_0\bar{v}_a\bar{u}_g+\bar{u}_g\bar{F}_x \tag{5.130}$$

であるが，これを 5.3 節と同じく全容積について積分する．そのさい，式 (5.131) の条件が満足されていると仮定すると，

$$\left\langle \bar{u}_g\frac{\partial(\overline{u_g' v_g'})}{\partial y}\right\rangle=\left\langle\frac{\partial(\bar{u}_g\overline{u_g' v_g'})}{\partial y}-\overline{u_g' v_g'}\frac{\partial \bar{u}_g}{\partial y}\right\rangle=-\left\langle\overline{u_g' v_g'}\frac{\partial \bar{u}_g}{\partial y}\right\rangle \tag{5.131}$$

$$f_0\langle \bar{v}_a\bar{u}_g\rangle=-\left\langle\bar{v}_a\frac{\partial\bar{\Phi}}{\partial y}\right\rangle=\left\langle\bar{\Phi}\frac{\partial\bar{v}_a}{\partial y}\right\rangle$$

$$=-\left\langle\bar{\Phi}\frac{\partial\bar{\omega}}{\partial p}\right\rangle=\left\langle\bar{\omega}\frac{\partial\bar{\Phi}}{\partial p}\right\rangle \tag{5.132}$$

であるから，結局，

$$\frac{\partial}{\partial t}\left\langle\frac{\bar{u}_g^2}{2}\right\rangle=\left\langle\overline{u_g' v_g'}\frac{\partial \bar{u}_g}{\partial y}\right\rangle+\left\langle\bar{\omega}\frac{\partial\bar{\Phi}}{\partial p}\right\rangle+\langle\bar{u}_g\bar{F}_x\rangle \tag{5.133}$$

となる．これが帯状平均流の運動エネルギーの方程式である．右辺において，$\overline{u_g' v_g'}$ は v_g' による u_g' という東西方向の運動量の南北輸送量を表し，乱流論ではレイノルズ応力と呼ばれている量である．この応力と歪み ($\partial \bar{u}_g/\partial y$) の積として，右辺第 1 項は帯状平均流と擾乱の間のエネルギーの交換を表す．図 5.11(a)のように，等圧面上でトラフの軸が北東から南西に走っている場合には，$\overline{u_g' v_g'}>0$ であるから，東西方向の運動量が北に輸送されている．このようなトラフの実例は後で図 6.3(b)に示す．図 5.11(b)のように，トラフの軸が北西から南東に走っている場合には $\overline{u_g' v_g'}<0$ であり，図 6.3 の(f)や(h)のように，温帯低気圧の最盛期かそれ以後に出現しやすい．これに加え，

$\partial \bar{u}_g/\partial y < 0$ の場合には（たとえば偏西風ジェットの軸の高緯度側の領域），式 (5.133) の右辺第 1 項は正となり，擾乱の運動エネルギーが帯状流の運動エネルギーに変換され，擾乱は減衰する．上層のトラフの軸が地上の温帯低気圧の中心の真上にきて，低気圧が最盛期を過ぎた後は，主にこのプロセスで低気圧は減衰するということを 6.1 節で述べる．

右辺第 2 項は $\bar{\omega}$ と $\partial \bar{\Phi}/\partial p$ の相関係数で，帯状上昇流 ($\bar{\omega}<0$) の領域で相対的に帯状温度が高く ($\bar{\alpha}>0$)，下降流の領域で温度が低ければ，第 2 項は正であるから，これは帯状有効位置エネルギーが帯状流の運動エネルギーに変換されていることを示す．右辺第 3 項は，摩擦力が単位時間にする仕事で，摩擦のため帯状流の運動エネルギーが消散する割合を示す．

5.3 節において，有効位置エネルギーは比容あるいは温度の偏差の 2 乗に比例し，安定度に逆比例することを示した．式 (5.124) に $(1/S_0)(\partial \bar{\Phi}/\partial p)$ を掛けて全容積で積分して，帯状流の有効位置エネルギーの式をつくると，

$$\frac{\partial}{\partial t}\left\langle \frac{1}{2S_0}\left(\frac{\partial \bar{\Phi}}{\partial p}\right)^2 \right\rangle = \left\langle \frac{1}{S_0}\overline{v_g' \frac{\partial \Phi'}{\partial p}} \frac{\partial}{\partial y}\left(\frac{\partial \bar{\Phi}}{\partial p}\right) \right\rangle - \left\langle \bar{\omega}\frac{\partial \bar{\Phi}}{\partial p} \right\rangle$$
$$- \frac{R_d}{C_p}\left\langle \frac{\bar{Q}}{pS_0}\left(\frac{\partial \bar{\Phi}}{\partial p}\right) \right\rangle \quad (5.134)$$

が得られる．右辺第 1 項は式 (5.133) の右辺第 1 項と同じ形で，擾乱による熱の南北輸送の項を含む．熱が北に輸送され ($\overline{v_g'(\partial \bar{\Phi}'/\partial p)}<0$)，帯状温度が北に低い ($\partial(\partial \bar{\Phi}/\partial p)/\partial y > 0$) とすれば，式 (5.134) の右辺第 1 項は負であるから，帯状流の有効位置エネルギーは減少し，その分だけ擾乱の有効位置エネルギーは増加する．第 2 項は帯状流の有効位置エネルギーと帯状流の運動エネルギーの変換である．第 3 項は非断熱効果を表し，相対的に帯状高温の領域で加熱があり，低温の領域で冷却があれば，帯状有効位置エネルギーは増加する．

次に，式 (5.126) に u_g' を，式 (5.127) に v_g' を掛けて，擾乱の運動エネルギーの方程式をつくると，

$$\frac{\partial}{\partial t}\left\langle \frac{1}{2}(\overline{u_g'^2}+\overline{v_g'^2}) \right\rangle = -\left\langle \overline{u_g' v_g'}\frac{\partial \bar{u}_g}{\partial y} \right\rangle + f_0 \langle (\overline{v_a' u_g'}-\overline{u_a' v_g'}) \rangle$$
$$+ \langle \overline{u_g' F_x'} \rangle + \langle \overline{v_g' F_y'} \rangle \quad (5.135)$$

となるが，$\overline{v_a' u_g'}-\overline{u_a' v_g'}$ について式 (5.42) と同じように変形すると，結局，

5.7 ロレンツのエネルギーサイクル：傾圧過程と順圧過程

$$\frac{\partial}{\partial t}\left\langle \frac{1}{2}(\overline{u_g'^2}+\overline{v_g'^2})\right\rangle = -\left\langle \overline{u_g'v_g'}\frac{\partial \bar{u}_g}{\partial y}\right\rangle + \left\langle \overline{\omega'\frac{\partial \Phi'}{\partial p}}\right\rangle$$
$$+ \langle \overline{u_g'F_x'}\rangle + \langle \overline{v_g'F_y'}\rangle \tag{5.136}$$

を得る．擾乱の有効位置エネルギーの式は，式 (5.128) に $(1/S_0)(\partial \Phi'/\partial p)$ を掛けて，

$$\frac{\partial}{\partial t}\left\langle \frac{1}{2S_0}\left(\frac{\partial \Phi'}{\partial p}\right)^2\right\rangle = -\left\langle \frac{1}{S_0}\overline{v_g'\frac{\partial \Phi'}{\partial p}}\frac{\partial}{\partial y}\left(\frac{\partial \bar{\Phi}}{\partial p}\right)\right\rangle - \left\langle \overline{\omega'\frac{\partial \Phi'}{\partial p}}\right\rangle$$
$$- \frac{R_d}{C_p}\left\langle \frac{1}{pS_0}\overline{\dot{Q}'\frac{\partial \Phi'}{\partial p}}\right\rangle \tag{5.137}$$

である．

以上をまとめる．ここでは次の 4 つの形態のエネルギーを考えた．

$$\begin{aligned}
K_Z &\equiv \left\langle \frac{\bar{u}_g^2}{2}\right\rangle & \text{帯状流の運動エネルギー}\\
K_E &\equiv \left\langle \frac{\overline{u_g'^2}+\overline{v_g'^2}}{2}\right\rangle & \text{擾乱の運動エネルギー}\\
A_Z &\equiv \frac{1}{2}\left\langle \frac{1}{S_0}\left(\frac{\partial \bar{\Phi}}{\partial p}\right)^2\right\rangle & \text{帯状流の有効位置エネルギー}\\
A_E &\equiv \frac{1}{2}\left\langle \frac{1}{S_0}\overline{\left(\frac{\partial \Phi'}{\partial p}\right)^2}\right\rangle & \text{擾乱の有効位置エネルギー}
\end{aligned} \tag{5.138}$$

これらのエネルギーの間の変換を表す項は，

$$C(K_Z, K_E) \equiv \left\langle \overline{u_g'v_g'}\frac{\partial \bar{u}_g}{\partial y}\right\rangle, \quad C(A_Z, K_Z) \equiv \left\langle \bar{\omega}\left(\frac{\partial \bar{\Phi}}{\partial p}\right)\right\rangle$$
$$C(A_Z, A_E) \equiv \left\langle \frac{1}{S_0}\overline{v_g'\left(\frac{\partial \Phi'}{\partial p}\right)}\frac{\partial}{\partial y}\left(\frac{\partial \bar{\Phi}}{\partial p}\right)\right\rangle \tag{5.139}$$
$$C(A_E, K_E) \equiv \left\langle \overline{\omega'\left(\frac{\partial \Phi'}{\partial p}\right)}\right\rangle$$

である．またエネルギーの生成と消散を表す項は，

$$\begin{aligned}
G(A_Z) &\equiv -\frac{R_d}{C_p}\left\langle \frac{\bar{\dot{Q}}}{pS_0}\left(\frac{\partial \bar{\Phi}}{\partial p}\right)\right\rangle & \text{帯状流の有効位置エネルギーの生成}\\
G(A_E) &\equiv -\frac{R_d}{C_p}\left\langle \frac{1}{pS_0}\overline{\dot{Q}'\frac{\partial \Phi'}{\partial \phi}}\right\rangle & \text{擾乱の有効位置エネルギーの生成}\\
D(K_Z) &\equiv \langle \bar{u}_g\bar{F}_x\rangle & \text{帯状流の運動エネルギーの消散}\\
D(K_E) &\equiv \langle \overline{u_g'F_x'}\rangle + \langle \overline{v_g'F_y'}\rangle & \text{擾乱の運動エネルギーの消散}
\end{aligned} \tag{5.140}$$

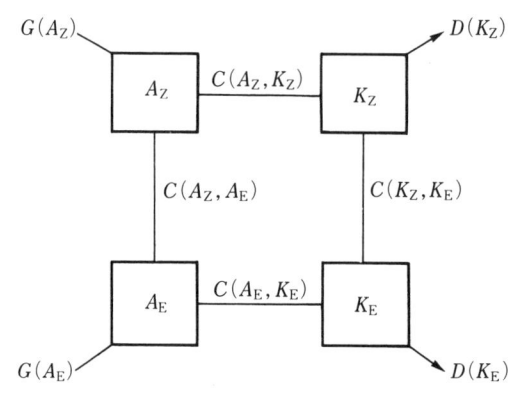

$G(A_Z)$：東西流の有効位置エネルギーの生成
A_Z：東西流の有効位置エネルギー
$G(A_E)$：攪乱の有効位置エネルギーの生成
A_E：攪乱の有効位置エネルギー
$C(A_Z, K_Z)$：A_ZからK_Zへの変換
K_Z：東西流の運動エネルギー
K_E：攪乱の運動エネルギー
$D(K_Z)$：K_Zの消散
$D(K_E)$：K_Eの消散

図5.12 ロレンツのエネルギーサイクルの模式図

である．こうすると，前に得たエネルギー方程式は簡単な形で書ける．

$$\frac{dK_Z}{dt} = C(K_Z, K_E) + C(A_Z, K_Z) + D(K_Z)$$
$$\frac{dA_Z}{dt} = C(A_Z, A_E) - C(A_Z, K_Z) + G(A_Z)$$
$$\frac{dK_E}{dt} = -C(K_Z, K_E) + C(A_E, K_E) + D(K_E)$$
$$\frac{dA_E}{dt} = -C(A_Z, A_E) - C(A_E, K_E) + G(A_E)$$
(5.141)

この過程を図に表したのが図5.12である．ここでK_Zが増減する過程で，$C(A_E, K_E)$を傾圧過程，$C(K_Z, K_E)$を順圧過程という．傾圧不安定では$A_E \rightarrow K_E$，順圧不安定では$K_Z \rightarrow K_E$である．

式(5.141)の4つの式を加えると，全エネルギー（運動エネルギーと有効位置エネルギーの和）の変化を決める式は，

$$\frac{d(K_Z + K_E + A_Z + A_E)}{dt} = G(A_Z) + G(A_E) + D(K_Z) + D(K_E) \quad (5.142)$$

となる．摩擦の影響がなく，断熱過程ならば，$K_Z + K_E + A_Z + A_E$は保存される．この力学系では，帯状流の運動エネルギーには，帯状平均した南北風は含まれていない．準地衡風の仮定により，$\bar{v}_g = 0$だからである．このよう

5.8 ロスビー波

ロスビー波というのはベータ効果が本質的に重要な波動である．ベータ項（1.5節）はコリオリ・パラメター f が緯度によって変化する割合を表すから，その効果が重要であるということは，波動の波長が総観規模から惑星規模にわたる大きなスケールの擾乱を考えていることを意味する．

いま図 5.13 に示したように，順圧大気中で波動が発生したとする．順圧大気では，絶対渦度が保存される．絶対渦度は相対渦度 ζ と惑星渦度 f の和である．気圧の谷の部分で相対渦度は最大であり，その東側には南よりの風が吹き，西側には北よりの風が吹いている．ところが，高緯度側の f は低緯度側の f より大きいから，北風の区域では大きな惑星渦度 f が運び込まれ，その部分の相対渦度は増す．この余分の渦度は自身の東側に南よりの風を伴う．この2つのことは，前からあった気圧の谷が少し西に移動したことにほかならない．このように，f が高緯度ほど大きいために，東西方向では西に伝播する波動がロスビー波である．

この現象を数式で表現し，かつロスビー波の移動速度を知るために，引き続いて順圧大気を考える（順圧大気でなくても，現実の大気の 500 hPa の流れは無発散に近いから，同じ扱いができる）．渦度方程式は式 (3.68) で $\omega=0$，水平発散＝0 とおいて，

図 5.13 ロスビー波の説明図 (Holton, 1992)
　太い実線はある時刻における波動の位置で，少し時間が経った後の位置が細い実線．＋，－の記号と破線の矢印はそれぞれ波動に伴う渦度と流れ．

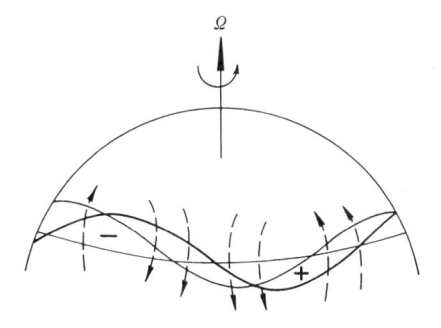

$$\frac{\partial \zeta}{\partial t} + u\frac{\partial \zeta}{\partial x} + v\frac{\partial \zeta}{\partial y} + \beta v = 0 \tag{5.143}$$

で与えられる．運動は東西方向の基本流とそれに重なった無限小振幅の擾乱であるとして，

$$u = \bar{u} + u', \quad v = v', \quad \zeta = \bar{\zeta} + \zeta'$$

とおく．さらに，擾乱の流線関数 ψ' を導入すると，

$$u' = -\frac{\partial \psi'}{\partial y}, \quad v' = \frac{\partial \psi'}{\partial x}, \quad \zeta' = \nabla_h^2 \psi'$$

である．そして，式 (5.143) を線形化した方程式は，

$$\left(\frac{\partial}{\partial t} + \bar{u}\frac{\partial}{\partial x}\right)\nabla_h^2 \psi' + \beta\frac{\partial \psi'}{\partial x} = 0 \tag{5.144}$$

である．これは斉次方程式であるから，解を

$$\psi' = A e^{i(kx+ly-\nu t)} \tag{5.145}$$

とする．k と l はそれぞれ x 方向と y 方向の波数である．式 (5.145) を式 (5.144) に代入すると，

$$(-\nu + k\bar{u})(-k^2 - l^2) + k\beta = 0 \tag{5.146}$$

が得られ，ν を求めると，

$$\nu = \bar{u}k - \frac{\beta k}{k^2 + l^2} \tag{5.147}$$

となる．これがロスビー波の分散関係式である．2.3 節で述べたように，東西方向の位相速度は $c_x = \nu/k$ であるから，基本流に相対的な位相速度は，

$$c_x - \bar{u} = -\frac{\beta}{k^2 + l^2} \tag{5.148}$$

である．したがって，基本流に相対的なロスビー波の東西方向の位相速度は必ず西向きである．これは図 5.13 で説明したように，緯度とともに f，すなわち惑星渦度が増すからである．緯度 45° で $\beta = 1.62 \times 10^{-11} \mathrm{m}^{-1} \mathrm{s}^{-1}$ であるから，仮に，$k \approx l$ とすると，東西方向の波長が総観規模の 6,000 km のロスビー波の相対的な東西方向の位相速度は約 $-7.4 \mathrm{m\,s}^{-1}$ である．ふつう，東西方向の基本流は西風であるし，その速度は $7.4 \mathrm{m\,s}^{-1}$ より大きいから，総観規模のロスビー波は地面に対しては東向きに，しかし基本流よりは遅い速度で進行する．

もっと波長の長いロスビー波の相対的な位相速度はこれよりも大きいから，

西風基本流と同じの場合もありうる．そうした波は地面に対しては静止しており，その波長は，

$$k^2 + l^2 = \frac{\beta}{\bar{u}} \tag{5.149}$$

で与えられる．$\bar{u} = 15 \mathrm{~m~s^{-1}}$ のとき，波長約 8,500 km の波は地面に対して静止する．この波は北緯 45° 線に沿って波数約 3 の波に相当する．

　以上，簡単化のため，順圧大気中のロスビー波について解説した．密度成層をした大気中のロスビー波の理論はもっと複雑なので，ここでは省略する．ただここで重要なことは，たとえば傾圧不安定波とは違い，ロスビー波は中立な波動であり，それ自身で増幅はしない．しかし，大気がなんらかの原因で揺すぶられたとき生ずる自由振動の波の1つであるから，地球大気中にはいろいろな形で，絶えず出現していることである．強制的にロスビー波を起こす原因の1つは，大陸と海洋の加熱の違いである．もう1つの大きな原因はヒマラヤ山塊やロッキー山脈のような大規模の地形である．図 5.14 において，$\bar{u} = 17 \mathrm{~m~s^{-1}}$ の東西基本流が，下段の図で示したような 45°N 線に沿った地形上を吹くとき，強制的に励起されたロスビー波に伴う 500 hPa 等圧面の起伏を絶対渦度保存則を用いて理論的に計算したのが上段の図である．観測された 500 hPa 面の定常的なパターンとよく一致している．特に，ユーラシア大陸と北米大陸の東（風下側）にある惑星規模の気圧の谷がよく再現されている．この図が発表されたのは，いまから約半世紀前の 1949 年であり，地球規模の流れが簡単な力学の法則に従っていることを示した記念すべき図の1つである．

　ロスビー波に関連した他の話題が図 5.15 である．28 年間の冬季（12 - 2 月）の中で，赤道海域の表面水温が平均より高かった 7 例を選び，対流圏中層および上層のジオポテンシャル高度の平年値からの偏差を合成したものである．赤道域から始まって，地球の大円に沿って低圧部と高圧部が交互に並んだ波列を形成している．特に顕著なこととして，北太平洋中央部に気圧偏差が負の領域があり，これは気圧の谷が例年より強く，地上気圧ではアリューシャン低気圧が例年よりも強く，また南に位置していることに対応する．一方，カナダ西部の気圧の尾根は例年より強く，そのさらに東に低圧の偏差域がある．これが米国中央部と東部に厳しい寒気をもたらす．このような気圧の偏差のパターンがどうして生ずるのかについては，赤道上の対流活動の偏差によって励起された定常的なロスビー波が地球の大円に沿って伝播したものと思われているが（Hoskins and Karoly, 1981），他のメカニズムによる寄与も示唆されている．極東付近の日々の高層天気図だけをみていると，ロスビー

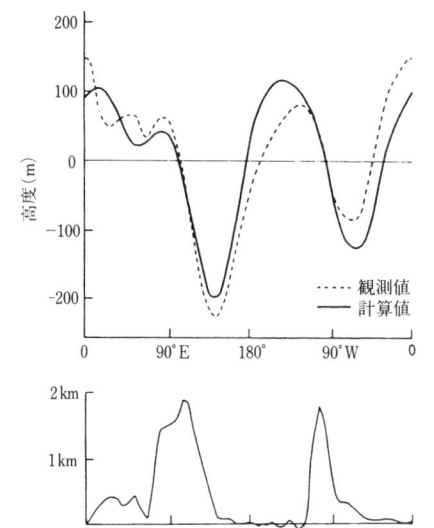

図 5.14 上段：実線は，順圧大気モデルを用い，地形により強制された擾乱の経度方向の分布の計算値，破線はこれと比較すべき観測値で，1月の 45°N の緯度線に沿った 500 hPa 高度の偏差，下段：計算に用いられた地形 (Charney and Eliassen, 1949 に基づいて Held, 1983 が作成)

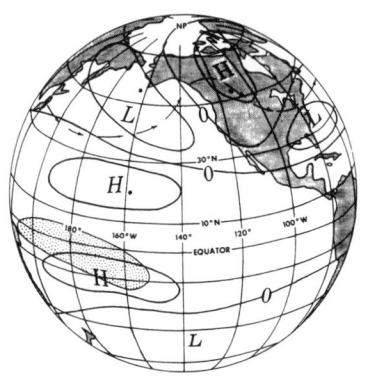

図 5.15 熱帯太平洋でエンソ (ENSO) が起こっているとき，冬の北半球の中層および上層対流圏のジオポテンシャル高度偏差図 (Horel and Wallace, 1981) 陰影がついているのは熱帯の降雨量が特に大きい領域．矢印は高度の偏差に対応する 500 hPa の流線．H と L はそれぞれ正と負の高度偏差．

波は縁が遠いように思えるが，空間的に時間的にもっとスケールの大きな現象では，ロスビー波が重要な寄与をしている．しかし，本書の主題からははずれるので，これ以上は述べない．詳しいことは岸保・佐藤 (1986) を参照していただきたい．

第6章

温帯低気圧の構造と進化

 大気中で起こるいろいろな現象の中で，あらし，暴風雨ほど恐れられていたものはなかったであろう．ある日突然襲来し，船を難破させ，家を倒壊させ，多量の雨や洪水をもたらすもの．それは長らく人知の理解のかなたにあるものとされてきた．1703年にダニエル・デフォーは史上最悪の暴風雨のことを記録したあとで，あれほどの現象は科学的探究のかなたにあると述べている．「こうした現象を通じて，自然はわれわれを無限可能の御手に，あらゆる自然の創造者に導く．最高の神秘の宮殿の奥深く，"風"はひそむ．理知のたいまつの灯をかかげ，自然を赤裸にあばいた古の賢人たちも，その途上で地に倒れた．"風"は理知の灯を吹き消し，やみが残った．」

 しかし，人間の知恵はしだいに暴風雨の神秘をあばいていった．そして1919年には，ノルウェーのビャークネス (J. Bjerknes) は発達期にある温帯低気圧に伴う気流，前線，降雨域，雲などの分布について，これまでにない詳細な記述を与えた．さらに1922年には，ゾルベルグ (H. Solberg) とともに，初めて温帯低気圧の一生の図を描いた（図6.1）．彼らがこの段階に達するまでには，先人たちの長い道のりがあったが，その物語は前著『大気の科学——新しい気象の考え方』（小倉，1968）で述べたので，ここでは繰り返さない．今日「ノルウェー学派」あるいは「ベルゲン (Bergen) 学派」の前線波動モデルと称されているものは，図6.1に要約されている．

6.1 温帯低気圧のライフサイクルの概観

 今日では古典となった図6.1によれば，低気圧は既存の寒帯前線 (polar front) 上の不安定な波動として発生し，東進する間に発達する擾乱である．その発達の過程で，寒冷前線は動きの遅い温暖前線に追いつき，2本の前線の間にあった暖域の空気が上に押しやられ，下層で2つの前線が接触する部分に閉塞前線が形成される．寒冷前線と温暖前線と閉塞前線が交差する点を三重点という．閉塞のさい，温暖前線の前方にある下層の空気が寒冷前線の背後にある下層の空気より暖かければ，図6.2(a)に示したように，西に傾い

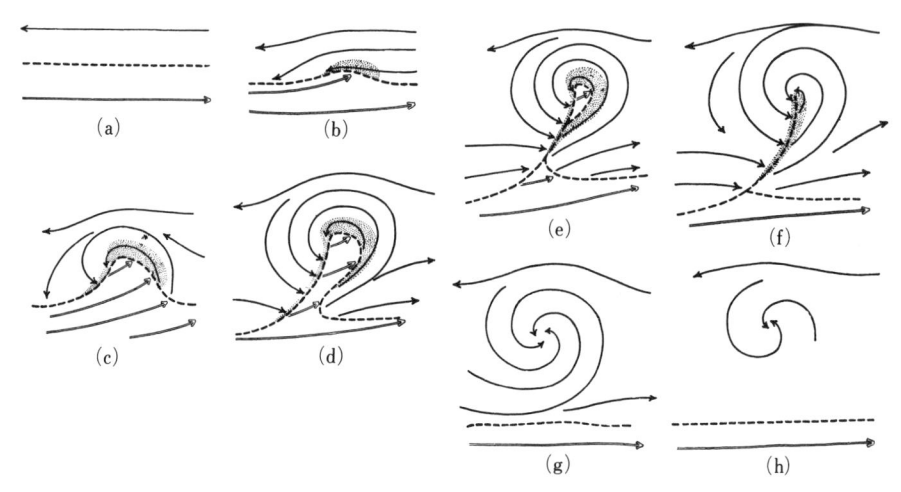

図6.1 ノルウェー学派による古典的な温帯低気圧の一生 (Bjerknes and Solberg, 1922)

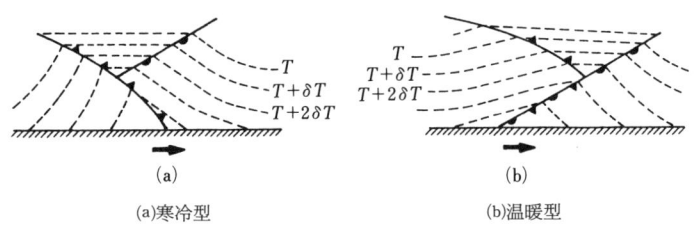

(a)寒冷型　　　　(b)温暖型
図6.2 理想化した閉塞前線のモデル
左から右に進行中の閉塞前線に直交する鉛直断面上で，実線は前線面，破線は等温線．

た上空の寒冷前線がそのまま閉塞前線面に連なる（寒冷型閉塞）．反対に，寒冷前線の背後の下層の空気の方が暖かければ，前傾した閉塞前線の上に上空の寒冷前線が連なる（温暖型閉塞）．いずれの場合も，閉塞前線は水平面上で温度傾度の極大を示す曲線ではなく，等温線の尾根（つまり温度の極大）として認識される．そしてノルウェー学派によれば，閉塞前線が形成される段階で低気圧は最盛期にあり，以後は衰弱に向かう．

この低気圧モデルはきわめて優れたものであった．しかし，低気圧は温度が不連続に変わる寒帯前線面の不安定によって起こるというノルウェー学派の説は，1940年代後半になって，強い傾圧帯の流れの不安定によるというCharneyやEadyの説に取って代わられた．一方，観測データに基づいた図

6.1 は，今日に至るまで地上天気図の解析の基礎とされてきた．しかしやはり長年月の間には，実情と合わない点もいくつか指摘されてきた．ことに，寒冷前線が温暖前線に追いついて，閉塞前線が形成されるという点に強い疑問が呈された（6.5 節）．

歴史的な叙述はここまでとして，本章では現実の偏西風帯の波動に伴った温帯低気圧の時間的発展すなわち進化（evolution）の実態をみる．複雑な現象なので，いろいろな角度から調べる必要があるが，まず本節で焦点を当てるのは，①地上の流れと 500 hPa の流れと対流圏下層の温度との三者の相互関係と，②低気圧の発達に伴う雲と降水の分布の変化である．500 hPa は対流圏中層の代表として採用している．対流圏下層の温度を代表するものとしては，たとえば 700 hPa の温度をとることもできるが，ここでは 500 hPa と 1,000 hPa 面の間の層の厚さ（層厚）をとる．3.1 節で示したように，層厚はその層の平均気温に比例する．

図 6.3 に従って，代表的な低気圧の発達を 4 段階に分ける．代表的といっても，個々の場合の細部にはかなりの違いがある．ここでは多くの低気圧に共通の点に着目する．第 1 段階の図 6.3(a),(b)はノルウェー学派の図 6.1 の(b)の段階に相当する．地上には，東西方向ないし北東－南西の方向に延びる停滞前線とそれに沿う弱い気圧の谷（トラフ）があり，背が低い初期の低気圧がある．わが国でなじみの深い南岸低気圧の例でいえば，先発の低気圧が本州東方洋上で発達し，その背後で寒波が東シナ海上を吹き渡り，南方にある暖かい北太平洋高気圧との間に停滞性前線（傾圧帯）を形成している状況である．そして，シベリア高気圧（ときには移動性高気圧）と太平洋高気圧の間に挟まれているから，ここはトラフでもある．トラフに沿って収束があり，上昇流があり，層状の雲の帯が長く延びている．

図 6.3(b)では地上の低気圧の西方（偏西風の上流）に 500 hPa 面のトラフと絶対渦度の極大がある．ここであげた例では，トラフの下流側では流線あるいは等高度線の間隔は下流に行くにつれて広くなっている．これを分流型（diffluent）のトラフという（ちなみに，反対は合流型（confluent）のトラフである）．このような分流型のトラフでは，ジェット・ストリーク（jet streak），すなわち偏西風の中の風速の極大はトラフの軸の上流側に位置し，渦度の極大は下流に向かってジェット・ストリークの左側（極側）に位置している．

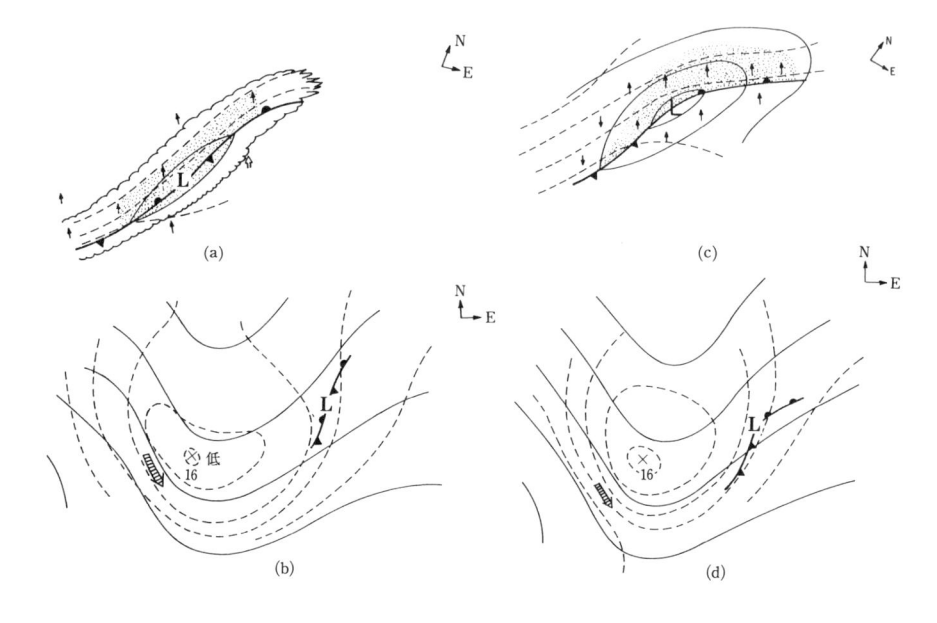

図 6.3 低気圧発達の 4 段階

(a)と(b)は第 1 段階．(a)幼年期の地上低気圧を表し，実線は海面高度の等圧線（4 hPa おき），破線鉛直流の向き（上下）と強さ．ギザギザの線は気象衛星でみた雲域の範囲を示す．前線の記号は通破線は渦度の等値線（2×10^{-5} s^{-1} おき）．(a)で示した地表の低気圧中心と前線の位置も記入してあいた波動（open wave）の段階．(e)と(f)は第 3 段階．(e)は成熟期の低気圧と閉塞前線の始まりの段

　地上の低気圧の上空を含めて，500 hPa のトラフから下流のリッジまでの範囲には，5.4 節で述べたように上昇流があり，上流のリッジ（気圧の尾根あるいは峰）までの範囲には下降流がある．

　この上昇流に強制されて（式 (5.23) の発散項），地上の前線に沿って，低気圧の中心とその付近で，正の渦度が増大して，地上の低気圧は発達の第 2 段階に入る（図 6.3(c)と(d)）．下層の傾圧場の中で低気圧性の回転が強化されるのであるから，低気圧中心の東側で暖気移流，西側で寒気移流が起こる（暖気移流や寒気移流については，図 6.3(c)や(e)において，等圧線と等層厚線の交差する角度をみればよい）．これによって温暖前線と寒冷前線が出現する．前線の形成については第 8 章で述べるが，前線は地表面付近で最も顕著に発達するという力学的性質がある．2 つの前線の形成により，それまでほぼ直線状であった停滞前線は波状にくねり，温帯前線と寒冷前線の間に暖域（warm

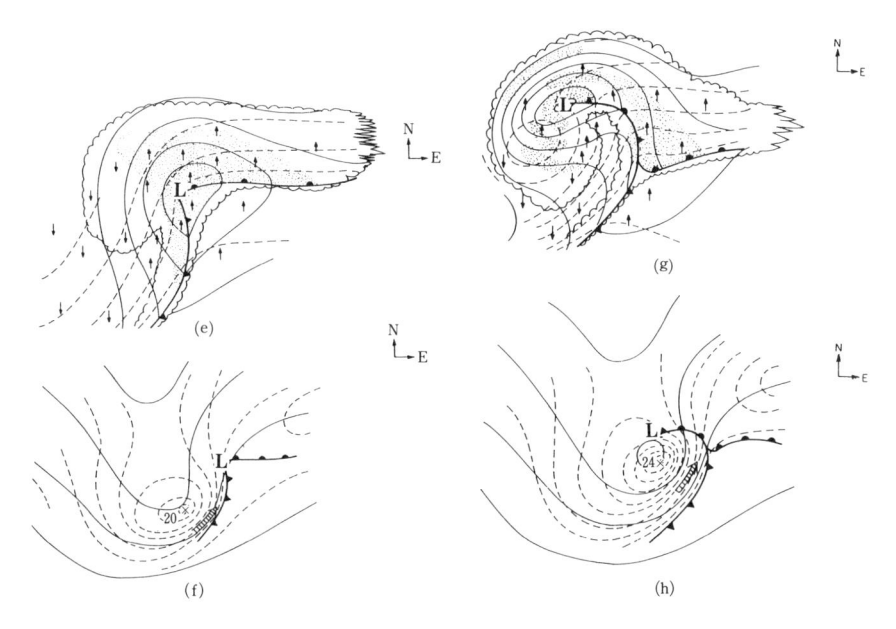

の模式図 (Carlson, 1991).
は 1,000‒500 hPa の層厚（単位は適宜）．陰影は持続的な降雨の地域で，矢印は 700 hPa における
常用いられているもの．(b)実線は 500 hPa の等高度線 (12 dam おき，1 dam = 1 deca m = 10 m)，
る．×印は最大渦度の位置．太い矢印は最大地衡風速の位置．(c)と(d)は第 2 段階．(c)はいわゆる開
階．(g)と(h)は第 4 段階．(g)は閉塞があり，低気圧の最強期の段階．記号はそれぞれ(a)，(b)と同じ．

sector) が出現する．

　さらに，低気圧の中心の東および極側には暖気移流による上昇流，西側および赤道側には寒気移流による下降流が現れ，図 5.5 に示したような下層の上昇流と下降流のペアができる．そして，この上昇流は上層の上昇流と結びついて，7.1 節で述べる温暖コンベアーベルトを形成する．下層と上層の下降流は結びついて乾燥空気の侵入 (dry intrusion) となる．そして，静水圧平衡の式により，暖気移流のある温暖前線の極側で地上の気圧の降下は最も大きい．それで（もともと低気圧の中心というものは，周囲より気圧が低い地点であるから），地上の低気圧の中心はそこに向かって移動することになる．このように，この発達の段階では下層の暖・寒気移流が主要な役割を演じている．

　また流れの変化とともに雲の分布も変化しはじめる．温暖前線の極側の雲域は広く，寒冷前線に沿った雲域は狭く，コンマ状の雲の形成が始まる．

その後も地上の低気圧の中心を巡る低気圧性の回転の強化は続き，これに伴う流れは第3段階までに，寒冷前線を南東方向に，温暖前線を北東方向に移動させる（図6.3(e)）．一方，500 hPaの流れにも大きな変化がみられる．第1段階では北北東－南南西の方向に走っていたトラフの軸が，図6.3(f)の段階では逆に北西－南東の方向に傾きをもっていることである．この軸の傾きの変化には，すぐあとで述べるような力学的な理由があるが，現象としては500 hPaのトラフの西で，地上の寒冷前線の背後に当たる上空で500 hPaの高度が急速に下がったからである（実例は図6.5(b)で＜－25の区域）．

なぜ下がったかは500 hPaより上の状況をみなければならないが，それは次節でみることにして，ここでは500 hPaの高度の下降は下層（500 hPaと1,000 hPaの間の層）で強い寒気移流のある地域で起こっていることは見逃せない．寒気移流とともに下降気流があり，それに伴ってこの層は断熱圧縮を受け温度は上昇しようとする．しかしいまの場合はそれよりも寒気移流の効果が勝り，下層の温度は降下する（すなわち層厚は減る）．その結果，500 hPaの高度はすごく下がったのに，1,000 hPaの高度は逆に少し増大する（すなわち地上の気圧は増す）ということになる．現実の地上天気図では，地上の低気圧の背後で移動性高気圧が南東方向に移動するという形をとる．仮に，強い寒気移流があり層厚が減少している地域で500 hPaの高度があまり減少していなければ，その地域の地上気圧は非現実的な大きさで増大しているであろう．

これとは反対に，地上の温暖前線の極側には暖気移流があり，その上空では等圧面高度が高くなり，500 hPaのリッジが北に張り出す．こうした結果，偏西風波動の波長（トラフとリッジの間隔）が小さくなる．これが，500 hPa面上のトラフが北北東－南南西の方向から北西－南東の方向に変わることと並んで，低気圧発達に伴う500 hPaの高度のパターンの変化の特徴である．

また，地上低気圧の南西側（地上の寒冷前線の背後）の上空で気圧が下がるのに反して，暖域上空の気圧はほとんど変化しないので，500 hPa面の南西風の領域では気圧傾度力が増したことになる．それで南西風が強まって，ジェット・ストリークも絶対渦度の極大も地上低気圧の中心の西かつ赤道側に位置し，絶対渦度の極大はジェット・ストリークのすぐ左側に位置している（図6.3(f)）．また第1段階に比べると，渦度の移流の方向もより北を向き，

これも地上低気圧の中心の北方への移動に寄与している．

こうした流れの変化とともに，雲域も温暖前線の極側および地上低気圧の西方に拡大する．その反面，寒冷前線に沿う雲域の幅は狭くなる．

第4段階は低気圧が最も発達した段階である．地上天気図では（図6.3(g)），閉塞がすでに始まっている．このことは，低気圧の中心が暖域から切り離されていることを意味する．一方，500 hPaの渦度の極大は南西風に流されて，地上の低気圧の中心付近に移っている．上に述べた500 hPa面での高度の低下により，500 hPa面でも閉じた等高度線として低気圧が描かれることもある．こうして低気圧の中心はほぼ鉛直に立ち，低気圧の発達は止まり，以後は次の理由により減衰していく．

5.6.1項の線形傾圧不安定波の議論では，簡単化のため，基本場の西風は高度とともに増加するが，水平面上では一様とした．またy方向（南北方向）には一様な波動を考えた．この議論を拡張し，基本場の西風はある緯度で最大で，そこから高緯度側にも低緯度側にも弱くなっているという，いわゆるジェット気流型の基本流を考えると，各高度の水平面上での傾圧不安定波の構造を議論することができる．その結果によると，水平面上で南北方向に基本流のシアーがあるときには，傾圧不安定で発達する波動のトラフとリッジの軸は基本流のシアーとともに傾くという性質がある（McIntyre, 1970）．すなわち，基本のジェット流の軸の高緯度側の低気圧性のシアーをもつ区域では，トラフの軸は北西から南東の方向に傾く．これが図6.3(f)の状況である．そして，このときには，図5.11(b)によれば，$\overline{u'_g v'_g}<0$であり，ジェット軸の高緯度側では$\partial \bar{u}/\partial y<0$であるから，式(5.136)によれば$K_E \to K_Z$の変換があり，擾乱の運動エネルギーは減少する．すなわち，低気圧は減衰する．

6.2 温帯低気圧の発達と対流圏界面の折れ込み

前節では低気圧の進化に伴う500 hPa面上での流れや高度の変化をみた．いうまでもなく500 hPa面の高度の変化は，それより上の空気の層の温度変化による．本節では，主に500 hPaより上の層での変化を，ある代表的な例の事例解析によって観察しよう．

ここで述べる例は，北米大陸上の低気圧である．図6.4の地上天気図に示

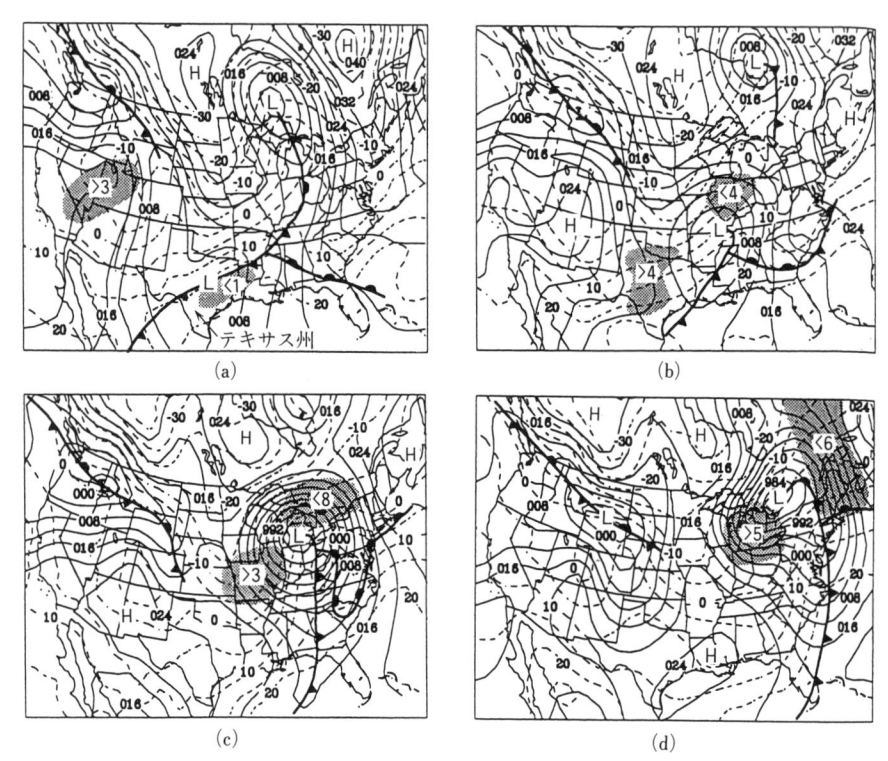

図 6.4 低気圧のライフサイクルを表す地上天気図の一例 (Hirschberg and Fritsch, 1991 a)
(a) 1982 年 1 月 3 日 1200 UTC, (b) 1 月 4 日 0000 UTC, (c) 1 月 4 日 1200 UTC, (d) 1 月 5 日 0000 UTC. 実線は海面気圧 (hPa, 1,000 の桁は除く), 破線は気温 (℃) の分布. 前 3 時間の気圧変化 (hPa(3 h)$^{-1}$) が表示してある値より大きいかまたは小さい地域には陰影がつけてある.

すように, 初期の 1982 年 1 月 3 日 1200 UTC (図(a)) に, 先発の発達した低気圧が五大湖地方の北にあり, そこから南西方向に長く伸びる寒冷前線上の米国南部テキサス州で, 今回対象とする低気圧が発生した (図 6.4(a) の L の記号). 同時刻の 500 hPa 天気図は図 6.5(a) に示してあるが, 地上低気圧の西方に 500 hPa のトラフ, さらにその背後に気温の谷 (サーマルトラフ) がある. この三者の相互関係は, この上層のトラフ/地上の低気圧という気象系が今後発達することを予測させる. 事実, その後の 24 時間に, 地上低気圧の中心は北北東に進みながら約 23 hPa 急降下し, 36 時間後にはミシガン湖付近で 984 hPa となり, ほぼ最盛期に達している (図 6.4(d)). 前節で説明し

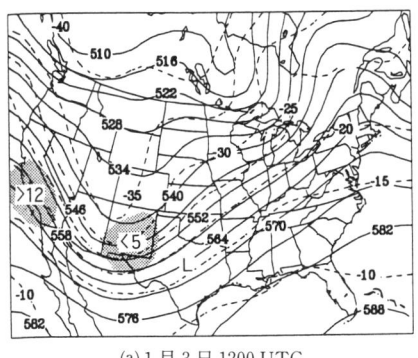

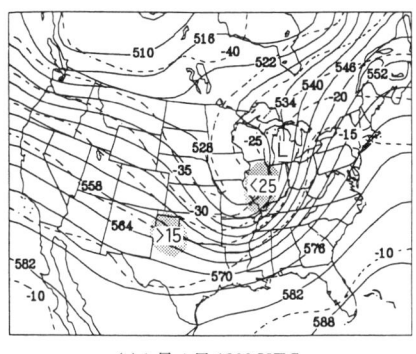

(a) 1月3日 1200 UTC   (b) 1月4日 1200 UTC

図 6.5 図 6.4 に対応する 500 hPa 高層天気図 (Hirschberg and Fritsch, 1991 a).
ただし 24 時間おきであることに注意.実線は高度 (dam),破線は温度 (°C).前 12 時間の高度変化 $(\text{dam}(12\,\text{h})^{-1})$ が表示してある値より大きいかまたは小さい地域には陰影がつけてある.

たことに関連して,図 6.4 の地上天気図で重要なことは次のとおりである.
①地上の寒冷前線の背後,地上低気圧の中心の南西側には強い寒気移流があるが,地上気圧は 3 時間で 3‑5 hPa 以下しか上昇していない (図 6.4(c) で＞3 と記した区域).②一方,地上低気圧の北ないし北東方向に 3 時間に 4‑8 hPa 程度地上気圧が降下している地域があり (図 6.4(c) で＜−8 と記した区域),これが低気圧の中心の移動経路として反映している.

次に初期から 24 時間経ち,低気圧が発達中の 500 hPa 天気図 (図 6.5(b)) で注目すべき点としては,①地上低気圧の中心の南西側 (図ではイリノイ州上空,〈−25 と記した区域) に前 12 時間に 250 m 以上という強い高度下降域があること,②トラフの軸の方向が北東‑南西から北西‑南東に変化したこと,③ジェット・ストリークの位置も変化し,いまや気圧降下域の南東側にあること,などである.これらはすべて模式的に図 6.3(f) で説明した特徴である.

次に 200 hPa 天気図をみる (図 6.6).500 hPa 面とのいちばん大きな違いは 500 hPa では寒冷なトラフ (トラフ内の気温がその東側および西側より低いトラフ) であったのが,200 hPa では温暖なトラフとなっていることである (図 6.6(a)).また 500 hPa では高度の急降下があった地上低気圧の中心の南西側に,温度の急上昇 (12 時間に 14°C 以上) の地域がある (図 6.6(b) で＞14 と記した区域).そして最も重要なことは,この地域に南西風のジェット・ストリークがあり,しかも密集した等温線に等高度線が大きな角度で交差して

(a) (b)

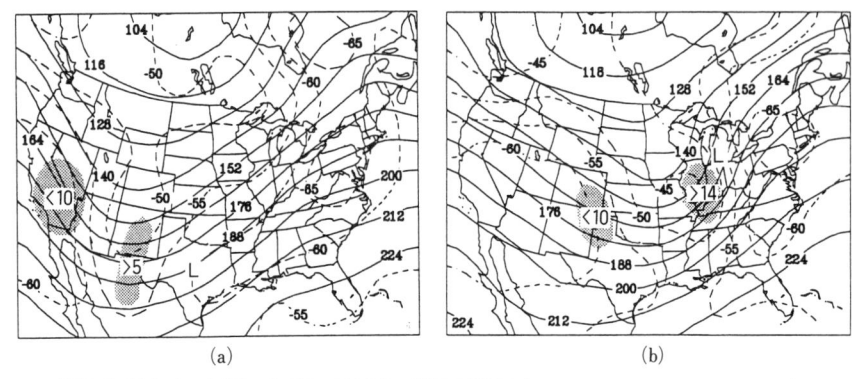

図6.6 図6.5に同じ，ただし200 hPa高層天気図（Hirschberg and Fritsch, 1991 a）
高度の値には1,000の桁が除いてある．前12時間の気温変化（K(12 h)$^{-1}$）が表示してある値より大きいかまたは小さい地域には陰影がつけてある．

いることである．すなわち地上低気圧の上空200 hPaには強い暖気移流があり，気温が上昇し，これが地上の気圧の降下，すなわち地上低気圧の発達と移動となっている．

　ここで対流圏界面の挙動が中心課題となる．WMO（世界気象機構）の定義によれば，対流圏界面の位置とは，観測された温度の高度分布において，最初に（少なくとも2 kmの範囲にわたって）2 K km^{-1}かそれ以下の温度減率をもつ層の下端の高度をさす．ところが第4章で述べたように，最近総観規模の大気の運動を記述し理解するのに，渦位（ポテンシャル渦度）が重要な概念であることが認識されてきた．そして図4.7に示したように，一般的に渦位の値は対流圏から成層圏に入ると飛躍的に増大する．それである時刻の高層気象観測結果から渦位の3次元分布を計算し，渦位がある値をとる面より上は渦位が大きいから成層圏の空気，それより下は対流圏の空気とみなして，この面を力学的対流圏界面（dynamic tropopause）と呼ぶようになった．この値としては，ふつうは1 PVU（$=10^{-6}$ m^{2}s^{-1}K kg^{-1}）をとるが，研究者によっては1.5 PVUあるいは2 PVUをとることがある．

　ここで述べている例について，地上低気圧の発生期と最盛期近くの時刻における力学的対流圏界面の高度の分布を示したのが図6.7である．この分布はWMOの定義による慣行の対流圏界面の高度の分布図と定性的にはよく似ている．ただ定量的には，図6.7(a)の段階で約50 hPa，図6.7(b)の段階

6.2 温帯低気圧の発達と対流圏界面の折れ込み——167

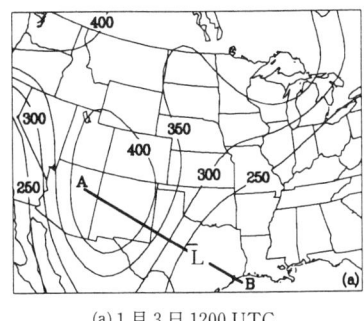

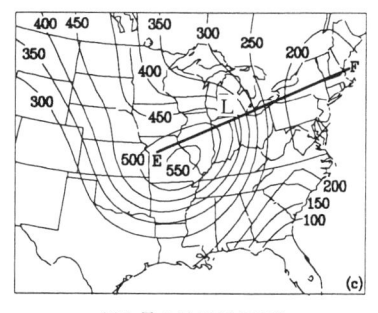

(a) 1月3日 1200 UTC (b) 1月4日 1200 UTC

図 6.7 図 6.5 と図 6.6 の時刻における力学的対流圏界面の高度 (hPa) (Hirschberg and Fritsch, 1991 a)
記号 L は地上低気圧の位置を示す．

では約 150 hPa だけ力学的対流圏界面の方が深く垂れ下がっている．

いずれにせよ，図 6.7(a) によれば，地上低気圧が発生したテキサス州の東部では，圏界面の高度は高く（約 250 hPa），圏界面はほぼ平坦（つまり高度が一様）である．ところがその後の 24 時間に，圏界面の起伏が激しくなるとともに，北北東に進んだ地上低気圧は，いまや圏界面の傾斜が急な部分（圏界面の高度の水平分布図で等値線が密集している部分）の下に位置している（図 6.7(b)）．前述のように，ここが暖気移流が最も強い地域でもある．

次に図 6.8 は，鉛直断面上で圏界面の高度と鉛直流と温位の分布を示す．鉛直断面の位置は図 6.7 に示した AB あるいは EF に近いが，それとは少しずれていて，ほぼ圏界面高度の最低と最高を結んだ線上にとってある．図 6.8(a) の時刻では，まだ地上低気圧は発生したばかりだから，この図に示した分布は図 6.5 の 500 hPa 天気図とは関係があるが，地上低気圧とは直接の関係はないとみてよい．圏界面の凹の部分には下降流があり，いわば下降流が圏界面を押し下げているわけである．約 250 hPa より上には高い温位をもつ成層圏の空気がある．そして，へこんだ圏界面の下では，等温位線が上に盛り上がって，対流圏全層にわたって寒気のドームがあることを示している．この寒気ドームを 500 hPa 面で水平に切断すれば，図 6.5(a) に示した寒冷なトラフとみえるわけである．この時刻には下降流の南東側に上昇流があり，圏界面が押し上げられている（図 4.23 参照）．

その 24 時間後には（図 6.8(b)），圏界面の起伏は激しくなり，凹部は約

168——第6章 温帯低気圧の構造と進化

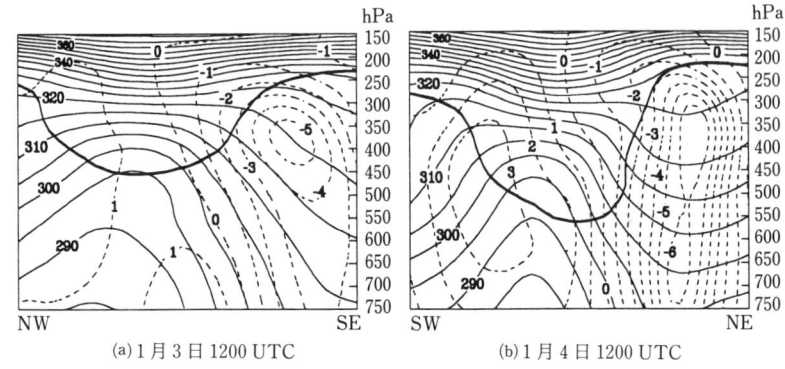

図 6.8 図 6.7 と同時刻における鉛直断面上の温位（実線，K）と鉛直速度（破線，10^{-3} hPa s^{-1}）の分布（Hirschberg and Fritsch, 1991 a）
太い実線は力学的対流圏界面の位置．

550 hPa まで下がっている．これを圏界面の折れ込み（folding）という．そして図には地上低気圧の位置は記入してないが，地上低気圧の中心は圏界面が約 550 hPa から 250 hPa まで上る急な傾斜面の下に位置していることは，すでに述べたとおりである．

そして図 6.9 は，地上低気圧が最盛期に近い時刻における 200 hPa 面上の気温の 1 時間変化量の分布を示す．この時刻，この高度では，地上低気圧の上空に激しい暖気移流があると述べた（図 6.6(b)）．図 6.9(a)によれば，暖気移流による昇温は最大で 2 K h^{-1} を越す．一方，図 6.7(b)で示したように，この地域には上昇流がある．それによる断熱冷却は 1 K h^{-1} を越す（図 6.9(b)）．それで低気圧の中心付近で高度 200 hPa では，差し引き 1 K h^{-1} の割合で昇温していることになる（図 6.9(c)）．

最後に，12 時間おきに，地上低気圧の中心に最も近いレーウィン・ゾンデ地点で観測した気温の高度分布を示したのが，すでに 0.2 節で引用した図 0.6 である．低気圧の中心が北北東に進んだこと，低気圧中心に向かって対流圏では寒気移流があったことなどにより，約 300 hPa 以下では気温は時間とともに連続的に下降している．それにもかかわらず，この 36 時間で中心気圧が約 25 hPa も下降したのは，暖気が地上低気圧の上空の成層圏下部付近で低気圧中心に流れ込んだからである．というよりも，上空で高温の（軽い）空気が流れ込んでくる地域では，地上気圧が下がるから，そこが地上

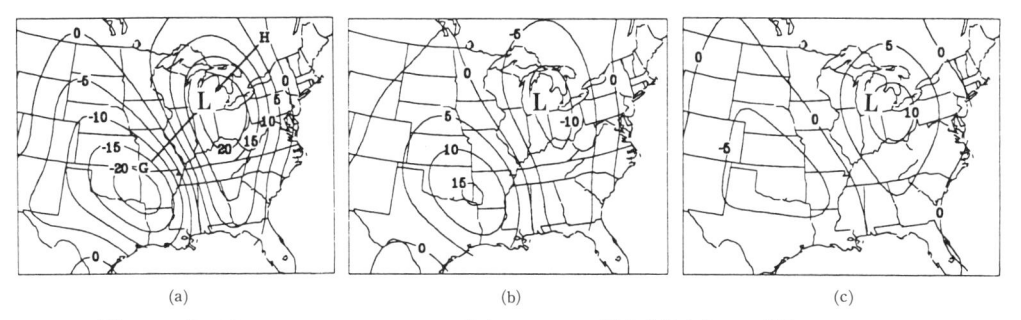

図 6.9 1月4日1200 UTC, 200 hPa の高度において, 温度変化を起こす過程 (Hirschberg and Fritsch, 1991 b)
(a) 水平移流による温度変化の割合, (b) 鉛直運動に伴う断熱圧縮・膨張による温度変化の割合, (c) は両者の和. 単位は $0.1\,\mathrm{K\,h^{-1}}$. 等値線の間隔は $0.5\,\mathrm{K\,h^{-1}}$. 地上の低気圧の位置を記号 L で示す.

低気圧の中心となったわけである.

こうして,発生初期には対流圏下層に暖気があったから,そこに地上低気圧があったのが,成熟期には成層圏下部に暖気があるから,そこに地上低気圧があるというように変容(メタモルフォーゼ)したのである.

6.3 上層と下層の擾乱のカップリングと低気圧像の変遷

前2節において代表的な温帯低気圧の発達の様子を記述した.多くの総観規模の低気圧の発達を調べると,下層の傾圧帯に背の低い低気圧の卵があり,そこに西から上層のトラフが接近してくると,背が高い総観規模の低気圧に成長するという過程をとるものが多い.これを,上層と下層の擾乱がカップリング (coupling) したという.下層の低気圧が上層の流れに「強制されて (forced)」成長したという表現をすることもある.本節では前節に続いて,上層の擾乱(圏界面の折れ込みを含む偏西風波動)とカップリングして,下層の低気圧が急速に成長する例をもう1つ述べる.2つの低気圧が別々の経路をとった後に1つにまとまる2つ玉低気圧の例,あるいは上層の寒帯ジェット気流と亜熱帯ジェット気流が交差した位置で発達した低気圧(図8.30のLC 1)の例とみることもできる.

図6.10が12時間おきの地上天気図である.まず低気圧 A は4月23日

(a) 4月24日0時 (b) 4月24日12時

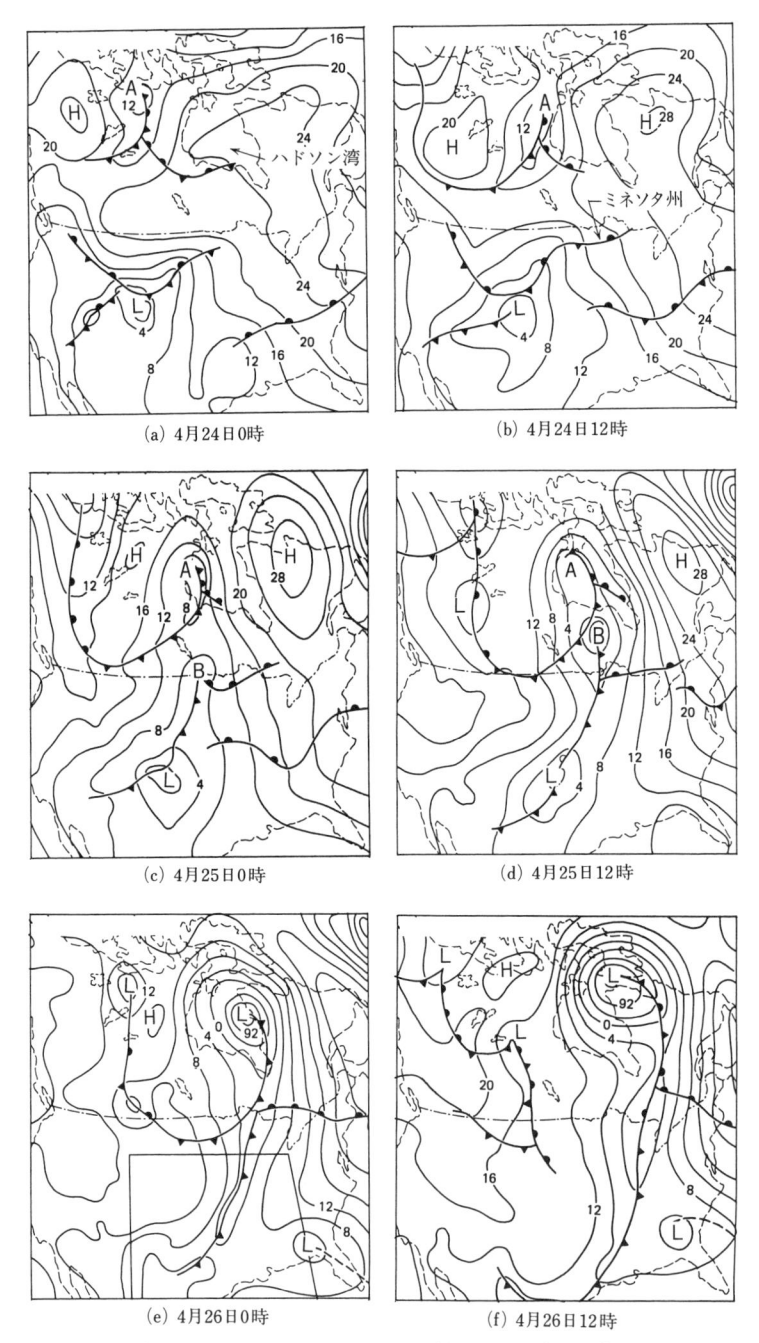

(c) 4月25日0時 (d) 4月25日12時

(e) 4月26日0時 (f) 4月26日12時

図 6.10 1979 年 4 月 24 日 0000 UTC から 12 時間おきの地上天気図 (Ogura and Juang, 1990)
等圧線は 4 hPa おき．記号 A と B は地上低気圧の中心位置を示す．図(e)の下部の四角は特別気象観測計画セサミの観測範囲 (8.3 節)．

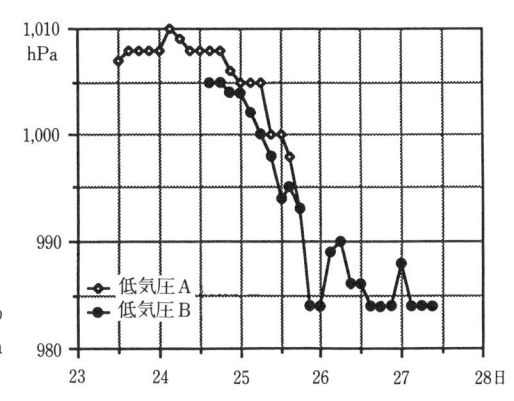

図 6.11 図 6.10 の低気圧 A と B の中心気圧の時間変化 (Ogura and Juang, 1990)

0000 UTC ごろカナダの北西部で発生し（おそらくはロッキー山脈の北端で発生した風下低気圧 (lee cyclone)），南東方向に移動し，(a)に示した 24 日 0000 UTC にはハドソン湾の西方に位置している．一方，図(b)に示した米国とカナダの国境近くの停滞前線はミネソタ州で北に湾曲し，25 日 0000 UTC までに低気圧 B が発生している (図(c))．解析によると，停滞前線付近で局所的に前線強化過程が強かったので発生したものと思われる．低気圧 A, B ともに発生当初は渦度の極大値は 850 hPa あたりにあるから，背が低い低気圧である．その後低気圧 A は南東方向に移動を続け，低気圧 B は北北東の方向に移動を始めたので，両者はしだいに接近し (図(d))，図(e)の 26 日 0000 UTC までにはまとまって 1 つになった．そして 1 つになった低気圧は，もとの低気圧 B の経路とほぼ同じく北北東に進行した (後の図 6.14 参照)．この意味で，低気圧 A は低気圧 B に吸収されたとみてもよい．

図 6.11 は低気圧 A と B の中心気圧の時間変化を示す．低気圧 A は発生してから 36 時間あまり，目立った発達はしていなかったが，25 日 0000 UTC 過ぎから中心気圧は急速に減少しはじめる．低気圧 B の中心気圧も同じく 25 日 0000 UTC から急降下する．1 つにまとまった後の時期を含めると，24 時間に約 20 hPa も降下したことになる．ただし，2 つの低気圧が 1 つにまとまったから，中心気圧の降下が特に加速されたということは認められない．

図 6.12(a)は低気圧が急成長中の時期における 250 hPa でのジオポテンシャル高度と温度の分布を示す．ここで目立つのは，寒帯ジェット気流と亜熱

172──第6章 温帯低気圧の構造と進化

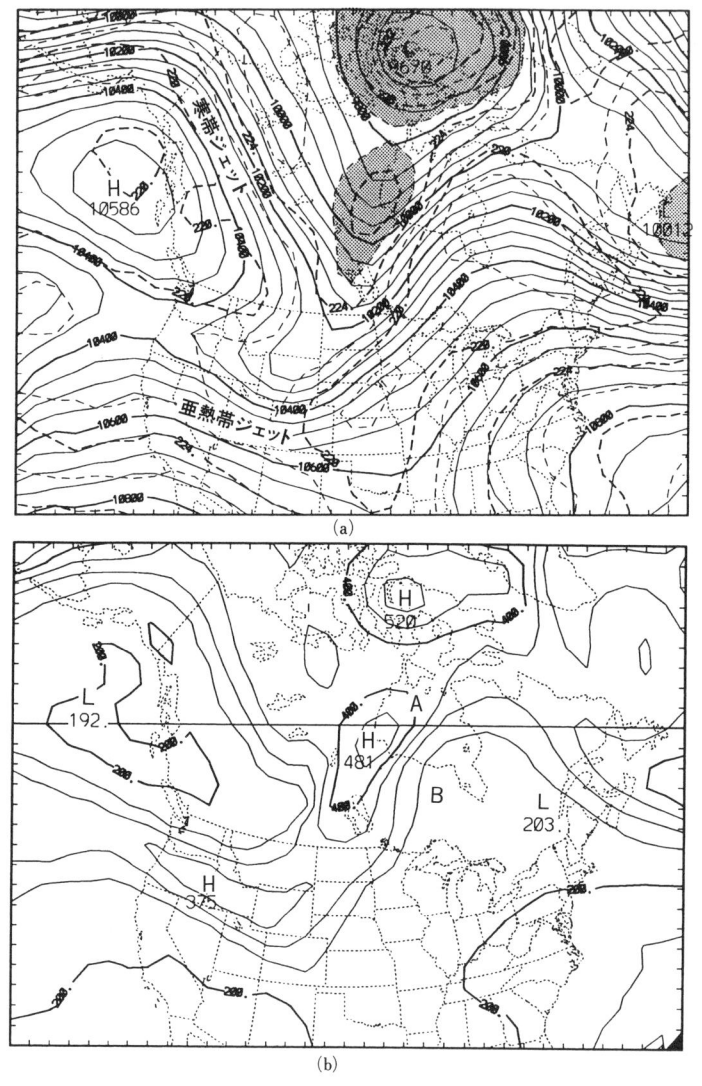

図6.12 ジオポテンシャル高度（実線，50mおき）と温度（破線，2Kおき）の分布図（Ogura and Juang, 1990）

(a) 4月25日1200 UTC, 250 hPa. 226 Kより高温の地域に陰影. (b) 同時刻，力学的対流圏界面の高度の分布. 単位はhPaで，等値線の間隔は50hPaおき. 記号HとLは圏界面が最も垂れ下がっている地点と盛り上がっている地点. 記号AとBは同時刻における地上低気圧AとBの位置. 東西方向の直線は図6.13の鉛直断面の位置を示す.

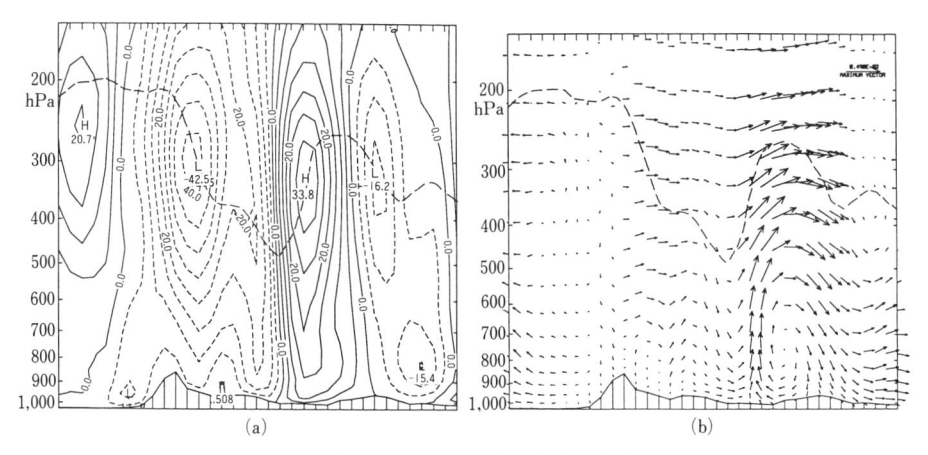

図 6.13 4月25日 1200 UTC,図 6.12 で示した東西方向の直線に沿った鉛直断面上の気象要素の分布 (Ogura and Juang, 1990)
(a) 南北方向の風速 (5 m s^{-1} おき).正 (実線) は南風,負 (破線) は北風.(b) 東西方向の風速成分と 1.0×鉛直 p 速度からなる速度ベクトル (上右隅の矢印は 49 m s^{-1} の水平速度または 4.9×10^{-3} hPa s^{-1} の鉛直 p 速度を表す).図中の長い破線は力学的対流圏界面の位置.

帯ジェット気流があることで,低気圧 A は前者の下で,低気圧 B は後者の下で発生している(亜熱帯ジェット気流は主に対流圏上層に存在しているから,500 hPa 天気図だけでは認められないことが多い).だから 2 つの低気圧は別々の経路をとって進行したのである.そして,この 2 つのジェット気流はカナダの中央部で合流している.その地域で目立つのは,温度＞226 K という高温域である.その意味は図 6.12(b) で明らかとなる.この図(b)は図(a)と同時刻に,等温位面上の渦位を計算し,ここでは 2 PVU を力学的対流圏界面と定義して,圏界面の高度の分布を示したものである.カナダの中央部で圏界面が約 480 hPa まで垂れ下がっている.つまり,図(a)の高温部は圏界面の折れ込みの部分である.そしてカナダ中央部の上空で,亜熱帯ジェットと寒帯ジェットが合流した形となっているのも,ここで圏界面の折れ込みがあり,南東に向かう寒帯ジェットに伴う北よりの風と,北上する亜熱帯ジェットに伴う南よりの風が,折れ込みを巡る大きな渦を形成しているとみることができる (図 6.13(a) 参照).

そして,図 6.12(b) のもう 1 つの着目点は,この時刻に低気圧 A は圏界面の傾斜の大きな地域にあり,低気圧 B もちょうどその傾斜面の下に移動し

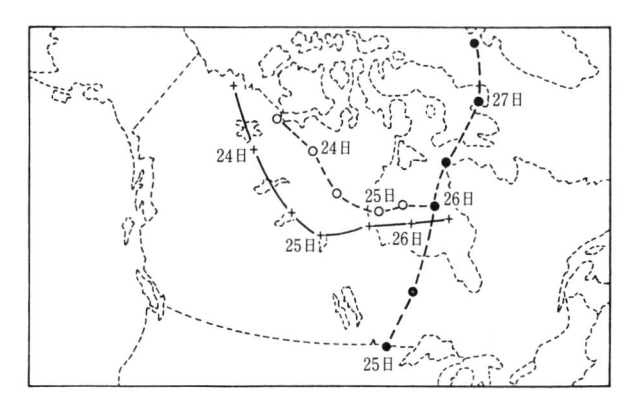

図 6.14 地上低気圧 A（白丸）と低気圧 B（黒丸）と正の渦位のアノマリーの中心（＋記号）の 12 時間おきの位置 (Ogura and Juang, 1990)
たとえば図の中の 24 日は 24 日 0000 UTC を表す．低気圧 A と B は 26 日 0000 UTC の少し前に 1 つにまとまっている．

つつあることである．
　この圏界面の垂れ下がりの中心を通る東西鉛直断面内のいろいろな気象要素の分布を示したのが図 6.13 である．図の破線は渦位 2 PVU で定義した力学的対流圏界面の位置である．温位と渦位の分布図は省略したが，図 4.23 と同じく，圏界面が垂れ下がった部分に渦位の正のアノマリーがあり，図 6.8(a) と同じく，その下に地表面から圏界面まで寒気のドームがある．図 6.13(a) によれば，圏界面の垂れ下がりを中心として，地表から 150 hPa くらいまで，すぐ上で述べた反時計回りに回転する渦がある．図 6.14 で示すように，この時刻にアノマリーの極大は東進中であった．圏界面の傾斜は進行方向に相当する東側で急で西側で緩やかである．そして図 (b) によると，東側の傾斜が急な部分に強い上昇流がある．図 4.23 で，進行する渦位のアノマリーの前面に上昇流が存在する傾向があることを述べた．図 6.12 に示した圏界面の折れ込みと低気圧 A，B の相対位置からみて，移動している渦位のアノマリーの前面にある上昇流が低気圧 A，B の渦度を伸張させ増大させるとともに，いまや対流圏全域にわたる上昇流を形成させたと思われる．
　一方，その上昇流の西側，寒気のドーム内には下降流がある．ここでは断熱圧縮があることになるが，寒気移流の効果の方が大きいことは，前節で上昇流に伴う断熱冷却より暖気移流の効果の方が大きいことと同じである．寒

気ドームといっても寒気がそのまま停滞しているのではなく，絶えず移動しているドームである．

図6.14は渦位のアノマリーの極大値の位置と，地上の低気圧A，Bの位置との相互関係を示す．25日0000UTCから26日にかけて，アノマリーの進行方向（東側）で圏界面の傾斜が大きい部分の傘下に低気圧A，Bが入ったころ，図6.11に示したように低気圧の中心気圧が急降下している．

「B型の低気圧発達」

総観気象学では，B型の低気圧発達という用語がときどき使われている．低気圧の発達をAとBという2つの型に分類したのはPetterssenとSmebye (1971) である．彼らの時代から多少の用語の使い方に変遷があったが，本質的に，A型の発達というのは，5.6節で述べたノーマル・モードの線形傾圧不安定波のように，小さな振幅から出発し，上層と下層の擾乱が同時に発達する型である．現象としては前線に沿った低気圧の列がそれであるという．一方，B型は，下層の低気圧の上空に既存の有限振幅の擾乱が接近してきて，上層と下層のカップリングの結果，発達する型である．

彼らはA型の低気圧発達の例はすぐみつかるが，B型の方はみつけるのが難しいと述べているが，今日では低気圧の発達の多くはB型と思われている．ここに低気圧というものの見方の変遷がある．すなわち1940年代後半に，傾圧不安定波の理論が提出されたときには，その波の構造（気圧・温度・風・鉛直流などの位相の相互関係）や最も早く成長すると期待される不安定波の波長などが，現実の低気圧のそれとよく一致していることから，傾圧不安定波即高・低気圧と思われた（A型の発達）．しかし，さらに現実の低気圧をよく眺めると，そうとはいいきれない点に気がついてきた．たとえば，下層と上層に同時に擾乱があって，下層の低気圧と上層のトラフがいつも鉛直方向に同じ位相を保ったまま発達するということは，ほとんどみられない（たとえば図5.10にみるように，トラフの軸の鉛直方向の傾きが時間とともに変化する）．下層の低気圧の卵というべき初期の擾乱は，傾圧不安定波の理論が期待するような，数千kmという波長の半分よりは，もっと小さな孤立した擾乱であることがふつうである．そして上層の擾乱とカップリングして成長するとともにスケールが大きくなる．これがB型の発達である．

また，上層と下層のカップリングの仕方の表現にも，時代の変遷がある．PetterssenとSmebyeは，「上層の既存のトラフが接近してきて，その前面の正の渦度の移流が下層の低気圧の上に及ぶと，B型の発達が始まる」としている．しかし，すでに5.4節で述べたように，オメガ方程式の2つの強制項には打ち消しあう部分があるし，6.2節で述べたように，上層では温度の移流も大きい．このため，最近では渦度の移流ではなく，渦位のアノマリー

とのカップリングという表現を使っている．なにしろ，渦位は断熱過程では保存量であるから扱いやすい．さらに渦位を使うことの大きな利点は，4.4節や式 (5.25) で述べたように，地衡風 (あるいは傾度風) 近似を使うと，渦位の分布 P_g はジオポテンシャル ϕ' の分布に変換できることである．下層の温位の水平分布が一様でないこと，海面 (地面) からの潜熱のフラックスによる加熱，水蒸気の凝結による加熱などにより，下層でも渦位のアノマリーは発達する．後の図 6.18 や 7.31 がその例である．これが下層の低気圧の卵である．それで渦位の分布が与えられたとき，それを適当に上層の渦位と下層の渦位のアノマリーに分けて，それぞれに対応する ϕ' を計算する．これを部分的変換 (piecewise inversion) という．時間を追ってこの計算を繰り返し，上層の渦位のアノマリーによる (たとえば) 1,000 hPa の ϕ' の時間的変化をみれば，地表の低気圧の発達に対する上層の渦位のアノマリーの寄与を知ることができる (Davis and Emanuel, 1991 ; Huo *et al*., 1999)．

6.4 シャピロの低気圧モデル

6.1 節で述べたノルウェー学派の低気圧モデルは優れたものであったが，やはり地表データと限られた上層データのみによったモデルだけに，高層観測網が整備され，気象衛星の雲画像などで，低気圧の 3 次元の全体像がとらえられるようになると，現実との矛盾点がしだいに指摘されるようになってきた．すでに述べたが，寒冷前線が温暖前線に追いついて閉塞前線が形成されるという過程は，現実の低気圧ではほとんど見受けられないという指摘は以前からあった．また，気象衛星の雲画像による雲域の進化も，ノルウェー学派の低気圧モデルから示唆されるものと，多くの点で違うことも指摘されてきた．

また，数値モデルによる短期の天気予報が成熟期に達し，予報と実況との対比結果がしだいに集積されるにつれ，温帯低気圧，特に冬の海上で急速に発達する低気圧についてのわれわれの知識がまだきわめて不十分であることが認識された．このため，海上の低気圧の実態をもっとよく知ろうという目的で，1980 年代の後半に米国を中心として，いくつかの大規模な特別気象観測が実施された．1986 年のゲイル (Genesis of Atlantic Low Experiment, 略して GALE)，1987 年の ASP (Alaskan Storm Program)，1988/89 年の冬のエリカ (Experiment on Rapidly Intensifying Cyclones over the Atlantic, 略

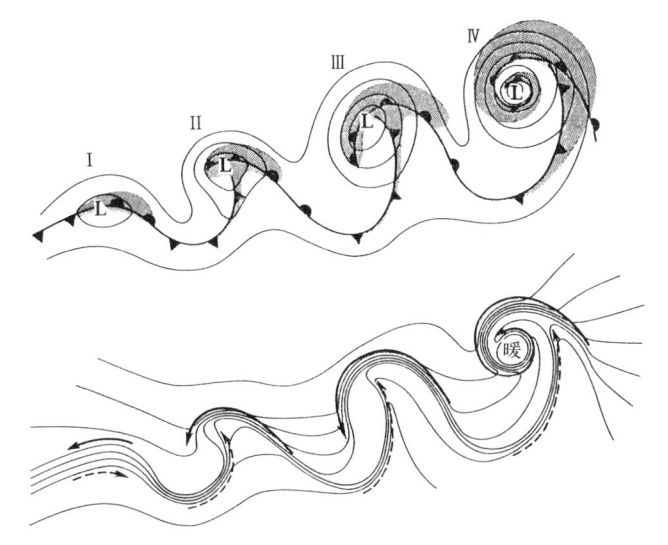

図 6.15 低気圧の発達経過のシャピロ・モデル (Shapiro and Keyser, 1990)
Ⅰ：幼年期，Ⅱ：前線の断裂，Ⅲ：後屈前線と前線の T ボーン，Ⅳ：暖気核の隔離．
上図は海面気圧（細い実線），前線（太い実線），雲域（陰影）．下図は温度（実線），寒気と暖気の流れ（実線と破線の矢印）．

してERICA）などがそれである．これらの観測の中核をなしたのが航空機観測である．飛行高度で気象要素を直接観測すると同時に，ドロップゾンデや航空機搭載のレーダー観測などにより，低気圧の微細な構造が測定された．その結果，従来のノルウェー学派の前線波動モデル（以下本書ではNモデルと称する）とは，かなり違った低気圧・前線モデルが提出された (Shapiro and Keyser, 1990; Neiman and Shapiro, 1993; Neiman et al., 1993). 本書は便宜上この新しいモデルをSモデルと呼ぶことにする．

Sモデルによれば，低気圧の発達は地上では，図 6.15 のように 4 段階に区分される．Ⅰ：幅約 400 km の幅広い連続した前線（傾圧帯）があり，その中に誕生まもない低気圧がある．Ⅱ：低気圧が発達するにつれ，連続していた前線が低気圧中心付近で温暖前線と寒冷前線とに断裂する．Sモデルでは，これを前線の断裂 (frontal fracture) という．ここがNモデルとの違いの1つで，Nモデルでは温暖前線と寒冷前線は（閉塞前線を含めて）連結されており，前線帯の赤道側の暖気と極側の寒気との境界として，ほぼ東西方向に連

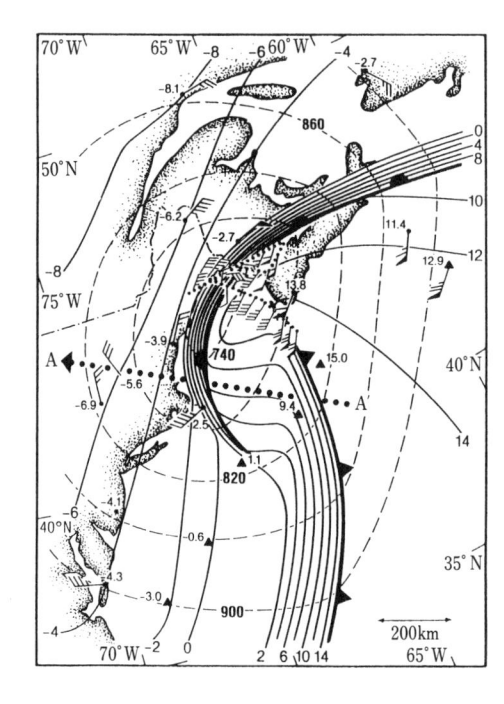

図6.16 前線の断裂の観測例（Shapiro and Keyser, 1990）
920 hPa における温度（実線, °C）と高度（破線, m）．1988年1月27日 1200 UTC．NOAA の航空機 P-3 の飛行経路（小さな点線）に沿って測定された風もプロットしてある．三角はドロップゾンデ投下地点．レーウィンゾンデおよびドロップゾンデ地点には 920 hPa の温度の値が記入してある．風のペナントは $25\,\mathrm{m\,s^{-1}}$, 長い矢羽は $5\,\mathrm{m\,s^{-1}}$, 短い矢羽は $2.5\,\mathrm{m\,s^{-1}}$．寒冷前線と温暖前線の記号は慣習どおり．

続的に横たわっている．Ⅲが発達の中間点である．温暖前線はいまや低気圧の中心を通り南西の方向に延びている．これを後屈温暖前線（bent-back warm front），あるいは単に後屈前線という．そして重要なのは後屈温暖前線に向かって，低気圧の中心より東に進んだ寒冷前線がほぼ直角に延びていることである．この2つの前線の組合せが特徴のあるT字型をなす．これを前線のTボーン模様（frontal T-bone）という．Tボーンというのはビーフステーキの一種で，T字型の骨を挟んで旨味の濃いサーロインと柔らかで上品なヒレが1枚につながったステーキ肉である．Ⅳが最盛期である．低気圧の中心付近では，温暖前線の西端が強く巻き込んで，そこに暖域から隔離された比較的温度の高い核が形成される．これが温暖核の隔離（warm-core seclusion）である．Nモデルでも温暖核の存在は認められるが（図6.1(e)），その温暖核は暖域の暖気が閉じ込められたものである．一方，Sモデルの温暖核内の空気は，初期に温暖前線のすぐ北にあった比較的温暖な空気が，そのさらに北側にあったより寒湿な空気とともに巻き込まれて閉じ込められた

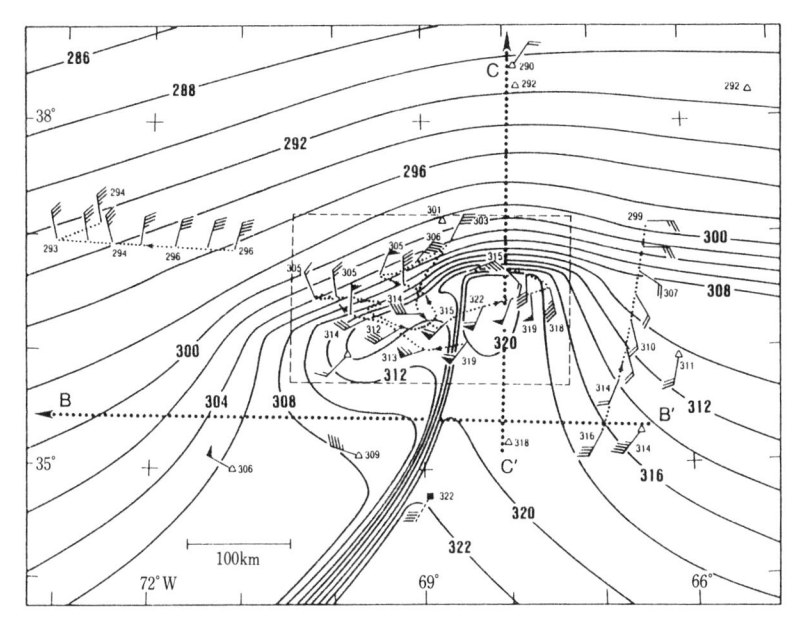

図 6.17 航空機による T ボーン前線の観測例 (Neiman and Shapiro, 1993)
1989 年 1 月 4 日 0600 UTC. 実線は海面上 350 m の高度の相当温位 (θ_e, K). 小さい点線は NOAA の航空機 WP-3 D の 350 m 高度での飛行経路で, 経路に沿って測定した風ベクトルの一部も記入してある. 風の記号は図 6.16 と同じ. 白い△はドロップゾンデの投下地点. 黒い四角は海面の風. 測定値の一部には 0600 UTC に合わせて空間-時間変換 (コラム参照) がしてある.

ものである (Kuo et al., 1991; Reed et al., 1994).

N モデルとの最も大きな違いは, 上記の記述で閉塞前線という言葉が一度も出てこなかったことである. この点については次節でさらに述べる. 図 6.16 はエリカの準備期間中に, 航空機が測定した前線の断裂の例である. 温暖前線はノヴァ・スコチア地方を横断して低気圧の中心を通り, 中心の西側で吹いている北よりの風の中で南に向きを変えて後屈温暖前線となっている. 寒冷前線は低気圧中心の東側, 南風の中にあり, 米国の東岸に平行して延びている. この段階では寒冷前線と温暖前線は明瞭に切断されており, やがて T ボーン模様となっていく.

次にエリカの観測期間中, 4 機の気象観測機が捕捉した低気圧の T ボーン模様の段階が図 6.17 である. 飛行高度 350 m における相当温位 (θ_e) と風の分布が示してある. 南北方向に伸びた寒冷前線と, 東西方向に延びた温暖

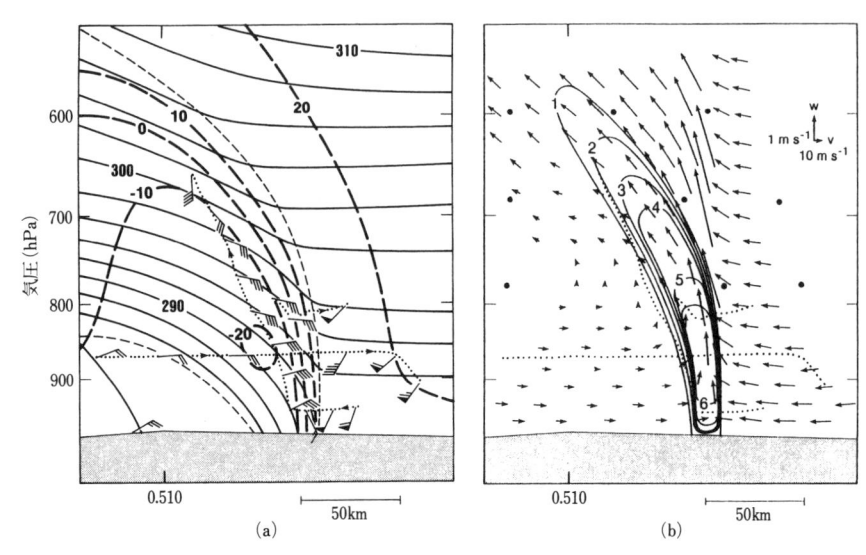

図6.18 図6.17のCC′に沿った鉛直断面上の後屈温暖前線の微細構造（Neiman and Shapiro, 1993）

(a)温位（K，実線）と断面に直角方向の風速（m s^{-1}，太い破線）．細い破線は前線の境界を示す．小さな点線は飛行経路で，測定された風も記入してある．(b)渦位（単位はPVU，実線）と前線に相対的な南北風速成分と鉛直速度がつくる風ベクトル．

前線と，初期の後屈前線があり，θ_e と風の水平傾度は，これらの狭い（幅5‐50 km）の前線帯に集中している．寒冷前線の東側では，20‐30 m s^{-1}の南ないし南西の風に乗って，高い θ_e（>318 K）の空気が温暖前線に向かって侵入している．寒冷前線の西側，後屈前線のすぐ暖気側にも高い θ_e（>314 K）の空気が侵入している．

図6.17のCC′線に沿った鉛直断面図上で，図6.17よりさらに高分解能の微細構造を図6.18に示す．図(a)では，温暖前線の北方に存在する海洋上の大気境界層の上に暖気がのし上がっていて，温位の水平傾度と風のシアーからみても，きわめてシャープなメソスケールの前線構造を示している．図6.18(b)で示した前線に直角方向のエルテルの渦位の分布図では，10 kmの幅で高度600 hPaあたりまで正の渦位のアノマリーがあり，その最大値は6 PVUを越す．この値は通常の対流圏下層や中層の値より1桁大きく，成層圏の空気のそれに匹敵する大きさである．6.6節で述べるように，この強い

渦位は水蒸気の凝結による加熱で生成されたと思われる．鉛直速度の最大は約 3 m s^{-1} であり，この値は航空機搭載のドップラーレーダーからの値と矛盾しないとのことである．前線内の収束の大きさは -20×10^{-4} s^{-1} を越す．

ちなみに，図 6.17 と 6.18 で示した低気圧は米国東岸沖で発生し，暖かいメキシコ湾流の上を北東に進む間に，地上の中心気圧が 24 時間に 60 hPa も下がるという急発達した低気圧である．海上の低気圧の微細構造をこれほど詳しく観測した例はほかにない．紙数の都合上，ここではほんの一部しか紹介していない．

S モデルについては中村と髙藪 (1997) の解説があるから，参照していただきたい．また，発達初期の南岸低気圧に伴って，日本周辺で T ボーン模様に似た前線が出現したという事例解析もある (高野，1999)．東西方向に長さ約 1,000 km に延びる温暖前線と後屈前線に，ほぼ直角に寒冷前線が交差している様子や，温暖・後屈前線の北側に強い東よりの風が吹いている点などは図 6.17 の T ボーン構造に似ている．その反面，寒冷前線を横切って，ほとんど温度傾度がみられないという違いはある．

> **［時間－空間変換法］**
> 　これは観測データを解析するときによく用いられる手法の 1 つである．たとえば，南北に走る前線が毎時 60 km の速度で東に進行中であることが観測からわかっているとする．ある固定された観測点で 10 分おきに気温を観測したら，8 時 50 分に 10℃，9 時 00 分に 9.9℃，9 時 10 分に 9.7℃であった．短時間にこの前線は構造を変えないで進行していたと仮定してよいならば，9 時 00 分における気温の水平分布図をつくるさいには，観測点の東 10 km の地点の気温は 10℃，西 10 km の地点のそれは 9.7℃としてよい．このように，時間的に密な観測データを空間的に密なデータに変換することができる．

6.5 閉塞前線は本当にあるのか

前節で述べたように，新たに提出された S モデルは，古典的な N モデルとはかなり違う．最も大きい違いは，S モデルでは閉塞前線がないことである．もちろん，S モデルの基礎となった観測例の数は少ないので，これが低気圧一般に妥当するかどうかという疑問は起こるが，とにかく，これは海上の低気圧の話である．一方，N モデルは主に大西洋からヨーロッパ大陸を

182──第6章 温帯低気圧の構造と進化

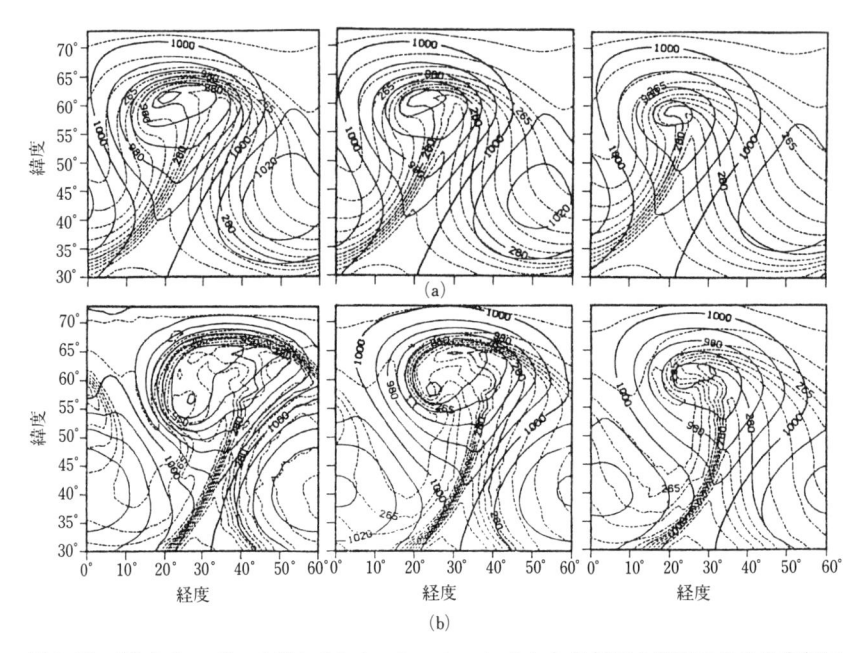

図6.19 プリミティブ・モデルでシミュレーションされた低気圧の発達に伴う地表気圧（実線，10 hPa おき）とモデルの最下層（$\sigma=0.936$）の温位（破線，3 K おき）の分布（Hines and Mechoso, 1993）
(a)積分開始後 2.5 日，(b) 3.5 日．左から，地表摩擦がない場合，弱い場合（海上に相当，抵抗係数 $=0.56\times10^{-3}$），強い場合（陸上に相当，抵抗係数 $=2.0\times10^{-3}$）．

通過する低気圧について構築されたモデルである．それで，この2つのモデルが示す違いは，地表面での摩擦力の違いに原因があるのではないかということがまず考えられた．陸面に比べると，海面は比較的滑らかなので，摩擦力が弱い．このことは，一般向け解説書で，地上風が等圧線となす角は，海上では20°前後，陸上では30°前後と記されているとおりである．

それでは，地表面摩擦の違いが低気圧の構造にどんな影響を及ぼすのか．それを数値実験で示した結果が図 6.19 である．この実験では，図 5.9 で示した実験に似て，乾燥大気を考え，ジェット気流型の基本流に初期の弱い波動が重なったとして，その波動の時間的発達がプリミティブ・モデルを用いて計算されている．そのさい，地表面での摩擦応力の強さを決める摩擦係数というパラメターの大きさをいろいろ変えて，数値実験を繰り返している．

6.5 閉塞前線は本当にあるのか——183

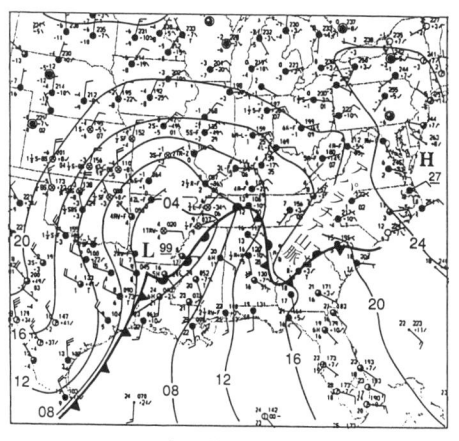

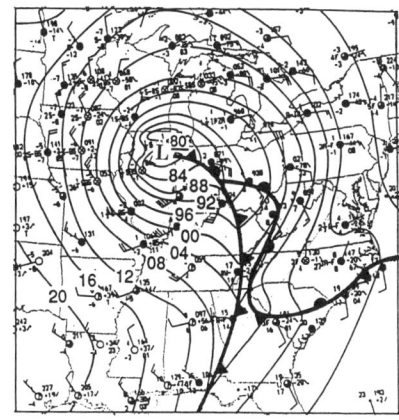

(a) 1987年12月15日0000 UTC

(b)同日1200 UTC

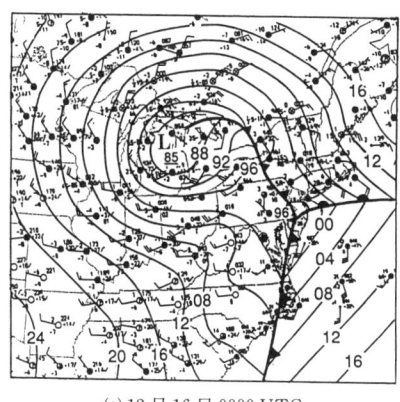

(c) 12月16日0000 UTC

図 6.20 北米大陸上の低気圧の発達を示す 12 時間おきの地上天気図（Mass and Schultz, 1993）

　実験結果の図 6.19 をみると，前線の断裂や T ボーン型の前線など，S モデルの特徴は地面摩擦が弱い場合のみに明瞭に現れている．つまり，地面摩擦がゼロか海上のように弱いと，低気圧の北側の東風も南側の南風も強く，これが温暖前線に沿って前線強化作用を起こし，後屈温暖前線をつくり，さらにこれが赤道側に曲がり，T ボーン型の前線を形成している．地面摩擦が強い陸上の低気圧では，この特徴が明瞭でない．

　いずれにせよ，S モデルの登場によって，大陸上の低気圧についての興味が再燃し，観測データが豊富な北米大陸上の低気圧をみなおすことが行われた．図 6.20 はその一例である．この低気圧は，6.2 節の低気圧と同じく，

(a) 積分開始後 24 時間 (b) 33 時間

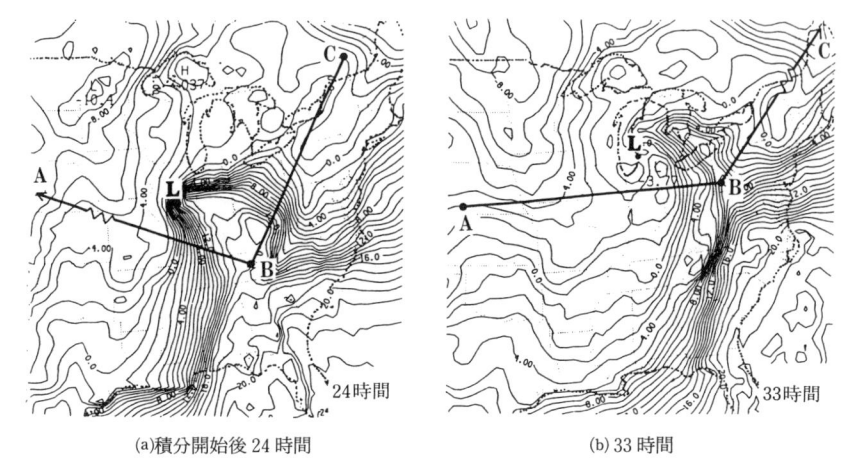

図 6.21 プリミティブ・モデルで再現された図 6.20 の低気圧と前線に伴う地上気温の分布 (Schultz and Mass, 1993)

　テキサス州で発生し，北北東に進む間に，12 時間に約 20 hPa も中心気圧が下がるという急成長をした（B 型の発達）．図 6.20 によると，地上の前線の進化は，S モデルよりも図 6.1 の N モデルに似て，寒冷前線が温暖前線に追いついて閉塞し，暖気の一部が閉じ込められている．また，この場合には前線の断裂はなく，温暖核の隔離は地上では認められず，800 hPa でかすかにある程度である．こうした解析結果は，地面摩擦が大きい場合の数値実験の結果（図 6.19）とかなりよく一致する．さらに，S モデルでは寒冷前線よりも温暖前線の温度傾度の方が大きかったが，今回はそれほどの差はなかった．
　しかし，ここで地形の影響を考慮する必要がある．この場合の下層についていうと，大陸東岸のアパラチア山脈の西側で寒気がせき止められ (damming)，暖域内の暖気の東進が遅れたため，寒冷前線が追いついたという事情がある．また，温暖前線が西方に伸張し後屈前線をつくるというプロセスが起こりにくい事情が 2 つある．1 つは，大陸上では夜間の放射冷却が強く，寒気が涵養されやすいことである．もう 1 つは，低気圧が北東あるいは北北東に移動するにつれて，ロッキー山脈の東斜面に沿ってカナダ極気団が侵入してくることである．
　それでは，理由はともあれ，地上で寒冷前線が温暖前線に追いついて閉塞前線ができたとき，上層では図 6.2 のような閉塞前線となっているのであろ

6.5 閉塞前線は本当にあるのか——185

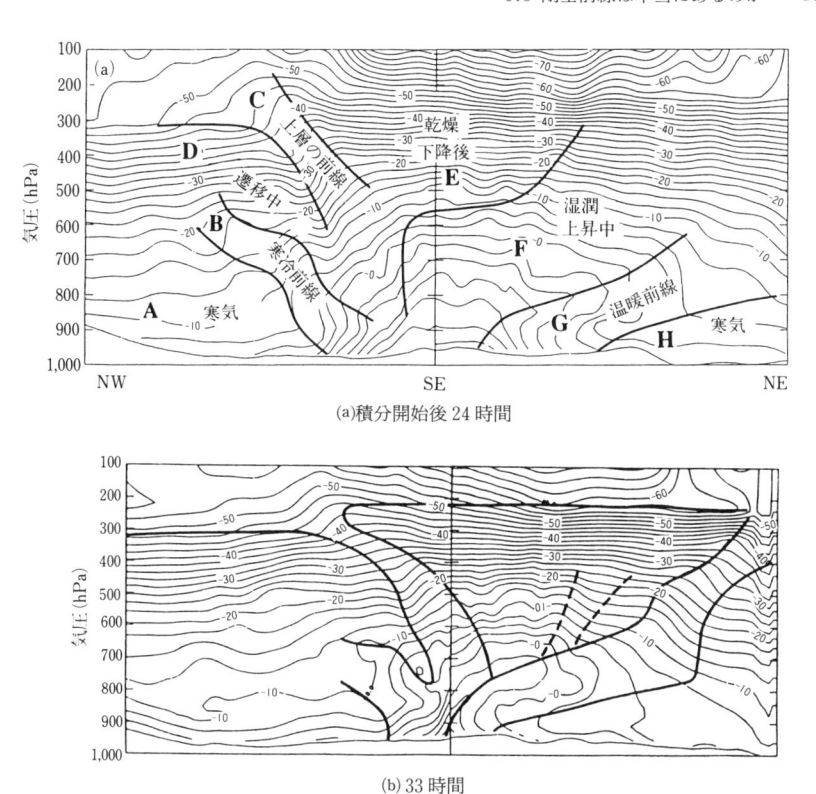

図6.22 図6.21でシミュレーションされた低気圧について，温暖前線と寒冷前線にそれぞれほぼ直角な方向の鉛直断面内の温度（細い実線，°C）の分布 (Schultz and Mass, 1993)

うか．それを調べる目的で，上記のケースについて，12月14日1200 UTCを初期値として36時間の数値シミュレーションが行われた．図6.21(a)と(b)はそれぞれ実験に入ってから24時間後と33時間後の地上気温の分布図である．前者ではまだ暖域が存在しているが，後者の時間までには寒冷前線が温暖前線に追いついて，閉塞前線ができている．温暖前線および寒冷前線に直角の方向の鉛直断面内の温度分布をみたのが図6.22である．33時間後の閉塞前線の鉛直断面をみると（図6.22(b)），閉塞前線の後ろの空気が前線にのし上がって，ノルウェー学派のいう図6.2の温暖型閉塞前線に似た形をしている．しかし図6.22(a)に戻ってみると，対流圏界面の折れ込みに伴って上層に前

線があり，その前面には沈降による乾燥した空気がある．上層の前線は初めは下層の前線とは別にその西方に出現したが，下層の前線よりも速く移動し，図6.22(b)では下層の前線に連結している．したがって，下層の閉塞前線の上の空気は上層の前線の下端であり，乾燥していて湿球温位(θ_w)は小さい．その意味で，7.2節で述べるスプリット前線に似たものである．

現在では，NモデルとSモデルはどちらが正しくて，どちらが正しくないというものではなく，低気圧は多様性をもち，NモデルとSモデルはその中で比較的極端に構造が違ったものとして理解されている[†]．そして，その多様性は単に地表面の摩擦係数の違いのみならず，低気圧の発生・発達の際の環境（すなわち，より大きなスケールの気象状態）によるとする研究が続けられている（8.7節）．

[†]閉塞前線についての最近の研究は，SchultzとVaughan（2011）が総合報告している．

したがって，いうまでもないが，今後温帯低気圧についての観測データの解析をするさいに重要なことは，観測データをNモデルやSモデルなど既存のモデルに当てはめて解析しようとするのではなくて，できるだけ多くの観測データを集め，データに忠実に解析することである．そしてそのさいに，特に日本周辺のように，高層観測データが少ない地域での解析に役に立つのは，数値モデルを用いてシミュレーションを行うことである．その例はすでに図6.22で述べたし，このあとにも多く引用するが，この手法はすでに世界的に広く用いられている．もちろん，数値モデルによる予測は，初期値の精度が十分でなかったり，モデル自身も不完全であることのために，時として実況と必ずしも一致しないことがある．しかし予測の精度が十分であったときには，数値モデルからの出力は，空間的にも時間的にも観測データよりはるかに分解能のよいデータを提供している．しかも，この種のデータはふつう規則正しく配列された格子上で与えられているので，①現象の理解に有益な渦位や第8章で述べる前線形成関数などを容易に計算することができる．また，②着目している空気塊，たとえば閉塞前線上の空気塊はどこから来たのかなど，空気塊の軌跡の計算は，この種のデータによって，初めて可能となる（例は図7.8など）．さらに，数値モデルを用いる解析の利点として，③感度実験（sensitivity test）を行うことができる．物理学では，いろいろとパラメーターの値を変えて，それに対する応答を室内実験でみることができる．気象学では，ある現象にいろいろな因子が作用しているのにかかわらず，どの因子がどれだけの影響を及ぼしているか，実験することができない．それ

を可能にするのが，数値モデルを用いた実験である．数値モデルの中のあるパラメターの値だけを変えて実験を繰り返す．その例は，すでに上で述べたが，他の例として 6.6 節で，海上で爆発的に発達する低気圧では，水蒸気の凝結に伴う潜熱による加熱と，海面からの顕熱と潜熱の鉛直フラックスとの，どちらが大きな影響をもつかを議論する．

6.6 海上で爆発的に発達する低気圧

6.6.1 爆弾低気圧

図 6.23 は低気圧の活動が最も活発な寒期における北太平洋上の低気圧の出現数の分布図である．ここで低気圧とは，4 hPa おきに描いた等圧線が少なくとも 1 本は閉じているものをいう．図の説明にある 48 ヵ月の全調査期間につき，12 時間おきの地上天気図から，その時刻におけるすべての低気圧の中心位置を定め，緯度・経度 5°ごとの枡目の中にある低気圧の数を数え上げて記入し，滑らかな線を引いたものである．図に現れた大体の傾向としては，45°-55°N の帯状の地域で出現数が多い．日本付近で等値線が西に延びているのは，東シナ海で低気圧が多発するからである．ここは大陸起源の乾燥・寒冷な空気が，温暖な海洋性の気団と出会い，傾圧性が強い地域で

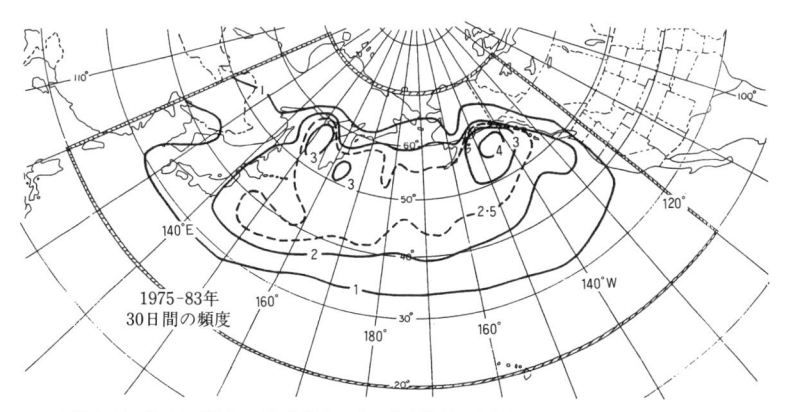

図 6.23 北太平洋上の地表低気圧の出現頻度分布図 (Gyakum *et al.*, 1989) 調査期間は 1975 年 10 月 1 日から始まる 8 年間の冬季 (10 月 1 日から 3 月 31 日まで) の 8 シーズン．30 日間の緯度・傾度 5°の枡目内の出現数．調査範囲の輪郭も示してある．

ある．またカムチャツカ半島の両側とアラスカのすぐ南方海域でも出現数が多い．

そして，海上の低気圧の中には，急激に発達するものがある．1978年9月，ニューヨークに向け大西洋を航海中の超豪華客船クィーン・エリザベスII号が，予期しない暴風雨と高波に遭遇し，船体の上部構造の一部が破損し，乗客20名が負傷するという事故があった．その後の調査により，このストームは中心気圧が24時間に60 hPaも下がるという爆発的に発達した低気圧によってもたらされたことがわかった．しかも，この発達はほとんど予報されていなかったことから，この種の低気圧についての関心が高まった．そのきっかけをつくったサンダースとジャイカム(Sanders and Gyakum, 1980) は，24時間に中心気圧が $24(\sin\phi/\sin 60°)$ hPa 以上下降する低気圧に爆弾低気圧 (bomb) という名称を与えた．ここで，ϕ はいま考えている地点の緯度である．同じ水平気圧傾度力でも，コリオリ・パラメター f は $\sin\phi$ に比例するから，60°を基準として，気圧降下量を規格化しているわけである．この定義によれば，緯度45°では，24時間に中心気圧が19.6 hPa 下降すれば，その低気圧は爆弾低気圧の仲間入りをすることになる．

統計によると，24時間以上継続する温帯低気圧の約10％が爆弾低気圧に属する．そのほとんどすべては，冬季の海上で出現する．図6.24は，緯度・傾度 5°×5° の枡目内で，爆弾低気圧の中心気圧の最速下降が起こった頻度の分布図である．頻度が大きい地帯は，太平洋・大西洋ともに，海洋の西端で大陸の沿岸近くである．太平洋の場合には，日本のすぐ東方の洋上である．これらの地域は，上層ではジェット気流が強い地域である．下層では，冬の大陸からの冷気が海洋性の暖気と遭遇し，温度の水平傾度が大きく，温度移流が強い地域である．そして，図の頻度の大きい地帯は，それぞれ黒潮とメキシコ湾流に伴う海面水温の水平傾度が大きい海域に沿って，東へ延びている．また，アラスカの南の海上でも頻度が大きい．ここも冬の大陸上の冷気が南下して，海上の暖湿な空気と遭遇する区域である．

太平洋西部（日本付近）の爆弾低気圧の統計的性質についてはジャイカムら (Gyakum et al., 1989) の論文に詳しい．爆弾低気圧はふつうの低気圧より長命で，爆弾低気圧の74％は4日以上の寿命をもつのに，それ以外の低気圧ではこれほど長命なのは21％しかないとか，爆弾低気圧では，発生して

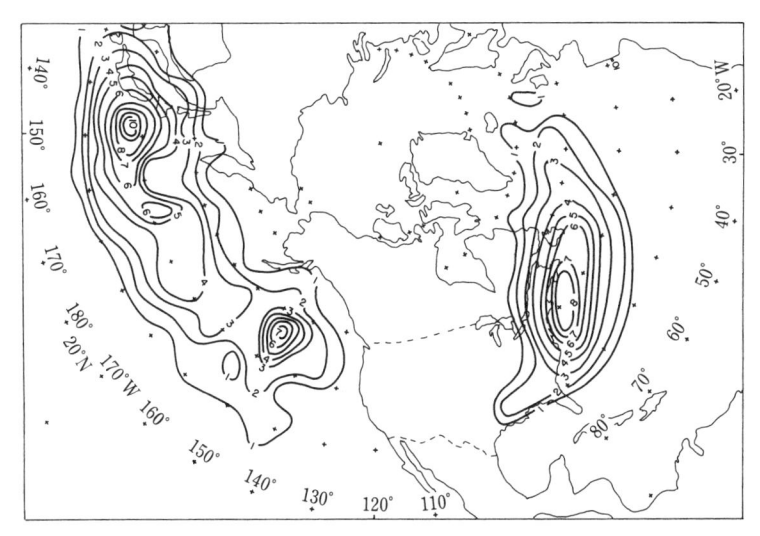

図 6.24 爆弾低気圧の中心気圧が最も急速に下降した位置の頻度分布図（Roebber, 1984）

緯度・傾度 5° の枡目内で，1976-82 年の統計．

から最初の 24 時間以内に最大の中心気圧下降期が始まるなど，興味ある指摘がある（ただし，この統計では爆弾低気圧は上記より厳しく，45°N で 24 時間に少なくとも 24 hPa 以上の気圧下降がある低気圧と定義している）．

6.6.2 低気圧の発達に及ぼす水蒸気の影響

それでは，なぜほとんどすべての爆弾低気圧は海上でのみ発達するのであろうか．海上と陸上の違いとしては，海面の方が表面が滑らかで地表面摩擦が弱いこと，海面での顕熱と潜熱の鉛直フラックスが陸面でのそれより大きいこと，一般的に海上の空気の方が水蒸気を豊富に含み，降水量が多いことなどがあげられる．6.5 節において，他の条件は全く同じにして，ただ地表面摩擦だけを，①摩擦なし，②海面に相当する弱い摩擦，③陸面に相当する強い摩擦，の 3 とおりに変えたとき，低気圧の発達がどう違うかという数値シミュレーションの結果について述べた．ただ，そこでは主に閉塞前線ができるかどうかに重点をおいた話をした．そこで，地表面摩擦の違いにより，低気圧の発達の程度がどれだけ違うかという観点から，もう一度その結果を

みると，数値実験開始後3日経ったとき，低気圧の中心気圧は，それぞれ① 936 hPa，② 945 hPa，③ 957 hPa であった．また温暖前線に沿う下層ジェットの強さは，それぞれ① 44 m s^{-1}，② 32 m s^{-1}，③ 19 m s^{-1} であった．地表面摩擦が大きければ，摩擦による運動エネルギーの消耗が大きく，低気圧はあまり発達できないことは明らかである．

次に，乾燥して低温の大陸の空気が高温の海上に流れ出ると，海面からは盛んに蒸発が起こるとともに，大気は下から加熱される．一般的に，地表面からの顕熱と潜熱の鉛直フラックスは，次のバルク法で見積もられている．

$$F_\mathrm{s} = -\rho C_\mathrm{h} C_\mathrm{p} |\boldsymbol{v}_{10}| (T_{10} - T_\mathrm{G}) \tag{6.1}$$

$$F_\mathrm{q} = -\rho C_\mathrm{q} L_\mathrm{c} |\boldsymbol{v}_{10}| (q_{10} - q_\mathrm{G}) \tag{6.2}$$

ここで，ρ は空気の密度，C_h は顕熱の交換係数と呼ばれているパラメター，C_q は水蒸気の交換係数，C_p は定圧比熱，L_c は凝結の潜熱，$|\boldsymbol{v}_{10}|$，T_{10}，q_{10} はそれぞれ海面からの高度 10 m における風速，温度，混合比，T_G と q_G はそれぞれ海面における温度と混合比である．C_h と C_q の値はそれぞれ 1.4×10^{-3} と 1.6×10^{-3} である（研究者によっては，多少これと違う値を用いることもある）．一例として，6.5節で述べた低気圧について，図6.17に示した状況から12時間後，後屈温暖前線がさらに発達した時刻の1989年1月4日 1800 UTC における F_s と F_q の分布が図6.25に示されている．低気圧の中心は，海面水温20°Cを越えるメキシコ湾流上にあり，そこに大陸からの冷たく乾燥した空気が流れ込んでいるため，顕熱と潜熱の鉛直フラックスはきわめて大きい．しかも F_s，F_q ともに風速に比例するため，風速が大きい後屈前線の西側で特に大きく，最大で F_s は 1,000 W m^{-2}，F_q は 1,800 W m^{-2} に達する区域もある．この値は通常の温帯低気圧や熱帯低気圧の場合の2倍から数倍ある．

このように海面からの大きな加熱と加湿がどの程度低気圧の発達を助成するか．この疑問に答えるためと，雲の中で水蒸気の凝結に伴う加熱が低気圧の発達に与える影響を調べる目的で，西大西洋上の多くの爆弾低気圧について，シミュレーションと感度実験が行われた（Reed *et al.*, 1993）．その結果の一部が表6.1にまとめてある．ここで，表の第2欄は観測された24時間における最大の中心気圧の降下量（Δp），第3欄は，シミュレーションで用いられた数値モデルには，放射や，水蒸気の凝結に伴い放出された潜熱によ

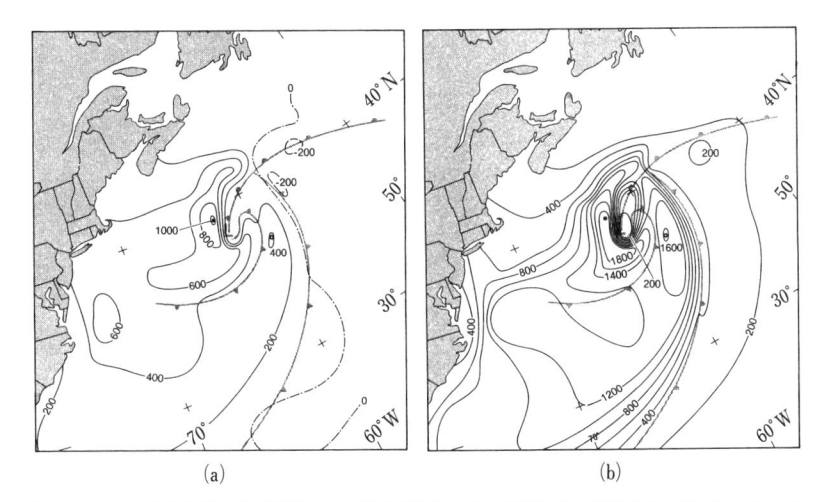

図 6.25 大西洋西部の爆弾低気圧に伴う海面からの顕熱(a)と潜熱(b)の鉛直フラックスの観測例 (Neiman and Shapiro, 1993)
単位は $W\,m^{-2}$. 海面における T ボーン前線の位置も示してある. 1989 年 1 月 4 日 1800 UTC.

る加熱や,海面からのエネルギー(顕熱と潜熱)の鉛直フラックスなど,さまざまな物理過程が数式化されて含まれているが,それらの物理過程を全部考慮してシミュレーションをした場合に得られた Δp を表す.そして第 4 欄が,数値モデルで予測された Δp と観測された Δp の比で,大ざっぱにいえば,この値が 1 に近いほど,予測の精度がよいといえる.第 5 欄は,雲の中で水蒸気の凝結に伴う加熱の効果を意図的に除いた数値モデルによって予測された Δp である (no latent heating,略して NLH).第 6 欄は,第 3 欄の Δp と第 5 欄の Δp の比である.すなわち,この比は,ほかの条件は全く同じにして,ただ凝結熱による加熱のあるなしで,低気圧の中心気圧の下降はどれだけ違うかを表す.第 7 欄は,すべての物理過程を考慮した数値モデルから意図的に海面における顕熱と潜熱の鉛直フラックスを除いた場合に得られた Δp の値であり,第 8 欄は第 3 欄の Δp と第 7 欄の Δp との比である.

まず第 8 欄の値をみると,ケースによって違いはあるが,最大で 1.32 である.すなわち,図 6.25 にみたように,爆弾低気圧に伴う海面での熱の鉛直フラックスはきわめて大きく,その効果は中心気圧を 32% 余計に下げる.ところが第 6 欄によると,凝結熱を考慮すると,中心気圧の下降量が 2 倍あ

表 6.1 最も急速に気圧降下中の 24 時間の気圧降下量とそれに及ぼす凝結加熱と海面からのエネルギーフラックスの効果（Reed et al., 1993）

(1) 年月日	(2) 観測値 Δp(hPa)	(3) 全物理過程 Δp(hPa)	(4) 予報値 観測値	(5) NLH Δp(hPa)	(6) 全物理過程 NLH	(7) フラックス無 Δp(hPa)	(8) 全物理過程 フラックス無
1978 年 9 月 9-10 日	56	37	0.66	11	3.36	28	1.32
1981 年 1 月 10-11 日	32	33	1.03	23	1.45	40	0.83
1981 年 3 月 3-4 日	33	22	0.67	14	1.59	21	1.05
1981 年 12 月 5 日	30	22	0.73	12	1.85	18	1.22
1982 年 2 月 13-14 日	44	35	0.80	28	1.27	39	0.90
1983 年 1 月 6-7 日	40	32	0.80	12	2.56	38	0.84
1985 年 1 月 5 日	38	38	1.00	34	1.11	40	0.95
1985 年 1 月 11-12 日	35	33	0.94	29	1.20	26	1.27
1987 年 2 月 23-24 日	45	33	0.73	14	2.36	29	1.14
1989 年 1 月 4-5 日	60	54	0.90	25	2.16	47	1.15
1989 年 1 月 19-20 日	33	31	0.94	12	2.58	25	1.24

るいは 3 倍にもなるケースがある．もちろん実際の現象では，鉛直フラックスと凝結熱の効果は非線形的に働いているから，上記のような感度実験では，この 2 つの効果を別々に議論したことにはならないが，爆弾低気圧では凝結熱の影響はきわめて大きいことを示唆している．

それでは，表 6.1 にリストした最後のケース，1989 年 1 月 19‐20 日の爆弾低気圧をシミュレーションした結果に基づいて，凝結熱による加熱がどのように低気圧の発達に寄与したかをみよう．式 (4.35) でみたように，非断熱加熱により渦位は増加する．いま考えているケースでは，渦位の増大は雲底からおよそ 650 hPa までの区域でみられ，その極大はおよそ 850 hPa にあった．図 6.26 は，1 月 19 日 0600 UTC から 20 日 0000 UTC までの 850 hPa における渦位の分布の変化を示す．気象衛星雲画像図は省略したが，雲域が広がるとともに，強い渦位が生成されていることがわかる．その最大の大きさは図 6.18 (b) で示した観測値と同じ桁である．4.4 節で述べた渦位の変換可能性の議論により，渦位の増大は絶対渦度の増大を意味する．すなわち雲域内で強い回転運動が起こっている．一方，凝結熱の効果を無視したシミュレーションでは，予期されたように，同じ高度の渦位はきわめて弱かった．

6.6 海上で爆発的に発達する低気圧——193

(a) 1989年1月19日 0600 UTC (b) 1月20日 0000 UTC

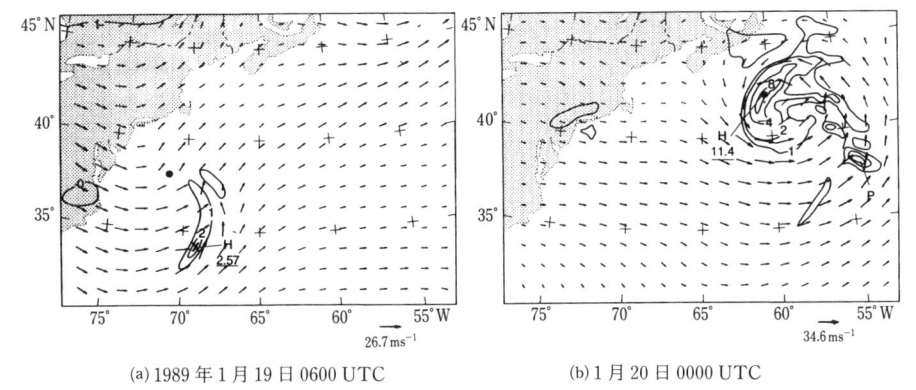

図 6.26 太平洋西部の爆弾低気圧の数値シミュレーションで計算された 850 hPa 上の渦位の分布 (Reed *et al.*, 1993)
単位は PVU. 黒丸は 850 hPa 上の低気圧の中心位置. 風ベクトルも記入してある.

　凝結熱の効果を考慮した場合と, しなかった場合の, 上層 (400 hPa) における渦位の分布を比較したのが図 6.27 である. この低気圧の場合にも, 上層の渦位のアノマリーが東進してきて下層の低気圧とカップリングして発達したが, シミュレーション初期 (図(a)と(b)) における渦位の分布は両者で同じで, 大陸の東方海上で発達する地上低気圧の西方に渦位のアノマリーがある. 24 時間後 (図(c)と(d)) には, 上層と下層の擾乱はほぼ同じ位置にいるが, 左側の図 (凝結熱あり) では渦位のアノマリーはそのときまでに発達した下層の渦位とカップリングして変形し, 強さも最大で 6 PVU に増大している. 一方, 右側の図 (凝結熱なし) では, ほとんどそのまま移動してきている (厳密には, 等圧面上でなく等温位面上で比較する必要がある). すなわち, 凝結熱の作用は下層に渦位のアノマリーをつくり, これが上層の渦位のアノマリーと相互作用をして, B 型の低気圧の発達を強化したことになる.
　このようにして, 爆発的に発達する低気圧には, 上層の渦位のアノマリー, 凝結熱の大きな放出, 海面からの熱と水蒸気の大きなフラックスのすべてが寄与しており, その点でふつうの低気圧とは違った特別の物理過程があるわけではなさそうである.

194──第6章 温帯低気圧の構造と進化

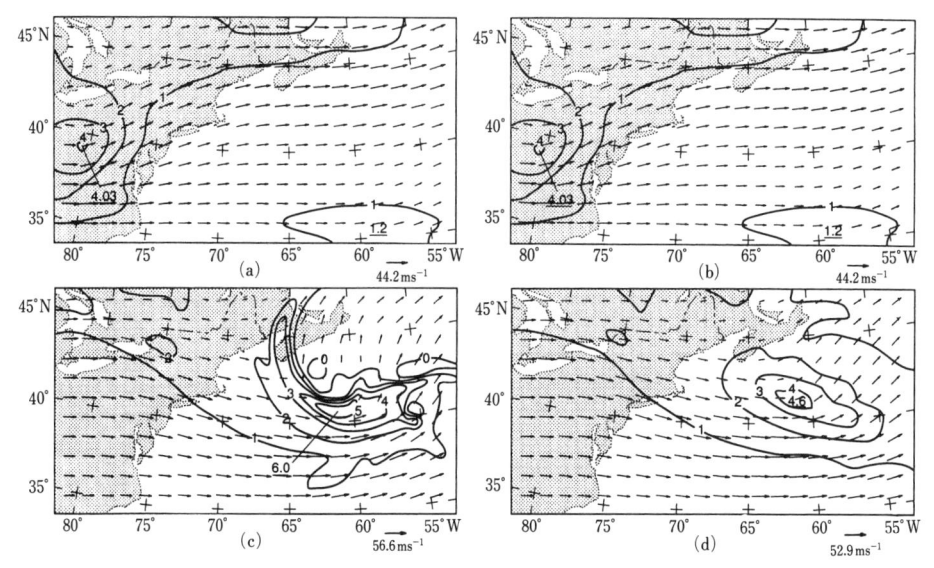

図 6.27 図 6.26 のシミュレーションに同じ，ただし 400 hPa 上の渦位 (Reed *et al.*, 1993) 左側は全物理過程が考慮されたシミュレーション，右側は水蒸気の影響を除いた乾燥シミュレーション．単位は PVU．(a)と(b)は 1989 年 1 月 19 日 0000 UTC，(c)と(d)は 1 月 20 日 0000 UTC．

第7章

低気圧に伴う流れと雲のパターン

7.1 温帯低気圧/トラフに伴う主な流れ

　今日では，気象衛星の雲画像や水蒸気画像は，天気の解析および予測に欠かせない情報となっている．ここまで，総観規模の擾乱に伴う流れと雲について述べてきたが，本章ではさらに詳しく，気象衛星の雲画像や水蒸気画像を解釈することによって，大気の状態と流れについて多くの情報が引き出されることを述べる．

　流れと雲の関係をみるさいには，擾乱に相対的な流れを考えるとよい．たとえば図7.1(a)は中緯度の500 hPa等圧面上で代表的なトラフに伴う流線（等高度線）を示しているが，流れは蛇行している．このトラフがある速度で東進しているとして，各地点の風速からトラフの移動速度を引いて，トラフに相対的な流線を描くと図7.1(b)のようになる．図7.1(a)とはずいぶん違った印象を与える[†]．

[†] 図7.1(b)でトラフの東西両側の流れが高気圧性の回転をしているように描かれているが，これはトラフが重なった一般流の水平シアーによっては低気圧性の回転のこともある．

　さらに重要なことは，大気中の運動は3次元的に起こっており，ほとんどすべての場合に，雲は上昇流に伴って発生し下降流に伴って消滅しているから，流れと雲の関係をみるためには図7.1(b)の流れに鉛直流を加える必要があることである．流れが上昇または下降している場合には，流れは等圧面を横切るから，ふつう使用されている等圧面天気図では，現象を理解しにくい．その点で，4.1節で述べたように，等温位面上で断熱運動をしている空気塊の流線解析を行うと，理解しやすくなる．等温位面としては，流れが飽和していなければ乾燥空気の等温位面，飽和している場合には湿球温位（θ_w）あるいは相当温位（θ_e）の等温位面をとればよい．こうして適当な等温位面上

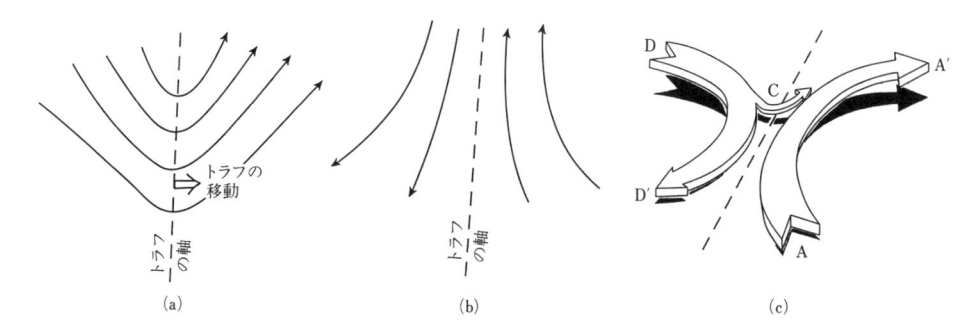

図 7.1 (a)は 500 hPa 等圧面上のトラフにおける流線，(b)は(a)と同じ流れであるが，移動中のトラフに相対的な流線，(c)は移動中のトラフに相対的な等温位面上の流れを鳥瞰図的に示す

で 3 次元的な流れを描いたのが図 7.1(c)である．トラフの前方には上昇流のベルト（A—A′ の経路）があり，後方には下降流のベルト（D—D′ の経路）がある．これをコンベアーベルト（conveyor belt）と呼ぶ．ふつう厚さは 1‐3 km，幅は 200‐300 km，長さは 1,000 km の桁である．コンベアーベルト A—A′ は南方の緯度から発し，暖気を北に運ぶので，温暖コンベアーベルト（warm conveyor belt, 略して WCB）と呼ばれ，雲をつくる主要な気流である．

なお，図 7.1(c)では，トラフはトラフの軸上の風速と同じ速度で移動しているとして図を描いている．風速の方が大きいときには，ある空気塊は図 7.1(c)の D—C—A′ のように，トラフの軸を横切った経路をとる．

いうまでもないが，流れには 2 つの違った見方がある．1 つは，おのおのの瞬間に速度に接線の方向をもつ流線を描くオイラー的な見方である．もう 1 つは，着目した空気塊の位置を追跡し，その軌跡を調べるラグランジュ的な見方である．流れが時間的に定常な場合に限って，流線と軌跡は一致する．現実の流れは程度の差こそあれ，絶えず変化しているので，コンベアーベルトというとき，それが流線なのか，軌跡なのか，問題になるところである．しかし実用的には，適当な等温位面をいくつか選んで図 7.1(c)のような流れを描くと，長い距離にわたって持続性のある雲をつくるような，あるいは持続性のある乾燥域をつくるような気流のベルトを確認することができる．もっと厳密な議論をするためには，図 7.8(b)で例示するように，数値シミュレーションの結果に基づいて空気塊の軌跡を調べるとよい．

7.1.1 温暖コンベアーベルト

図7.2は英国上空の長い温暖コンベアーベルト (WCB) に伴う雲の一例である．ふだん見慣れている「ひまわり」などの静止気象衛星の雲画像に比べて，一般的に極軌道の気象衛星の雲画像は空間分解能が高い（ただし1日に2回しか観測データが利用できない）．特に高緯度では静止気象衛星の分解能は粗くなるから，英国では極軌道の衛星に頼ることが比較的多い．それはともかくとして，WCBに伴う雲の一般的な特徴として，雲の帯の西端は輪郭がはっきりしているのに対して，東の端では雲がギザギザとして，輪郭も不明瞭である．再び一般的なルールとして，空気塊ははっきりした西端の雲の境界を横切ることはない（後の図7.6参照）．これに反して，ギザギザの雲の端は，そこから空気塊が雲帯に入り込むか，雲帯から出ていく場所である．

そして図7.3が図7.1(c)よりもう少し詳しく，等温位面上でトラフに相対的な流れを模式的に示したものである．暖湿な（θ_wが大きい）下層の空気は図のXのあたりからWCBに侵入し，上昇しながら高緯度に向かって進み，

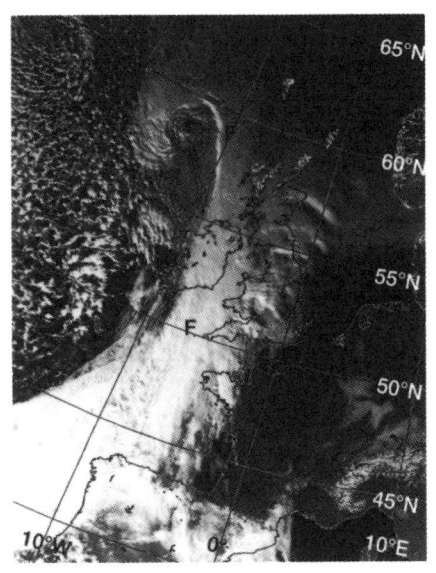

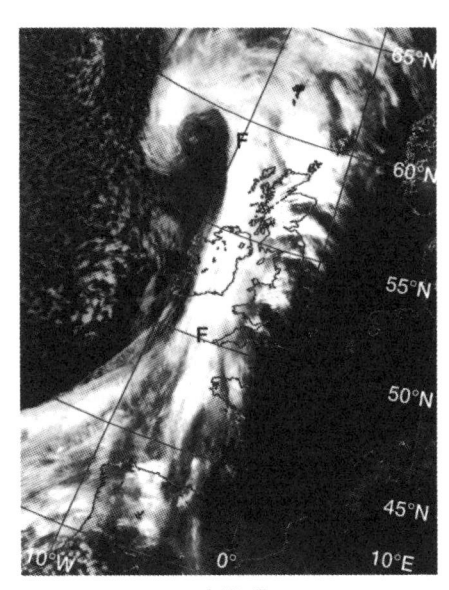

(a)可視画像　　　　　　　　　　(b)赤外画像

図7.2 温暖コンベアーベルトに伴う雲帯の一例（図のF-F, Bader *et al.*, 1995）
1991年1月18日1332 UTCのNOAA気象衛星雲画像．英国上空．

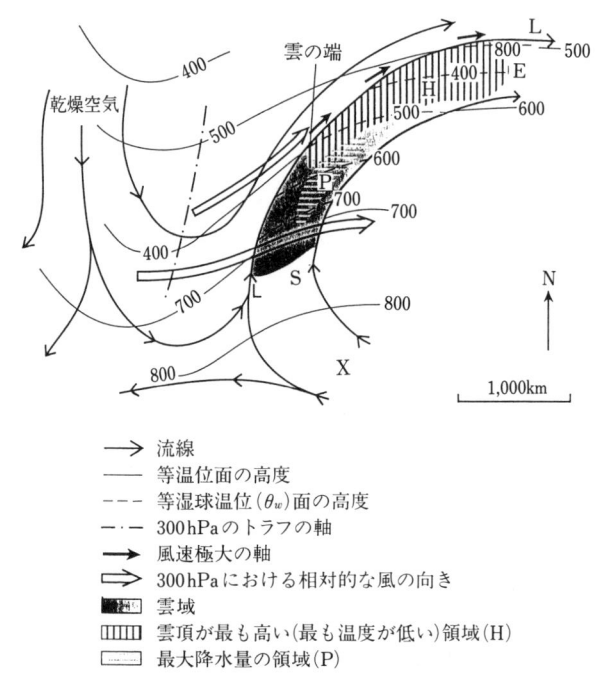

図 7.3 等温位面上でトラフに相対的な流れの模式図 (Bader *et al.*, 1995)
温暖コンベアーベルトはXからEに上昇しており，L—Lがその西の境界を示す．

下層雲や中層雲を生成しながら対流圏上層まで達し，最上層の巻雲のベルトとなって，図のEのあたりでWCBから離脱する．降雨が最も強いのは，WCB内の空気塊が最大の高度に達した場所（すなわち赤外雲画像で最も白く見える場所）ではなくて，下層の空気塊が飽和に達してから急速に上昇する場所である．

WCBの長さは事例によって大きく違い，いつも図7.3と同じ程度の長さというわけではない．ときには，図7.4(a)に示したように，これより短い雲ベルトが，深い短波長のトラフ (short wave) の前面で出現することがある．ゆるやかなS字の形をしている．図7.4(b)は，それよりかなり長いトラフに伴った雲である．トラフから下流のリッジまで（そこでは流れは高気圧性である），雲が延びている．地上には，発達初期の低気圧があることもあるし，ないこともある．図7.4の雲形を「木の葉状の雲パターン (cloud leaf)」，あ

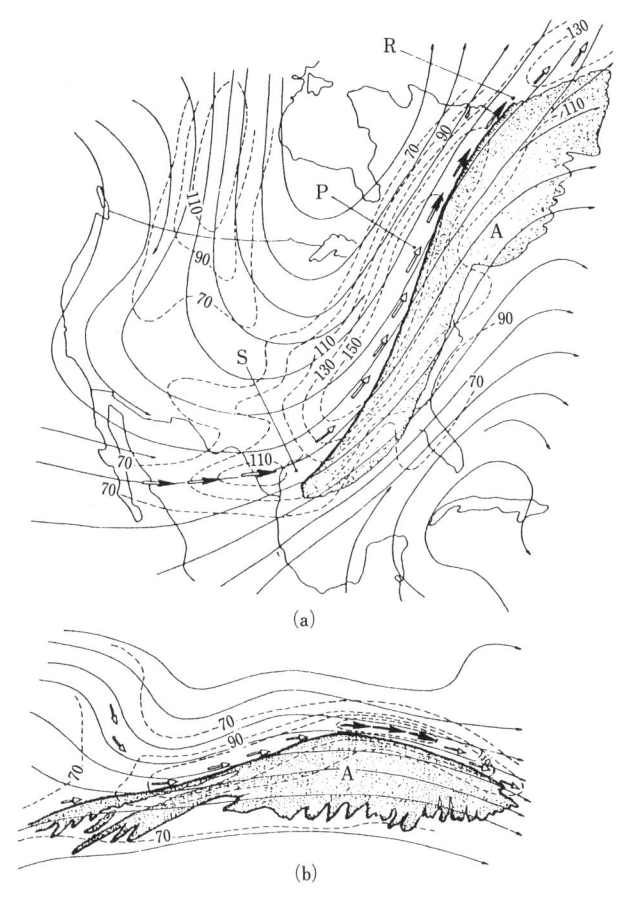

図7.4 木の葉雲を伴う流れの例 (Weldon, 1979)
(a)は 300 hPa における地衡風（実線）と等風速線（破線，単位はノット）．
S-P-R に沿う矢印はジェット気流の軸を示す．A の記号をもつ陰影が
木の葉雲．(b)は(a)と同じであるが，もっと長い波長をもつリッジにおける
木の葉雲．

るいは簡単に木の葉雲と呼ぶ．雲域の西および極側がはっきりした境界をもっているのが特徴である．地上の低気圧や前線がなくても，木の葉雲は持続することがある．また，WCB に伴う雲は図7.5 に模式的に示したように，いろいろな形状で出現する．図(a)は，主に寒冷前線に伴って出現し，ほぼ直線状である．次節でさらに詳しく述べる．図(b)においては，WCB の上空の

(a)　　　　　(b)　　　　　(c)

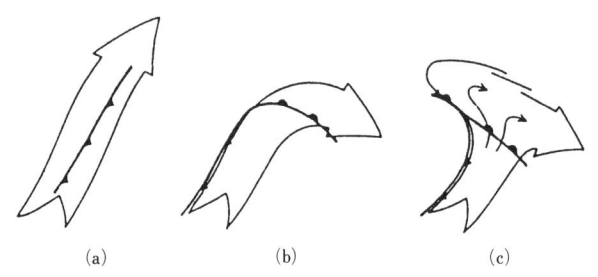

図7.5 地上の寒冷前線に相対的な温暖コンベアーベルトの位置と形状
　　　（Browning, 1995）

　空気は，寒冷前線の動きに相対的にみると前方へ運動する成分をもっているので，WCB は低気圧前面で右側（南側）に曲がっている．低気圧がさらに発達している場合には，低気圧性に回転する流れによって，図(c)のように，一部が左側（北側）に曲がることもある．

7.1.2 乾燥侵入

　WCB と並んで，もう1つ重要な流れが，図7.1 と図7.3 に示したトラフの後面にある流れ，すなわち対流圏上部あるいは成層圏下部からトラフの後面に下降しつつ流入する冷たい（θ_w が低い）乾燥した気流である．これを「乾燥侵入（dry intrusion）」と呼ぶ．図7.2 の雲画像でも，WCB の雲バンドの西側に，乾燥した冷気が海上を流れるとき発生する典型的な下層のメソスケール対流雲（open cell や closed cell）がみられる．ときには筋状の雲も出現する．乾燥侵入は水蒸気画像でも明瞭に認めることができる．乾燥侵入はそれ自身が雲を生成する流れではないが，次節で述べるように，雲のパターンや降水域の位置を決めるのに，重要な役割をしている．

　前に，WCB に伴う雲バンドの西端や木の葉雲の西端と極側の端は，はっきりした雲域の境界を示すことを述べた．そうなる理由が図7.6 に示してある．これは北東方向にゆっくりと進行中の低気圧に相対的な流れを示しているが，注目すべき点は，D1 と D2 と記した場所の流れである．これは第8章で詳しく説明することであるが，この流れは「変形（deformation）」の流れと呼ばれているもので，変形の流れは水平収束とともに前線を形成あるいは強化する作用をする（式(8.19)）．すなわち，水平面上で，D1 と D2 の線

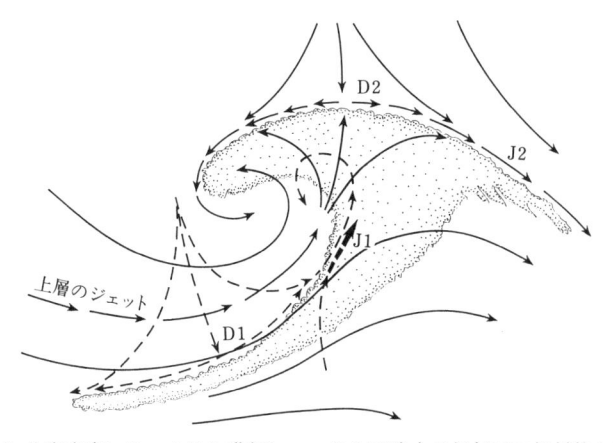

図7.6 北東方向にゆっくりと進行しつつある発達中の低気圧に相対的な流線
(Bader *et al.*, 1995)
D1 は下層の変形の流れの領域，J1 はふつう下層ジェットがある位置，D2 は上層の変形の流れの領域で，上層のジェット気流 J2 はここに位置する．破線と実線は，それぞれ下層と上層の相対的な流線，陰影は前線に伴う主な雲域．

に直角方向の温度の水平傾度を大きくする作用をする．それのみならず，WCB 内の空気の湿球温位も相対湿度も，その西側と極側のそれより大きかったが，そうした物理量の水平傾度も温度と同じように強化される．さらに，同時に，D1とD2の線の高温側では上昇流，低温側では下降流という鉛直断面内の直接循環も起こる．こうして，変形の流れのために，D1とD2の線に沿って，物理量が不連続に分布するようになる．

7.1.3 寒冷コンベアーベルト

対流圏下層の低気圧が発達し，低気圧性の回転運動が強まると，低気圧中心に相対的にみて，北側には東よりの流れがある．これにより温暖前線前方の空気は WCB の下を通り，WCB の雲域の西端の境界を抜ける．この流れを寒冷コンベアーベルト (cold conveyor belt, 略して CCB) という (Carlson, 1980)．したがって，CCB と WCB の境界面が温暖前線面に相当する．図 7.7 が等温位面上で擾乱に相対的な空気塊の動きを示す．図のように，CCB は WCB の下を通り抜けて西に向かうときに上昇する．この CCB の上昇は，より冷たい空気の上で等温位面が高度とともに西に傾いていることを考えれ

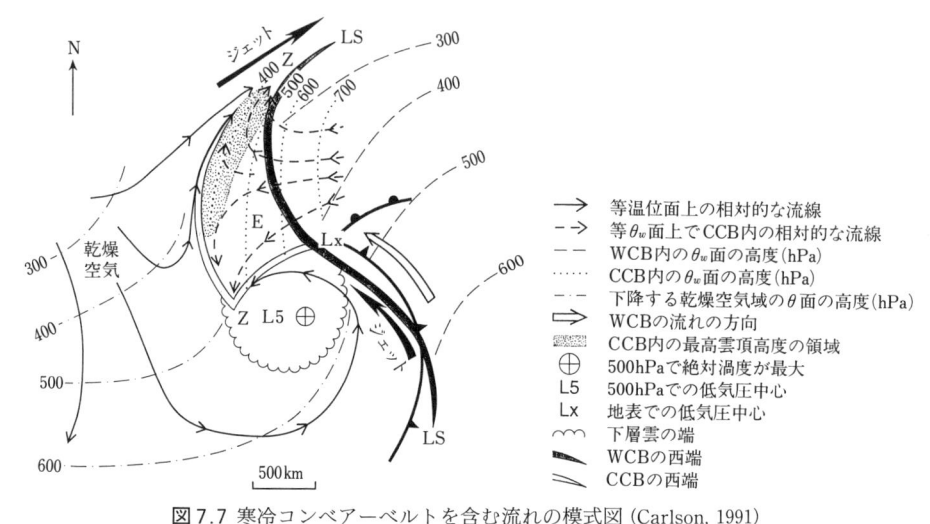

図7.7 寒冷コンベアーベルトを含む流れの模式図(Carlson, 1991)
1979年10月22日1430 UTCの状況．Eは寒冷コンベアーベルトによってできた雲．Z—Zは変形の流れの領域．LSはWCBの西の端．

ば納得される．そして，この上昇流のために，WCBの西側に別の雲ができる．その結果，雲域は全体としてコンマ状となる．その頭の部分を雲域の頭部（cloud head）という．雲域の頭部とWCBの雲の間には，乾燥侵入の一部があり，ドライ・スロット（dry slot）と呼ばれる．ドライ・スロットの雲画像の例は『一般気象学 第2版』の図7.17にある．CCBに伴う雲は主に下層雲か中層雲であり，その雲頂高度はWCBのそれより低い．CCBの中で最も背が高い雲はCCBの西端近くにある（図7.7のZ—Z）．ここはすでに述べた変形の流れの場でもある．ここでCCBは分岐する．1つの流れは低気圧性に回転し，やがて下降する．もう1つの流れは高気圧性に回転しつつ上昇するが，勢いは弱まる．CCBは西進するにつれ，海面からの蒸発と，WCBからの降水粒子の蒸発により加湿される．

ただし，コンマ状の雲の頭部がいつもCCBでつくられているとは限らない．可視や赤外の雲画像を注意深くみれば，頭部の雲と主要なWCBの雲の境界で，たとえば雲頂高度などが不連続に変化しているのを認めることができる場合もあるし，そうでない場合もある．後者の場合は，頭部の雲は図7.5(c)で示したように，低気圧性に回転している流れによって，WCBの雲

7.1 温帯低気圧/トラフに伴う主な流れ——203

(a) 6.5節で述べた閉塞前線形成のシミュレーションにおいて，シミュレーション開始後（数値実験の時刻）33時間から36時間までの3時間降水量の分布図（単位はcm）

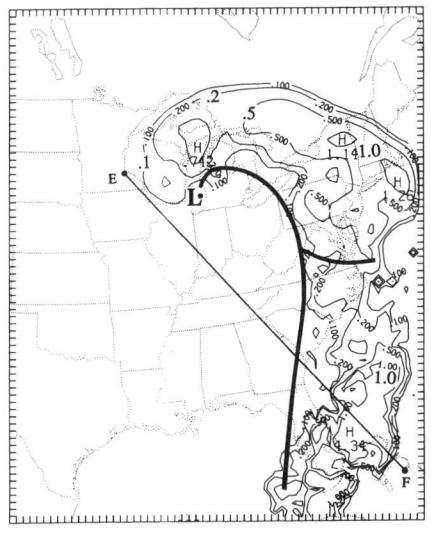

(b) 数値実験の時刻33時間に，高度約600 hPaで図(a)のE—F線上に位置した8個の空気塊がそれまでに辿ってきた経路
経路の高度 (hPa) は矢印の幅の広さで示す．

図7.8 北米大陸上で閉塞前線を形成した低気圧の例 (Mass and Schultz, 1993)

の一部が西方に伸張したものである．

　頭部の雲がどのような経路をとってきた空気塊から成るかを決める最もよい方法は，6.5節で述べた数値シミュレーションの出力を用いて空気塊の軌跡の計算をすることである．この方法は，単に頭部の雲だけでなく，たとえば閉塞前線を構成する空気は，もとどこにいた空気なのかなど，総観気象やメソ気象などの構造を解析するさいに標準的な方法となっている．その一例として，6.5節で述べた北米大陸上で閉塞前線を形成した低気圧を取り上げる．図7.8(a)はシミュレーションの初期時刻から33時間後 ($t=33$ 時間) の地上の前線の位置と，$t=33$ 時間から36時間までの3時間に σ 座標系のモデル (3.3節) が予測した降雨量の分布図である．これに対応する実測図はここでは省略するが，地上の低気圧の中心と前線の位置も，図の右下の寒冷前線から少し前方で北東の方向に延びる降雨域の位置も，実測とよく一致している．そして図7.8(b)は，$t=33$ 時間に，高度 $\sigma=0.595$（約600 hPaに相当

する高度)で図(a)の直線 EF に沿って位置する 8 個の空気塊が，21 時間前の $t=12$ 時間にどこにいたか，それからの 21 時間にどのような経路を辿って $t=33$ 時間に指定の位置に来たかを示している．空気塊がいた高度は経路を表す中抜きの矢印の太さで表す．たとえば，番号 40 の空気塊は $t=12$ 時間にはモンタナ州北部の高度約 300 hPa にいたが，そこから下降しながら，まず南東方向に進み，次には東へ進んで $t=33$ 時間にはケンタッキー州の高度約 600 hPa に到着したというわけである．一方，$t=12$ 時間にサウスカロライナ州北部の高度約 950 hPa にいた番号 38 の空気塊は，北北西に進みながら上昇し，低気圧性に回転して，イリノイ州北部の約 600 hPa に到達している．このように，数千個の空気塊の軌跡を調べた結果，この低気圧の場合には，CCB は認められず，コンマ雲の頭部は下層から出発し低気圧性に回転しながら上昇する暖気でつくられたと結論している．

7.2 カタ前線とアナ前線とスプリット前線

　寒冷前線のまわりの鉛直面内循環によって，寒冷前線をカタ前線 (katafront) とアナ前線 (anafront) に分類したのは，ノルウェー学派のベルジェロン (Bergeron, 1937) である．この用語はいまも使用されている．寒冷前線面に沿って，比較的暖かい空気が下降するのが純粋なカタ前線であり (図 7.9 (a))，上昇するのが純粋なアナ前線である (図(c))．カタとアナは，それぞれ down と up を表すギリシア語の接頭語である．現実には，この両者の中間の型もある (図(b))．地上の寒冷前線は，アナ型の場合の方がシャープである．

　アナ型の寒冷前線は，図 7.10(a) のような地上の寒冷前線と WCB の配置のときに起こりやすい．その鉛直断面が図(b)に示してある．まず地上の寒冷前線の前方には θ_w が高い空気があり，ここで南西風の下層ジェットがあるのがふつうである．このため，寒冷前線に沿って渦度の鉛直成分が強い帯 (シアー帯) がある．また，寒冷前線に沿って，幅が狭い対流性の降雨帯がある．WCB の空気が対流不安定のときには，雲頂高度が 10 km を越えるような強い対流雲が発達することもある．その背後では，楔状の寒気の上を，暖気がゆっくりと上昇する．ここに幅の広い降雨帯があり，主に層状の雲から弱〜並程度の雨が降っている．具体的な例についてはあとで述べる．

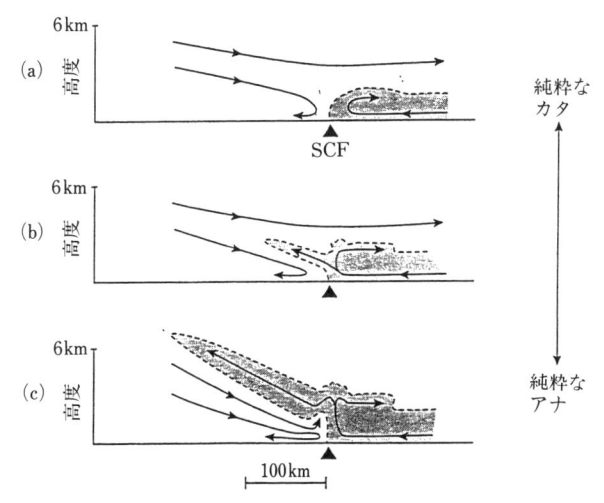

図7.9 寒冷前線の鉛直断面内の構造の模式図 (Browning, 1999)
純粋なカタ前線から純粋なアナ前線の間に，いろいろな中間の型があることを示す．矢印は，前線に直角方向の前線に相対的な流れ．破線で囲まれた陰影の区域は境界層の空気，あるいは境界層から駆逐された空気を表す．SCFは地表の寒冷前線．

図7.11はカタ型の寒冷前線がある状況である．ふつうは，その前方にアナ型の温暖前線を伴う．図7.10のときとは逆に，上層および中層の風は強く，地上の前線系を追い越す成分をもっているので，θ_w の低い空気が相対的に寒冷前線面を吹き下りて図7.11(a)の形になっている．そして，この低 θ_w の空気は高 θ_w の空気からなる WCB の上を這い上がり，地上の寒冷前線の前方に，ある距離まで達している（数十 km から 200 km くらい）．この乾燥した空気の先端は図には上空寒冷前線 (upper cold front, 略して UCF) と記されている．しかし，第8章で述べる上層前線 (upper front) とは違うものである．また，寒冷前線といっても，温度よりは相対湿度と湿球温位 θ_w でよりよく識別されるので，湿度前線といった方が適当である．いずれにしても，地上の寒冷前線とは位置をたがえて存在しているので，この両者を合わせてスプリット前線 (split-front) という名がつけられている (split には staggered という意味がある)．図7.11(b)はスプリット前線に伴う降雨の分布を示したものである．すでに述べたように，WCB の空気の θ_w は大きく，その上の空気のそれは小さいので，大気は対流不安定な成層をしており，対流雲が発

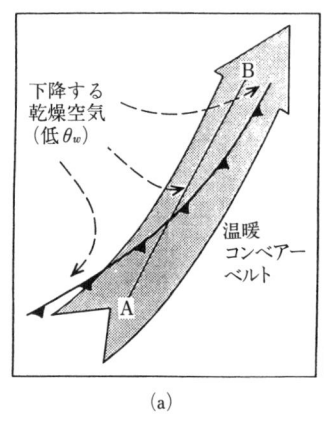

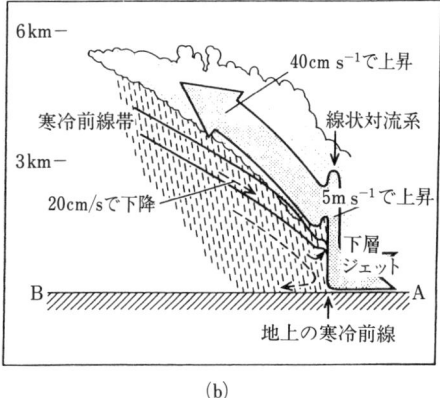

図7.10 古典的なアナ寒冷前線における相対的な流れの模式図 (Browning, 1990) (a)が平面図，(b)は(a)の A—B に沿った鉛直断面図．太い矢印は，寒気の上を前線背後に上昇している温暖コンベアーベルトの空気を示し，その下を寒気が下降している．

生しやすい．事実図7.2に示した可視雲画像でも，WCBに対応する雲帯の東半分に，それをみることができる．このことは，地上の寒冷前線に伴う対流性の降雨域の前方に，それとは離れて別の対流性の降雨バンドがあることを意味する．

図7.11は主に欧州での観測に基づくスプリット前線の模式図であるが，低気圧がロッキー山脈を通過するさいに，米国の中央部で少し違った形のスプリット前線が出現することが注目され，これにも上空寒冷前線 (cold front aloft, 略して CFA) という名称が与えられた．これについては小倉 (1999) の解説があるので参照していただきたい．

よく知られているように，地上の寒冷前線の前方に，しばしば対流性の降雨バンドが出現することがある．降雨バンドがスコールラインの形をとるときには，これをプレフロンタル・スコールライン (pre-frontal squall-line) と呼ぶ．そのメカニズムとしては，今日では2つ考えられている．1つは寒冷前線に伴う上昇流によって，不安定成層をした暖域内に対流雲が発生し，それがスコールラインに組織化され，地上の寒冷前線より速く移動してプレフロンタル・スコールラインとして認められるというものである．もう1つのメカニズムは，ここで述べたスプリット前線あるいは CFA に伴う上昇流で

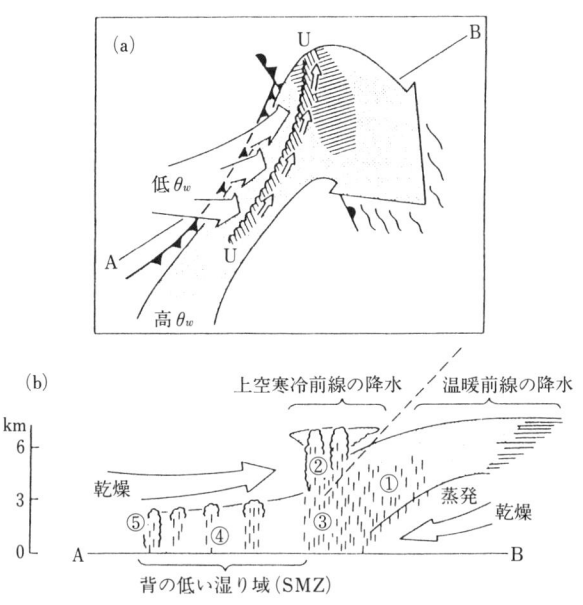

図7.11 スプリット前線と,それに伴う降水分布の模式図(Browning and Monk, 1982)
(a)は平面図.U−U は上空寒冷前線 (UCF) を表し,斜線部は温暖前線と UFC に伴う降雨帯を示す.(b)は(a)の A−B に沿った鉛直断面図で,図中の数字は以下の降水型を表す.①温暖前線の降水.②UCF に伴い対流性降水を生成する降水セル (generating cell).③暖気移流域の中を落下する UCF からの降水.④UCF と地上寒冷前線の間にある厚さの薄い湿潤帯 (shallow moist zone,略して SMZ).暖気移流と,主に弱い雨および霧雨が散在しているのが特徴である.⑤地上寒冷前線本体による背の低い降水.

ある.図7.8(a)の右下に地上の寒冷前線から離れて北東の方向に延びる降雨バンドがあるが,これは後者によると思われる.

ここまで述べてきたのは,最も基本的なコンベアーベルトと雲のパターンの話である.Bader $et\ al.$ (1995) の気象衛星雲画像の見方のガイドブックには,温暖コンベアーベルトが何本にも枝分れする場合も含めて,上層の流れと温暖・寒冷コンベアーベルトと 850 hPa の θ_w の分布と雲や降水のパターンとの組合せが,多数図示されている.

また最近,わが国付近の低気圧にも,スプリット前線の構造がみられるという報告があるので (北畠・三井,1998 a, b),参照していただきたい.スプリット前線の有無をよく調べることは,地上天気図で寒冷前線をどの位置に描くのかに関連して大事なことである.

7.3 即席閉塞

6.1節で述べたとおり,「古典的」な閉塞は寒冷前線が温暖前線に追いついて起こる. ところが気象衛星の雲画像をみると, これとは違った経過を辿って閉塞前線に似た雲域ができることがある. これを即席閉塞 (instant occlusion) という. 研究者によっては, 偽閉塞 (psuedo-occlusion) という名称を使うこともある (Browning and Hill, 1985 や Monk, 1987).

図 7.12 は最初に即席閉塞という名称が提案された事例である (Anderson et al., 1969). 主要な地上の寒帯前線 (上層のジェット気流) の高緯度側の寒気の中に, 次節で述べるポーラーロー (polar low) に伴ったコンマ状の雲がある. 寒帯前線上で低気圧が発達する間に, コンマ雲は東進して, 寒帯前線の雲と合体して, 閉塞前線をもつ成熟期の低気圧に伴う雲域に似た雲域を形成する. この場合には, 前線上の波動が寒冷前線と温暖前線を提供し, コンマ雲が低気圧の中心と閉塞前線の雲を提供する.

図 7.13 は, これとは違う経過を辿る即席閉塞の例である. コンマ雲が既存の寒冷前線に接近するさいに, コンマ雲の前方 (既存の寒冷前線の後方) に暖気移流がある. これが既存の寒冷前線を弱める (前線消滅作用) とともに, コンマ雲の雲バンドに対しては前線形成作用を起こし, これがやがて低気圧の主要な寒冷前線となる. 一方, もとの寒冷前線は消滅する. この場合には, コンマ雲は, 低気圧の中心と閉塞前線の雲のみならず, 寒冷前線の雲も提供しているわけである (McGinnigle et al., 1988). 即席閉塞の一生の詳しい解析

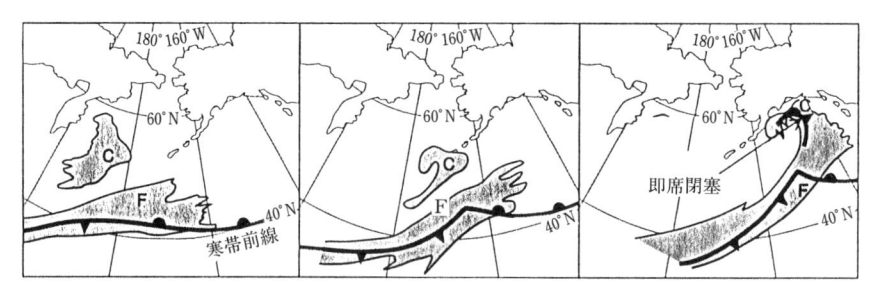

図 7.12 即席閉塞が起こるまでの経過の模式図 (Anderson et al., 1969)
主な雲域 C と F に陰影がつけてある.

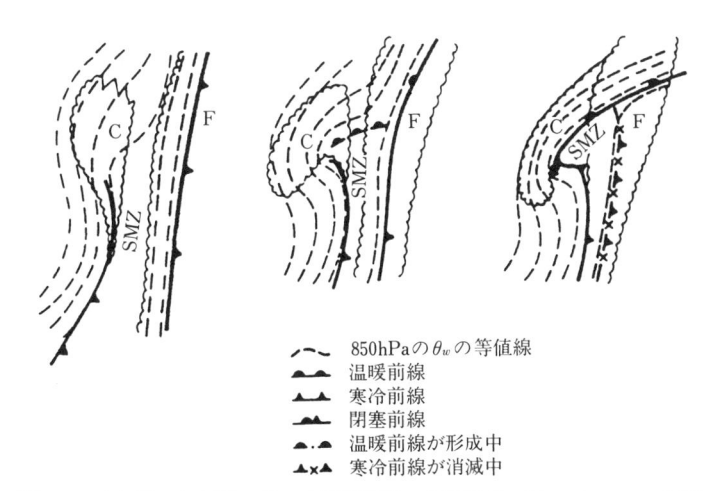

図 7.13 少し違った経過で起こる即席閉塞の 3 段階（McGinnigle et al., 1988）
C は寒気内の雲，F は寒帯前線帯の雲，SMZ は厚さの薄い湿潤帯（図 7.11 参照）．

例が Bader et al. (1995) に載っている．

7.4 寒気内の小低気圧

　大気中には，総観規模より小さい低気圧が出現することがある．主なものは，本節で述べるポーラーロー（polar low）と，次節で述べる前線上の二次的低気圧である．

　ポーラーローというものの定義は，十人十色といってよいほど研究者によって違う（Rasmussen and Cederskov, 1994）．ここでは最も広くとり，主要な前線帯あるいはジェット気流の極側の寒気内で発生し，総観規模より小さい低気圧の総称とする．大きさはいろいろであるが，直径が 100 km より小さいものから 1,000 km を越すものまである．強さも台風の風力に達するものもある．数時間のうちに形成されるものもあれば，数日間続くものもある（しかし，たいていはどこかに上陸してから急速に減衰してしまう）．ほとんどすべて冬季の海上で発生する（Businger, 1987）．このため，通常の高層気象観測網では捕捉が困難で，今日ポーラーローと呼ぶ擾乱の全貌がわかり，その存在が確認されたのは，気象衛星の雲画像が利用できるようになってからで

ある．多くのポーラーローは対流性の雲を伴う．螺旋状やコンマ状，あるいは眼を伴ったミニ台風に似た形をとる．

　ポーラーローは比較的暖かい海が，氷原や海氷域あるいは冷たい大陸に接する境目で発生することが多い．氷のない海面と氷で覆われた表面とでは，大気境界層に対する下からの加熱に大きな差があるため，境目の地域では大気下層に強い水平の温度傾度があり，傾圧性が強い．大西洋ならば，グリーンランド海，ノルウェー海，バレンツ海，アイスランドの南と東の海域である．北太平洋ならば，ベーリング海とアラスカ湾北部である．大ざっぱにいって，最も発生の多いのは，北大西洋ならば60°N付近，北太平洋ならば50°N付近である．この緯度の違いは，海面水温と海氷の分布の違いに関連している．

　ポーラーローは，いろいろな総観規模の気象状態や，陸地と海洋の分布などの地形の影響のもとで，いろいろな形態で出現する．気象衛星雲画像でみた雲域の形態，それが出現する総観規模の気象状況，あるいはそれが発生・発達する物理的過程などに着目して，ポーラーローを分類することは，いくつか試みられている(Businger and Reed, 1989やRasmussen et al., 1993など)．しかし，まだ一般的に認められているものはない．ここでは，分類ということにこだわらず，これまで得られた事例解析や数値実験の結果に基づいて，ポーラーローの発生・発達に含まれる主な物理過程に着目する．ただし，1つのポーラーローにも複数の物理過程が含まれていることに留意する必要がある．

7.4.1 寒冷渦内で発生する型

　極域を巡る地球規模の極渦(polar vortex)を起源として，低緯度方向に移動した上層の寒冷渦(cold-cored vortex)あるいは寒気を伴う上層のトラフ内で発生するポーラーローである．比較的高緯度にある英国で発行されたBader et al. (1995)のガイドブックによれば，高緯度のポーラーローはたいていこの型である．そして，Rasmussen (1993)に基づいて，寒冷渦あるいは冷たいトラフ内で発生したものを一次的なポーラーロー(primary polar low)と呼び，それ以外のものは多かれ少なかれ総観規模の低気圧の発達の副産物であるから，二次的なポーラーロー(secondary polar low)と分類して

7.4 寒気内の小低気圧——211

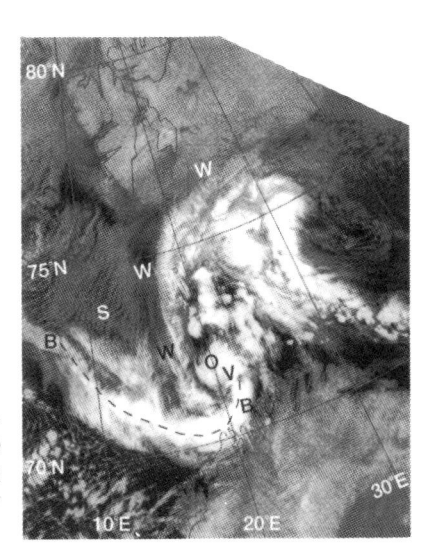

図7.14 寒冷渦に伴うポーラーローの一例
(Bader *et al.*, 1995)
1982年12月14日0419 UTCにおけるNOAA 7気象衛星赤外雲画像．Vがポーラーローで，Oはそこから流れ出る巻雲．B—Bは北極前線（破線で示す）に伴う雲．Sは筋状雲．W—W—Wは暖気の西の境界を表す．

いるほどである．500 hPaの温度が$-42°C$かそれ以下の寒気プールが海上に出ると，地表のポーラーローが発生しやすいという経験則がある．寒冷渦を構成する対流圏内の寒気ドームが海上に出ると，下層の成層は不安定となるし，寒冷渦に伴う上昇流のため，それまで対流を抑制していた下層の逆転層は消失するので，寒気ドーム内で積乱雲が発達する．その中で放出された凝結熱がポーラーローの発達を助成する．

　図7.14は上層の寒冷渦の中心付近で発生したポーラーローの一例である(Rasmussen, 1985)．図の下端にスカンジナヴィア半島の北端があり，図の上方にスピッツベルゲン諸島の南半分の島がある．図の中のVがポーラーローの中心の位置を示す．深い対流雲から成る雲列B—Bが北極前線（arctic front）を表し，ここが下層の寒気の吹き出しの先端である．この意味で，このポーラーローは北極前線に伴うものとみてもよい．北極前線の北側の筋状の雲は，冬の日本海でおなじみである．記号W—W—Wは，寒冷渦の中心のまわりを回転する間に，海面からの強い顕熱と潜熱のフラックスによって変質した大気境界層の西端であり，さらにその西にある新鮮な寒気塊より暖かい．ポーラーローの中心は暖核をなし，それを巡って下層に強い循環があることは，巻雲Oが中心の深い対流から時計回りに吹き出ていることで間接的にわかる．

7.4.2 傾圧不安定

すでに述べたように，ポーラーローは大気下層の傾圧性が強い地域で発生することが多い．傾圧不安定によってポーラーローの発生を説明しようとする最初の定量的な試みをしたのが Mansfield (1974) である．乾燥大気中の擾乱の厚さは約 1.6 km と仮定し，地表面の摩擦を無視したとき，最も早く成長する不安定波の波長は約 500 km で，その成長速度（波動の振幅が e 倍になるに要する時間）は約 1 日と結論された．その後，いろいろな地域のポーラーローについて，線形理論の傾圧不安定性が調べられたが，5.6 節で述べた偏西風帯の傾圧不安定波に比べて，ここでの注目点は，上の例にもみるように最も早く成長する不安定波の波長が短いことである．これは，傾圧性が大気下層に限定されていることと，大気の静的安定度が弱いことによる．

ポーラーローは冬の日本近海でも出現する．北海道・樺太の西方海域と日本海西部で特に多い（浅井，1988）．図 7.15 は前者の海域におけるポーラーローの一例である．この海域で発生したポーラーローについて，それが出現したときの環境の風の高度分布に対応する線形傾圧不安定性を調べた結果によると（Tuboki and Wakahama, 1992），成長が最も早い不安定波の波長は，実測された 2 種類のポーラーローの大きさ（直径が 200‐300 km と 500‐700

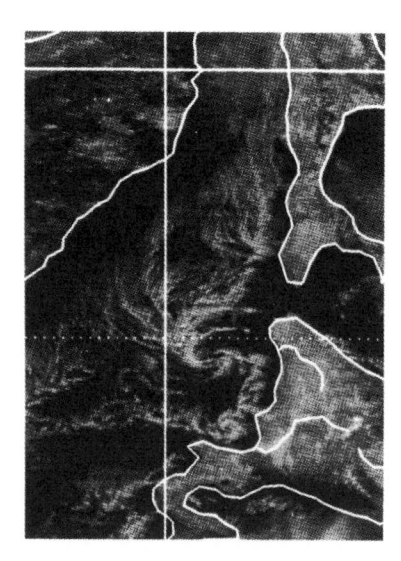

図 7.15 北海道西方海上のポーラーローの一例
(Tuboki and Wakahama, 1992)
1983 年 1 月 18 日 0300 UTC における「ひまわり (GMS)」可視雲画像．

km) とよく一致した．振幅が e 倍になる時間は 10‐12 時間の程度である．

[逆向きシアーの流れ]

ノルウェー海，ラブラドール海，アラスカ湾などでは，総観規模の傾圧不安定波とは違った構造のポーラーローがしばしば出現する．図 7.16 がそのときの環境の一例である．下層には北西風が吹いていて，ポーラーローも大体その方向に移動しているが，気象雲画像では（図省略），ポーラーロー（あるいはそれを含むメソスケールのトラフ）の後方に雲があるのが特徴である．偏西風帯の傾圧不安定波では，トラフの前方に上昇流があり雲があるのがふつうであるが（図 5.8），今回は逆である．どうしてそうなるか．このときの一般流の高度分布は図 7.17(a) にみるように，海上から約 400 hPa まで，北西風が高度とともに減少している．すなわち，温度風はどの高度でも，地衡風とは逆向きで南東から吹いている．そうなる理由は，図 7.16 の温度分布をみると，流れの西側には冷たい東グリーンランド海流上空の寒気があり，東側には比較的暖かい湾流上空の暖気があり，北半球では温度風は暖域を右手に見るように吹くからである．

図 7.17(a) を一般流であるとして，これに重なった無限小振幅の波動の安定性を調べた結果によると (Duncan, 1978)，最も成長率の大きい波動の波長は約 700 km，その移動速度は約 12 m s^{-1} で，これらはほぼ実測と一致する．図 7.17(b) に示したのがこの波の物理量の位相関係である．鉛直流の高度分布の図は省略したが，鉛直流の最大は SL (steering level, 指向高度，擾乱の移動速度が一般流の速度と等しい高度) にあり，そこから上方には急激に減少している．図 7.17(b) によれば，トラフの後方に上昇流があり，温度は SL より下層では相対的に高い．トラフの軸は高度とともに前方に傾いている．トラフの前方には下降流があり，温度は低い．こうして，有効位置エネルギーが運動エネルギーに変換されて，波動は傾圧的に発達する．

図 7.16 逆向きシアーの流れの中で発生したポーラーローの一例 (Duncan, 1978)

1976 年 12 月 10 日 0000 UTC における 1,000-700 hPa 間の層厚（単位は 10 m）と 850 hPa の地衡風．コンマ印は 3 時間おきのポーラーローの位置を示す．その横の数字が時刻で，たとえば 03 は 0300 UTC．

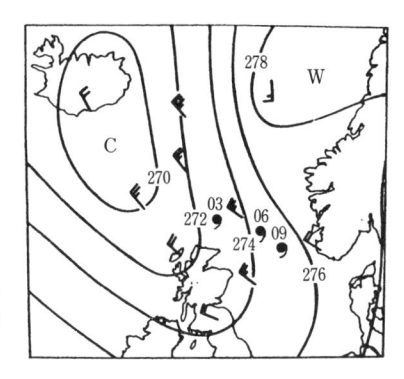

(a)基本場の風速の高度分布 (SL は steering level，指向高度)

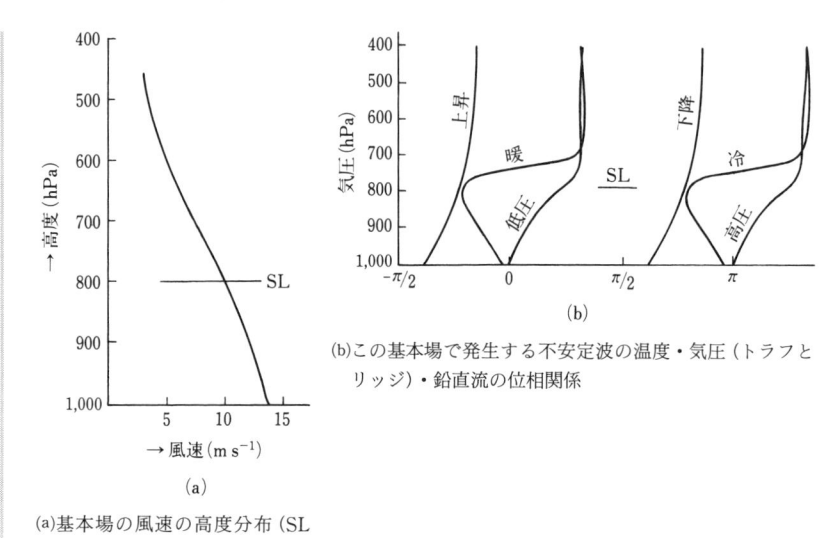

(b)この基本場で発生する不安定波の温度・気圧(トラフとリッジ)・鉛直流の位相関係

図 7.17 逆向きシアーの流れの中の不安定波の構造 (Duncan, 1978)

一般的に，水平方向には一様な流れの速度が，その高度における温度風の方向と，逆向きであるような流れを逆向きシアーの流れ (reversed shear flow) という．このような流れは，成層圏下部では存在するが，ここで例示したように，地域によっては対流圏下層でも存在するわけである．図 7.17(b) に示した位相関係は逆向きシアーの流れの中の傾圧不安定波に特有のものである．

7.4.3 順圧不安定

冬季，シベリア大陸を発する北西季節風は，朝鮮半島の付け根にあるペクト山(白頭山，2,744 m)を主峰とする山塊によって，2つに分流する．1つは沿海州からの北よりの風となり，1つは朝鮮半島上空を通ってから西よりの風となる．この2つの気流は日本海西部で寄り添って収束線あるいはシアーラインをつくる．これを日本海寒帯気団収束帯という．この収束線に沿って，朝鮮半島の東側の付け根から北陸・山陰付近に達する日本海上の帯状雲がみられることがある．そして，気象衛星雲画像では，この雲帯の中に小さな渦の列がしばしばみられる．このため，日本海西部は日本海北部と並んで，渦が多発する区域である．これらの渦の大きさは，これまで述べてきたポーラーローより小さい．日本海西部の特有のシアーラインに沿って発生する渦列

7.4 寒気内の小低気圧——215

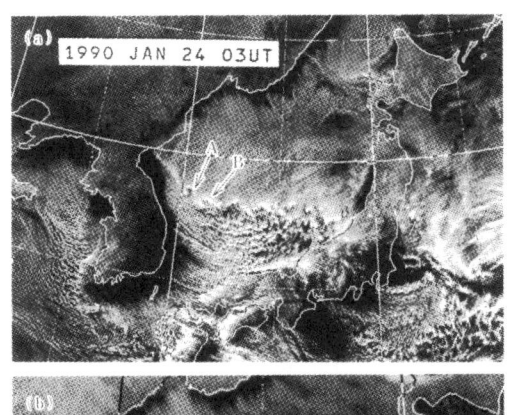

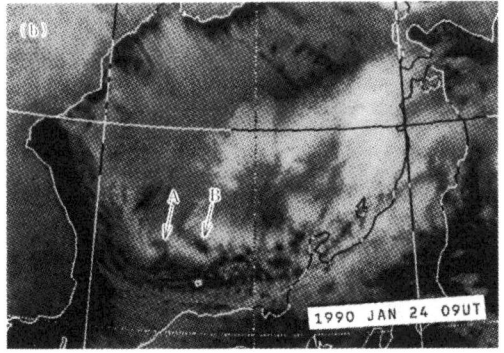

図7.18 日本海南西部のポーラーローの一例 (黒田, 1992)
(a) 1990年1月24日 0300 UTC,「ひまわり (GMS)」可視雲画像, (b) 同日 0900 UTC, 赤外雲画像.

の一例が図7.18である．渦は大きさは小さくても強風を伴うことがある．事実，図7.18でAとBと記した渦は若狭湾に接近するまでに発達し，7千トン級の船舶の遭難事故などを起こしている (黒田, 1992). 図7.18に示した渦列については，数値モデルを用いて，Nagata (1993) がシミュレーションに成功している．さらに，その結果から，渦の発達のさいのエネルギーの変換を調べたところ (5.7節)，渦の運動エネルギーは一般場の運動エネルギーから変換された量の方が，有効位置エネルギーから変換された量より，かなり大きいことがわかった．このことから，この種の渦の発生は，風の水平シアーが大きくなりすぎると起こる順圧不安定によると結論されている．順圧不安定の数理的扱いは『気象力学通論』(小倉, 1978) にあるから，ここでは省略する．ただ一言つけ加えると，非粘性で純粋な順圧不安定による渦は上昇流を伴わないから，渦が鉛直方向に伸張して強くなる (spin-up) という

ことはできない．実際の場合には，上に述べたように，傾圧的なプロセスも作用していると思われる．

7.4.4 接近してくる上層の渦位のアノマリーとのカップリング

　上記のように，ポーラーローが発生するときの状況はいろいろであるが，現実のポーラーローの進化を雲画像でみると，多くの場合に，その発達は2段階で起こっていることが指摘されている．それに寄与する過程として7.4.4，7.4.5，7.4.6項の3つが考えられている．まず重要なのが，やがてポーラーローが発生する地域の大気下層に渦位のアノマリーがあり，これが東進してくる上層の渦位のアノマリーとカップリングして，ポーラーローが発生あるいは発達することである．

　これは冬の日本海上の状況として，おなじみのことであるが，上層の冷たいトラフに伴われた寒気のドームあるいは寒気のプールが寒気の吹き出しとして暖かい海上に出ると，海面から顕熱と潜熱の強いフラックスを受ける．両者を合わせて，$1{,}000 - 1{,}500 \text{ W m}^{-2}$ もあるのがふつうである．潜熱のフラックス，すなわち海面から蒸発した水蒸気は，やがて発達する深い対流雲の水蒸気源となる．顕熱の供給を受けて，大気下層に対流混合層 (convective mixed layer) が発達する．その厚さは吹き出しの下流に行くにつれて大きくなる．対流混合層の上端には，その上の自由大気との境目に，移行層あるいはエントレインメント層と呼ばれる安定な層がある（たとえば『一般気象学 第2版』図6.23）．この安定層によって，対流混合層内の積雲は頭を抑えられているが，（たとえば寒冷渦に伴った）上昇流があると，安定層は弱まるか，あるいは消滅して，深い（背が高い）対流雲が発達する（深いといっても，夏の雷雲とは違い，雲頂は大体 500 hPa くらいである）．

　さて，図7.19は，カナダ東岸沖のラブラドール海で発達したポーラーローをシミュレーションした結果の一部である (Mailhot *et al.*, 1996)．ポーラーローが出現する前の状況であり，氷原の端にほぼ直角方向の鉛直断面図である．寒気が氷原から暖かい海上に出ると，急速に対流混合層の厚さが増していく様子がわかる．こうして，氷原の端に沿って，下層に傾圧性が強い帯ができる．一方，西方の氷原の上空には，東進して来る短いトラフに対応して，1.25 PVU の等渦位線が約 750 hPa の高度まで垂れ下がっている．この

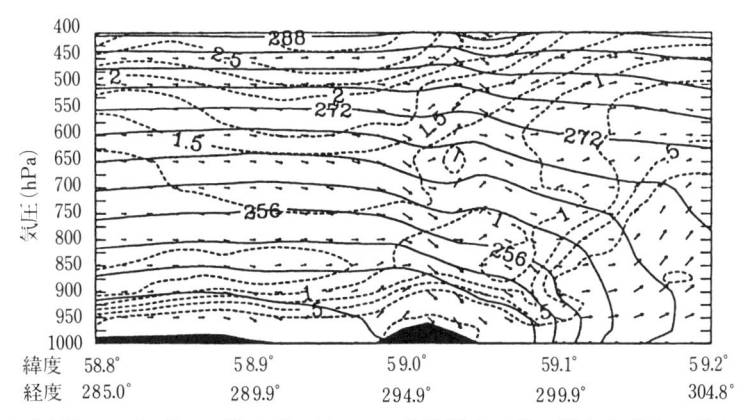

図7.19 ラブラドール海でポーラーローが発達する前の鉛直断面内の分布
(Mailhot et al., 1996)
実線は等温位線(4 K おき),破線は等渦位線(0.25 PVU おき).1989年1月10日1200 UTCを初期値として12時間数値予報した結果.図の右方が暖かい海面.氷源の端は59.1°N あたり.

　渦位のアノマリーが下層の強い傾圧帯に接近すると,アノマリー内外の低気圧循環によって,傾圧帯の中に暖気移流と寒気移流のペアーができ,鉛直循環が起こって,ポーラーローが発達したものと思われている.
　これに関連して,ポーラーローが多発するノルウェー海では,一見同じように海上では西風が吹き,上空では渦位のアノマリーが接近していても,ポーラーローが発生することもあれば,しないこともある.その違いは,海上の対流混合層の厚さと混合層内の温度の違い(もっと直接的には混合層内の渦位の違い)によるのではないかと考えられている (Okland, 1987 や Grønås and Kvamsto, 1994).図7.20はポーラーローが発生した日の数値モデルによる状況である.2 PVU の等渦位面は 650 hPa という低い高度まで下がり,その下の対流混合層の厚さは 3,000 m を越えた.両者の間隔は 1,000 m 足らずとなったので,ポーラーローが発生した.一方,2 PVU の等渦位面の高度がこれほど下がらなかったり,対流混合層の厚さが薄かったり,あるいは両者の位置がずれていたりすると,上層と下層のカップリングは起こらず,ポーラーローは発生しないという結論である.
　また,親の低気圧の背後にある地表面(海面)の相対的に暖かいトラフ内でポーラーローがしばしば発生することも指摘されている.海上のトラフは

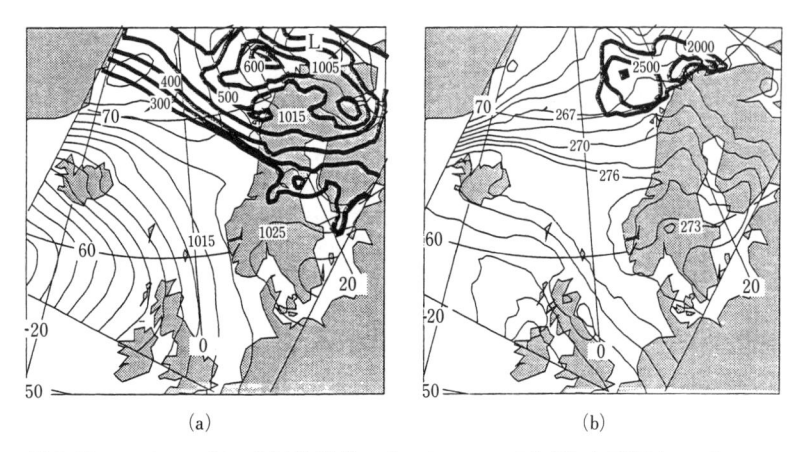

図 7.20 ノルウェー海で北極前線型のポーラーローが出現した事例 (Grønås and Kvamsto, 1994)
(a)細い実線は海面気圧 (単位は hPa), 太い実線は 2 PVU の等渦位面の高度 (単位は hPa). ノルウェー気象台の数値モデルを用い, 6 時間のシミュレーションをした結果で, 1987 年 2 月 26 日 1800 UTC に対応する時刻. (b)細い実線は 925 hPa における温位 (単位は K), 太い実線は大気境界層の高度 (単位は m) で, (a)と同時刻.

いろいろな原因で出現する. 1 つは閉塞前線である. 6.1 節で述べたように, 閉塞前線はその線に直角方向には, 温度が局所的に極大の帯である. また, トラフは海面からの潜熱と顕熱のフラックスの場所による違いによっても出現する. 図 7.21 はノルウェーの西岸沖のトラフ内でポーラーローが発生した例である. この場合には, 低気圧の背後で北方に長く延びる暖気のトラフが明瞭である. トラフは渦度の鉛直成分がある区域であり, この場合には温位も高く, この区域では下層の渦位が大きい. この下層の渦位のアノマリーが, 接近しつつある上層の渦位のアノマリーと相互作用してポーラーローが発生したと思われる (Grønås et al., 1987). 図 0.4 のトラフの場合にも, 日本海でポーラーローが発生している.

図 7.22 は日本海の例である (Ninomiya and Hoshino, 1990). 1 月 11 日 1800 UTC にはすでに日本海南部に螺旋状の雲からなるポーラーローが発達している (図(a)). その少し前の 11 日 1200 UTC の地上天気図では (図(b)), 強い西高東低の気圧配置は緩んで, 日本海上に西に突き出た地表のトラフがある (わが国では俗に袋型の気圧分布と呼んでいる). 地上のポーラーローはま

7.4 寒気内の小低気圧——219

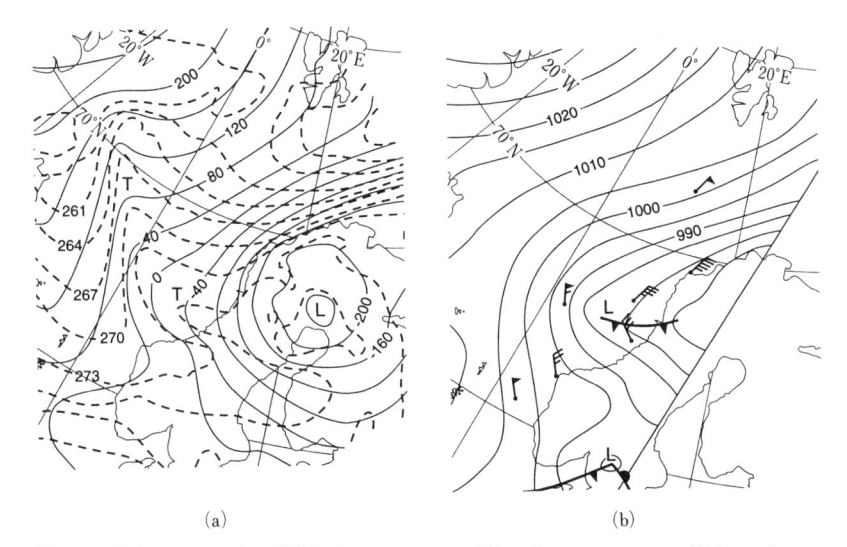

(a)　　　　　　　　　　　　　(b)

図7.21 地上のトラフ内で発生したノルウェー西岸のポーラーローの一例 (Grønås *et al.*, 1987)
(a) 1984年2月29日1200 UTCのデータに基づいて予報された3月1日0600 UTCの1,000 hPaの高度（実線，単位はm）と温位（破線，単位はK）．TTが比較的高温のトラフを表す．
(b) 3月1日0600 UTCの地上天気図．Lがポーラーローの位置．

だ描かれていないが，やがて図(a)のようにトラフ内で発生する．図の時刻前後の500 hPaのトラフの動きを渦度の分布で追ったのが図7.22(c)である．日本の北方には，MとNと記号した切離低気圧があるが，それとは別に，記号Bの渦度の塊が朝鮮半島から日本海南部を通過している．この渦度の塊Bは，図(d)の500 hPa高層天気図では，中国の遼東半島上空を中心とする短波のトラフとして描かれている．今回のポーラーローはこの上層のトラフBと地上のトラフに関連して発達した．

また，MontgomeryとFarrell (1992) は，一般的に線形傾圧不安定理論による成長速度は，実測に比べて小さいので，上層と下層の擾乱のカップリングが必要であること，また，このカップリングによって，下層の擾乱の大きさが急速に収縮するという2段階発達を示す数値実験をしている．

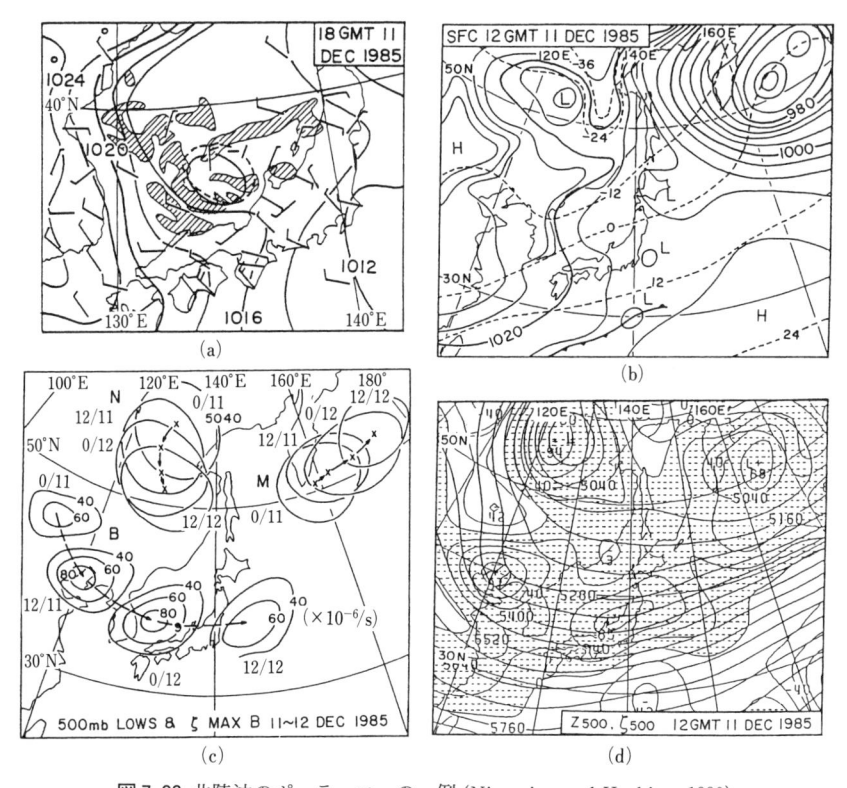

図 7.22 北陸沖のポーラーローの一例 (Ninomiya and Hoshino, 1990)
(a) 1985 年 12 月 11 日 1800 UTC における地上天気図．実線は等圧線で 2 hPa おき．破線は前 6 時間の気圧降下量の等値線で，1 hPa/6 時間おき．斜線の部分は赤外雲画像でみた雲域．(b) 同日 1200 UTC における地上天気図．実線は等圧線で 4 hPa おき．破線は等温線で 12°C おき．(c) 12 月 11-12 日の期間，500 hPa の渦度の分布でみた切離低気圧 (cut-off low) M と N および短波のトラフ B の中心域の移動経路．(d) 12 月 11 日 1200 UTC における 500 hPa 面上の等高度線と等渦度線．

7.4.5 凝結の潜熱と海面からの熱・水蒸気のフラックスの影響

　ミニ台風にそっくりの眼をもったポーラーローの雲画像をよくみる．一例が図 7.23(a) である．渦の中心に雲のない部分があり，その周囲を活発な積乱雲が取り囲んでいる．また，一般的にポーラーローの眼の中の温度は周囲より高い．このことは，ポーラーローが陸上を通過したさいの地上気温の変化や，まだ例は少ないが，ポーラーローの内部を航空機で観測したさいに確認されている (Shapiro et al., 1987 や Bond and Shapiro, 1991)．このことか

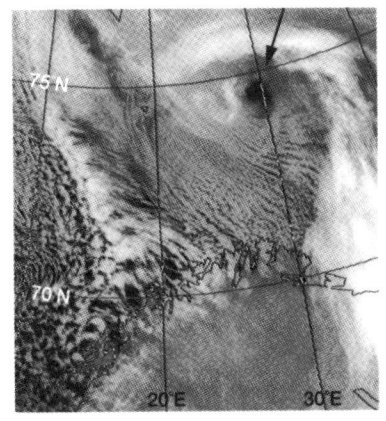

図 7.23 気象衛星 NOAA 9 の赤外雲画像 (Bader *et al.*, 1995)
(a) 1987 年 2 月 27 日 0418 UTC. P はスカンジナヴィア半島北端近くに位置するポーラーローの中心. (b) その約 15 時間前の 2 月 26 日 1254 UTC. 雲のないポーラーローの眼を矢印で示す.

ら,台風のときと同じく,ポーラーローの発達には第 2 種の条件付不安定 (CISK) が寄与していることが想像される.この不安定についての一般的な解説は『一般気象学 第 2 版』8.8 節にあり,もっと専門的な解説は新田『熱帯の気象』(1982) にあるから,ここでは省略する.また,すでに述べたように,ポーラーローが発達する海域では,海面からの顕熱と潜熱のフラックスが大きいので,大気と海洋の相互作用 (WISHE) による不安定が寄与していることが想像される.WISHE というのは,風が誘起した海面との熱交換 (wind induced surface heat exchange) の略である.式 (6.1) と (6.2) で示したように,海面からの顕熱と潜熱のフラックスの大きさは海上の風速に比例する.それで,ある擾乱が大気中に起こり,風速が強まると,海面からの熱と水蒸気の供給が増大する.たとえば台風の場合を考えると,これにより台風の中心部の温度が上昇し,静水圧平衡の関係により中心の気圧が下がり,風速が強まるので,海面からの熱と水蒸気の供給はますます増大し,という正のフィードバックが働いて,擾乱が発達するという考え方である.もともと台風の発達の理論として提出されたが,最近では,ある種のポーラーローの発達は WISHE でよく説明できるとする理論的研究もある (Gray and Craig, 1998).念のため付け加えると,この 2 つの不安定理論は,いずれも初期に弱いながら渦があったとしたときの発達の理論であって,発生の理論

ではない．CISK の場合には大山 (Ooyama, 1982) により，WISHE の場合には Emanuel と Rotunno (1989) により，こうした不安定化作用は，初期の渦がある程度の強さと大きさをもたないと有効ではないことが，数値実験で示されている．図 7.23 のポーラーローの場合，図(a)の約 15 時間前の写真が図(b)である．雲のない眼はすでに傾圧大気の中の波動の一部として認められるし，そこでは暖気が巻き込まれて温度は高い．

7.4.6 ソーヤー・エリアッセンの鉛直循環の影響

日本海北部のポーラーローの場合には，特有の海陸分布の影響のため，別の発達のメカニズムがある．図 7.24 に示すように (Ninomiya, 1991)，1985

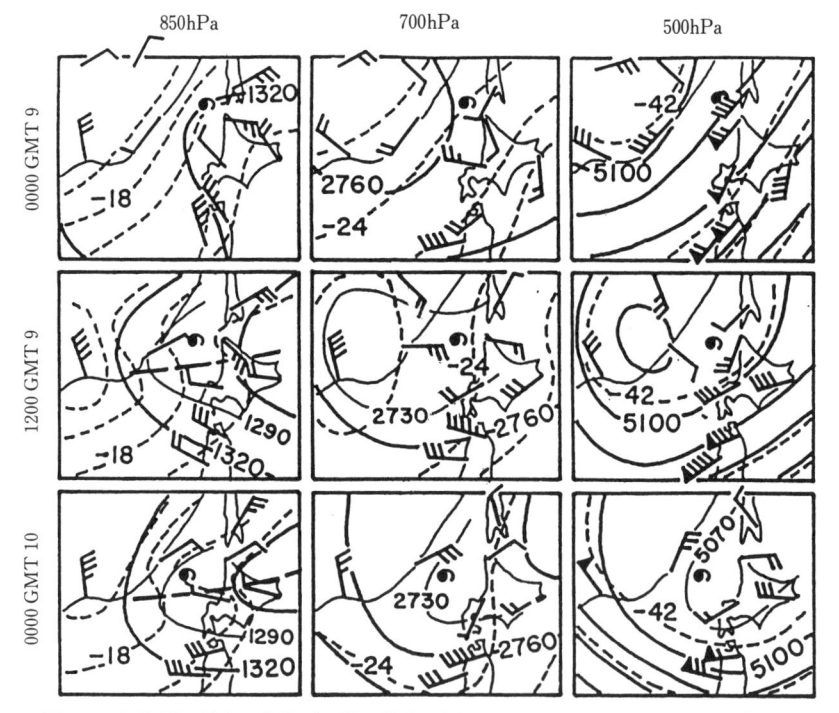

図 7.24 沿海州と樺太・北海道の間の海上で図 7.25 に示すポーラーローが発達したさいの気象状況 (Ninomiya, 1991)
1985 年 12 月 9 日 0000 UTC から 12 時間おきの，850 hPa，700 hPa と 500 hPa の高層天気図．太い実線は等高度線 (60 m おき)．細い実線は補助的に 30 m おき．破線は等温線で 6℃ おき．コンマ印はポーラーローの位置を示す．850 hPa の太い破線は東西方向のトラフ（シアーライン）．

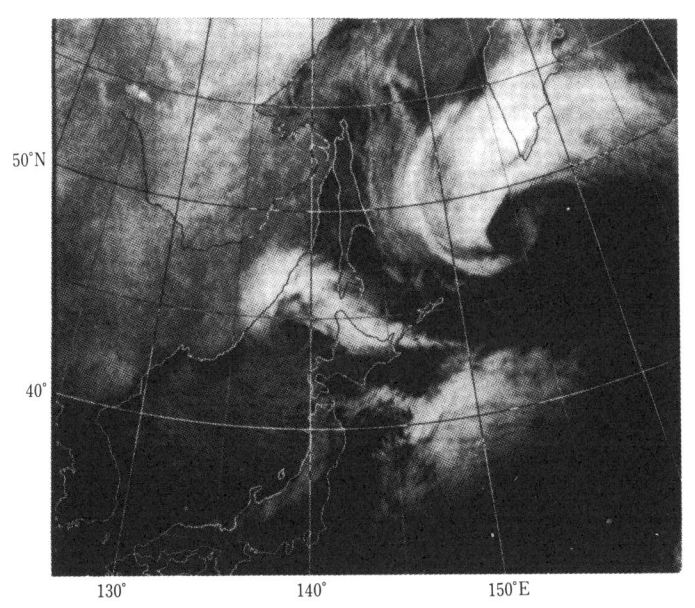

図 7.25 1985年12月10日0000 UTCの「ひまわり (GMS)」の赤外雲画像
(Ninomiya, 1991)
ポーラーローの位置は 46°N, 140°E.

年12月9日0000 UTCには，北海道・樺太の上空500 hPaには，気温 $-42°C$ をもつ寒冷渦があり（右上の図），樺太南端の西岸でポーラーローが発生した．このとき，850 hPaでは等温線はほぼ南北に走り，強い傾圧性がある（左上の図）．次の24時間で850 hPaの親の低気圧は北海道を通過しているが，9日1200 UTCと10日0000 UTCの850 hPaの天気図で明らかなように，大陸・北海道間の海域には，親の低気圧の背後の下層のトラフ兼シアーライン兼前線が東西に延びている．これは，低気圧中心の北部を巡る東よりの風が暖気を運び，一方，その南側では大陸からの西風が新鮮な寒気を運んでいるからである．もともと9日0000 UTCで，ほぼ南北に走る等温線に対して，それとほぼ直角方向の風のシアーがあるという配置は，準地衡風のソーヤー・エリアッセンの鉛直循環を表す式 (5.68) の強制項において，$\partial\theta/\partial x>0$, $\partial u/\partial y<0$ としたものに対応する．すなわち $Q_y>0$ である．この強制項のために起こる鉛直循環の向きは図5.3に示したものとは逆に，図

5.4の右図のように，高緯度側で上昇流，低緯度側で下降流となる．こうして，シアーラインの暖気移流側で上昇流が起こり，これが暖気側に位置していたポーラーローを発達させたと思われる．このときのポーラーローは図7.25に示したように，コンマ状をしているが，コンマ雲の尾部は上昇流による層状雲，コンマ雲の頭部は低気圧中心の回転，層状雲の南側は下降流により雲のない部分（あるいは最下層の筋状雲がみえる部分）と解釈できる．こうしてみると，下層の傾圧性が強いときにはコンマ状の雲，弱いときには螺旋状の雲（たとえば図7.22(a)）が発生するらしい（Craig and Cho, 1989）．

7.5 前線上の二次的低気圧

前線上のメソαスケールの低気圧は日本ではおなじみである．梅雨前線上で約1,000 kmの間隔で発生する小低気圧がそれである．以前は中規模または中間規模（medium scaleまたはintermediate scale）の擾乱と呼ばれた[†]．その構造を観測データから解析したものとしては，松本ら（Matumoto et al., 1970）や吉住（Yoshizumi, 1977）などが海外でも引用されている．その発生原因として，岸保（Gambo, 1970）や時岡（Tokioka, 1970）は，大気が水蒸気で飽和していること，大気の温度減率が湿潤断熱減率に近いと仮定すれば，5.6節で述べた乾燥大気の傾圧不安定理論の中の温位θを相当温位θ_eで置き換えることができるから，基本場の大気の静的安定度が小さくなること，さらに大気の傾圧性が下層に限られているとすれば，波長が1,000 kmくらいの波動が不安定になることを示した．さらに新田と小倉（Nitta and Ogura, 1972）は，5.6節や6.5節で述べたような，仮想的な総観規模の低気圧のシミュレーションを行う数値実験において，大気は湿潤であるとし，低気圧が発達した後も時間積分を続けて，実験時間の7日0000時間には図7.26の結果を得ている．すなわち，最初にできた低気圧Aから寒冷前線が南西に延び，その上に小低気圧Bが発生している[††]．ここで前線は等温線が最も密集した位置として描かれている．

[†] 最近，これとは全く別種の波長約2,100 km，東進速度約22 m s^{-1}の波動が検出され，発見者により「中間規模（medium-scale）東進波」と命名された（廣田，1999）．
[††] 最近，実際の寒冷前線上で次々と二次的な低気圧が発生する様子がシミュレーションされている（Zhang et al., 1999）．

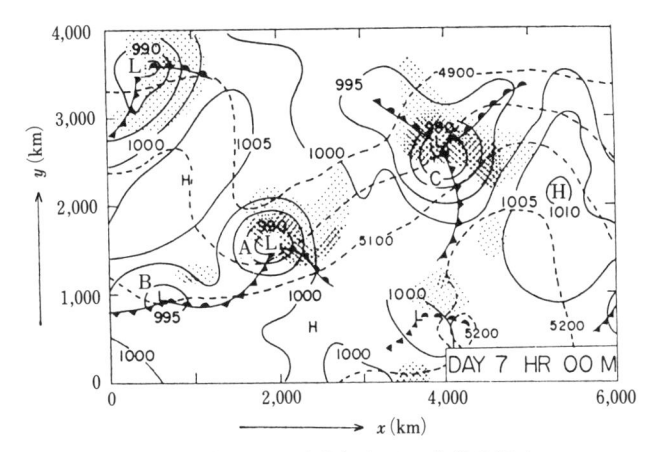

図7.26 寒冷前線上で発生する二次的低気圧の数値実験 (Nitta and Ogura, 1972)

実験開始後7日0000時間の状況．実線は地表の等圧線 (5 hPa おき)，破線は約530 hPa 面の高度．薄い陰影と濃い陰影はそれぞれ前6時間の降水量が2.5 mm 以下と以上の区域．A が一次低気圧で，B が二次低気圧．数値実験は東西方向に 6,000 km の周期をもつという境界条件で行われたので，同じ図が 6,000 km ごとに繰り返される．

しかしながら，その後の研究の興味は，小低気圧に伴う雲のクラスターや集中豪雨などに移り，梅雨前線上の小低気圧そのものについては，あまり研究されていない．

さらに古く歴史的にみると，親の低気圧の背後に延びる寒冷前線上に新たに低気圧が発生する現象は，すでに1920年代にノルウェー学派によって注目されていた．すなわち，図7.27に示すように，寒帯前線上で，ある低気圧が発達すると，その中心から南西方向に延びる寒冷前線上に子の低気圧が発生する．これが発達すると背後に孫の低気圧が発生する．こうして，低気圧の家族 (cyclone family) という概念が提出された．この図では，そうとははっきりと書いていないが，子や孫の低気圧は親の低気圧と同じように進化し，同じような構造をもつと仮定されている．

1980年代後半から，寒冷前線上に発達する二次的低気圧に対する興味が再燃している．そこでは，子の低気圧は親の低気圧とは違った進化の過程と構造をもつのだという認識が基礎となっている．ここでいう二次的低気圧の典型的な水平スケールは 1,000 km で，ときとして，1日か2日の間にきわめて急速に発達する．

226──第7章 低気圧に伴う流れと雲のパターン

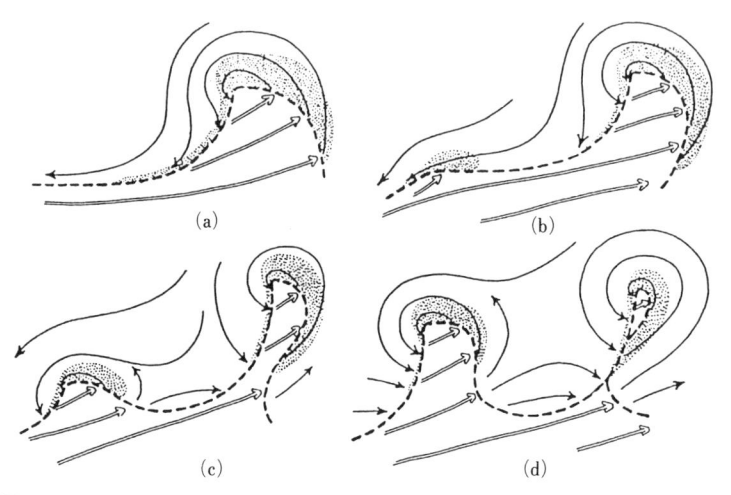

図7.27 ノルウェー学派による低気圧家族の模式図（Bjerknes and Solberg, 1922）
「親」の低気圧に伴う寒冷前線上に「子」の低気圧が発生し発達する．

　二次的低気圧に対する興味を起こさせた1つの契機が，1987年10月15-16日に，主に英国南部を襲った低気圧である．図7.28が15日0000 UTCにおける地上天気図である．英国上空に親の低気圧があり，そこから延びる寒冷

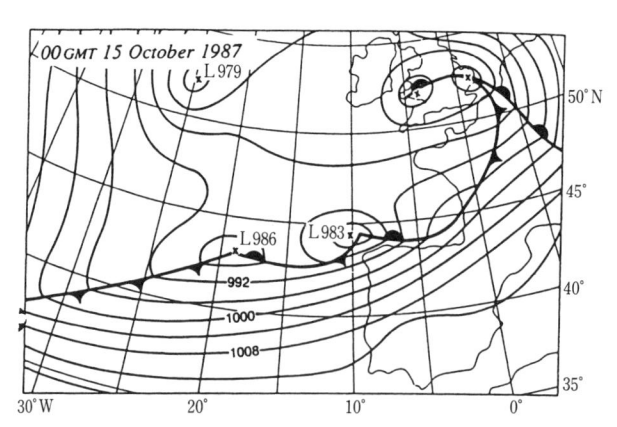

図7.28 1987年10月15日00 UTC，東大西洋の二次的低気圧を表す地上天気図（Morris and Gadd, 1988）
　この約24時間後に二次的低気圧が1987年October Stormとなり英国南部を襲った．

前線に小さい低気圧が2つある．一見無害な小低気圧である．ところが，それから18時間後には，子の低気圧の方が急速に発達し，地上の中心気圧は19 hPa も下降して964 hPa となった．この低気圧は北上を続け，それから6時間後の16日0000 UTC に英国南部に達したころには，中心気圧は953 hPa となっていた．この急速な発達を英国気象局は十分に予測できなかった．さらに運の悪いことに，この小さいが猛烈な低気圧が，英国を通過したのが真夜中から早朝にかけてであった．このため，一般の市民には強風警報が届かず，不意打ちに強風に襲われたことになった．市民の怒りは，翌17日の新聞1面の特大活字の "Why weren't we warned ?" というヘッドラインに表されている．この低気圧はいまも October Storm とか Great Storm と呼ばれて，記憶されている．

　一般的に，ストーム・トラック（storm track）とは，擾乱の経路を指す．最近では，ブラックモン（Blackmon, 1976）の定義に従い，中緯度の対流圏上層で，ジオポテンシャル高度の変動のうち，周期が約1週間より短い部分の標準偏差が極大となる地帯を指すのに用いられている．移動と発達・消滅を繰り返す擾乱（高・低気圧など）の活動度の地理的分布がよくわかる．北半球には太平洋と大西洋に1つずつある（図7.29）．6.6節で述べた米国大陸の東岸とそれに続く大西洋西部の低気圧は，いわば大西洋のストーム・トラックの入り口における低気圧である．その低気圧が大西洋を横断してストーム・トラックの出口の東大西洋に達するまでには，低気圧はいろいろと進化をして，違った構造をもっても不思議ではない．事実，東大西洋では，図7.30に示したような，いろいろな前線上の波動（frontal wave）あるいは前線波動性低気圧（frontal wave cyclone）があることが知られている（図の中のコル波動（col wave）とは，2つの高気圧に挟まれた前線上の波動性低気圧をいう）．図7.29の総観規模の擾乱のストーム・トラックに対比させていえば，二次的低気圧は 0.5 日 $\leqslant$ 周期 $\leqslant 2$ 日をもつ擾乱である．地上天気図からこうした擾乱を検出するのは，前線に沿って調べていき，渦度および/あるいは前線に沿った方向を決めるベクトルの向きの曲り具合の局所的な極大に注目する．
　1992年の3,4,5月の3ヵ月に，大西洋北東部で実施された FRONT 92 という特別観測期間中に，図7.30で示した5種のおのおのの型が検出された個数，およびそれがもっと強い擾乱に発達中であった比率は次のとおりである：寒気内トラフ（15個，67%），寒冷前線の波動（25個，48%），温暖前線の

228——第7章 低気圧に伴う流れと雲のパターン

図7.29 冬季のストーム・トラックの図 (Blackmon, 1976)
2.5日≦周期≦6日のフィルターを通過した500 hPaのジオポテンシャル高度の標準偏差の分布図．等値線は5mおき．1963‐72年のデータ．

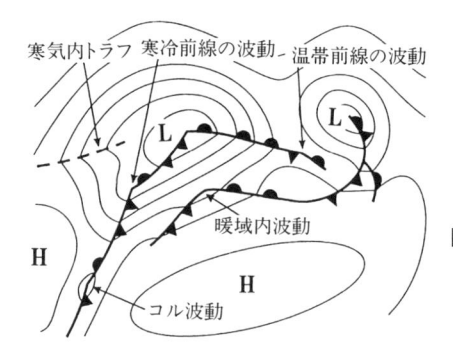

図7.30 親の前線性低気圧（図の中央）の周辺で起こりうるいろいろな二次的低気圧のスケッチ（T. Hewsonの図に基づいてParker, 1998が作成）

波動 (9 個，11%)，コル波動 (16 個，63%)，暖域内波動 (9 個，11%)．コル波動が寒冷前線上の波動と同じくらい強い擾乱に発達する傾向があるのが目につく．大西洋北東部の多くの主要な低気圧はこの型とのことである．

その後も大西洋では，1997 年の FASTEX (Fronts and Atlantic Storm Track EXperiment) などの特別観測が実施され，活発な研究が続けられている．いずれ，二次的な低気圧の統一的な像が描かれると期待されている．

たとえば，小倉（2006）は局地的豪雨により，図 7.27 とは違った形の低気圧の世代交代が起こった事例を解析している．

最近では，少し違った形の傾圧不安定も注目されている．「内部ジェット気流の不安定性 (internal jet instability)」と名づけられているものである (Charney and Stern, 1962)．それによると，剛体の上面と下面で限られた流体の中の流れと温位の分布から渦位の分布を計算したとき，流体内のある点で渦位が極値をもつならば（たとえば渦位の南北方向の微分が 0 となる地点があるならば），そのような流れは不安定であり，（たとえば東西方向に伝播する）波動を生ずることになる．『気象力学通論』（小倉，1978）にその数式的な扱いが述べてある．その具体的な例として，夏季のアフリカ大陸のサハラ砂漠の南では，約 700 hPa の高度を中心として，東風のジェット気流があり，そこで渦位は極値をもつ．このため，ここで波長約 3,000 km の偏東風波動 (easterly wave) と呼ばれる波動が発生する．この波動は西に進み，あるものは大西洋を横断してカリブ海でハリケーンとなるという話も述べられている．今回の二次的低気圧の場合には，水蒸気の凝結による加熱のため，下層で局地的に渦位がつくられる．図 7.28 で示した October Storm の発達前の地上天気図に対応する時刻の 850 hPa における渦位の分布が図 7.31 (a) である．地上天気図の東西に延びる寒冷前線に沿って，渦位が大きい帯が東西に延びている．図(b)の鉛直断面では確かに下層に渦位の極値がある．この極値は寒冷前線に沿って降雨があり，その凝結熱によってつくられた．そして，内部ジェット不安定によって波動が生じたというシナリオが考えられている (Joly and Thorpe, 1990 など)．

しかし，この不安定による波動の成長率は，実況に比べて小さすぎるとも指摘されている (Malardel et al., 1993)．つまり，なにか成長を促す他のプロセスが必要である．そのようなプロセスとして，再び上層の渦位のアノマリ

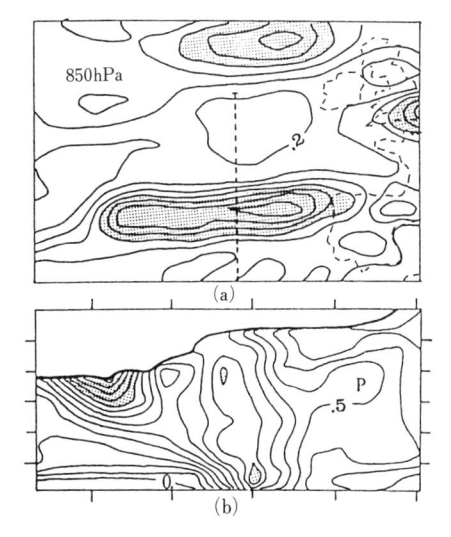

図7.31 図7.28と同時刻における渦位の状況 (Joly and Thorpe, 1990)
(a) 850 hPa の渦位. 0.1 PVU おき. 陰影は 0.5 PVU より大きい区域. (b)鉛直断面内の渦位の分布. 等値線の間隔は(a)と同じ. ただし, 陰影は 0.9 PVU 以上の区域. 太い実線は圏界面で, それより上では渦位の等値線はほぼ水平. 縦軸には 2 km おき, 横軸には 500 km おきにマークがつけてある.

ーとのカップリングが考えられている (Rivals *et al.*, 1998).

　さらに別の考え方として, 高緯度側に傾斜した前線面で, 力学的に不安定な波動が生ずるという理論がある. この理論を含めて, 寒冷前線に伴う二次的低気圧の力学については, Parker (1998) の総合報告を参照していただきたい. また, Thorpe (1999) の総合報告もある.

第8章

前線とジェット気流と非地衡風運動

8.1 前線像の変遷

　歴史を顧みると，オーストリアの気象学者マルグレス（M. Margules）は1903年に温帯低気圧の運動エネルギーは位置のエネルギーからの変換であることを示した．続いて，1906年には，温度が（したがって密度が）不連続に変わる線としての大気下層の前線の理論を次のように展開した．直交z座標系をとり，x軸は東に正，y軸は北に正ととり，前線はx軸に平行で，現象は2次元であるとする．不連続面（前線面）に沿って，気圧pは，

$$\delta p = \left(\frac{\partial p}{\partial y}\right)\delta y + \left(\frac{\partial p}{\partial z}\right)\delta z \tag{8.1}$$

と変わる（図8.1(a)）．不連続面を横切って，温度，密度，速度などは不連続に変わるが，気圧は連続でなければならない．すなわち，前線面のすぐ上と下のδpは等しくなければならない．この条件と，静水圧平衡の関係を式(8.1)に代入すると，

$$\frac{\delta z}{\delta y} = \frac{(\partial p/\partial y)_c - (\partial p/\partial y)_w}{g(\rho_c - \rho_w)} \tag{8.2}$$

が得られる．ここで添字cとwは，それぞれ寒気および暖気の物理量を表す．$\delta z/\delta y$が前線面の傾きを表す．式(8.2)によれば，$\delta z/\delta y \neq 0$である限り，前線を横切って水平気圧傾度$(\partial p/\partial y)$は不連続でなければならない．したがって，この場合には，地上天気図の前線で，等圧線は図8.1(b)のように折れ曲がって描かれることになる．

　式(8.2)に地衡風の式を代入し，密度の代わりに温度を用い，改めて地表面から前線面までの高さをhとすると，前線面の傾きは，

$$\frac{dh}{dy} = \frac{f\bar{T}}{g}\left(\frac{U_{gw} - U_{gc}}{T_w - T_c}\right) \tag{8.3}$$

で与えられる．$\bar{T}$は平均の温度（$\bar{T} \equiv (T_w + T_c)/2$），$U_g$は前線に沿う地衡風

232──第 8 章 前線とジェット気流と非地衡風運動

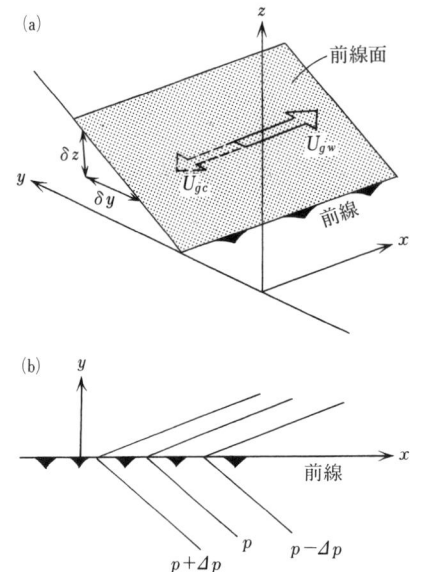

図 8.1 (a)古典的前線面の模式図．(b)地表面前線で水平気圧傾度が不連続になることを示す模式図．

の成分である．北半球では $f>0$ であるから，dh/dy を正に保つためには，前線を横切っては低気圧性の渦度（$U_{gw}>U_{gc}$）をもたなければならないことがわかる．

　式 (8.3) がいわゆるマルグレスの式である．ノルウェー学派が温帯低気圧の前線波動説を出す十余年前に，マルグレスがこのような前線の数式化を行ったことは注目に値する．そのノルウェー学派は，6.1 節で述べたように，図 8.1(a)の傾いた寒帯前線面上に波動が起こり，その波動は力学的に不安定なので振幅が時間とともに増大する．それとともに寒帯前線の高緯度側にある寒気が低緯度側にある暖気に相対的に移動して寒冷前線を作り，同時に別の場所では寒気に相対的に暖気が進行して温暖前線を作ると考えた．ここで問題になるのは，どういう条件のときに寒帯前線面上の波動が不安定になるかである．ノルウェー学派のソルベルク（Solberg）を始めとして多くの人による努力が重ねられたが，結局不成功に終わった．そして 1940 年代に入って，第 5 章で述べたように，温帯低気圧は寒帯前線面という温度（密度）の不連続面上の不安定ない波動ではなく，傾圧帯内の流れ（偏西風）に重なった不安定な波動であり，低気圧の発達とともに，それまで穏やかであった

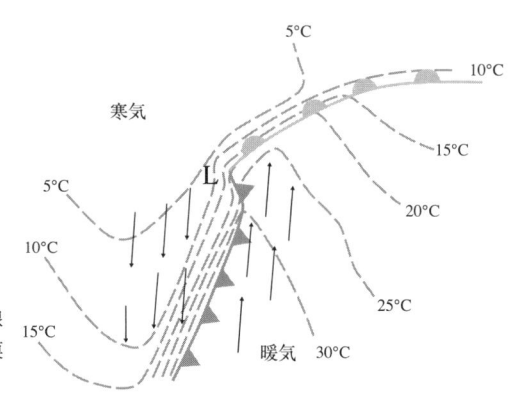

図 8.2 地表面寒冷前線と温暖前線に伴う温度と風の分布の模式図

水平の温度傾度が強化されて（等温線の間隔が狭くなって），寒冷前線や温帯前線ができるということになった．この温度傾度が強くなるという過程を前線形成過程あるいは前線強化過程（frontogenesis）という．その反対の過程が前線減衰過程（frontolysis）である．

この記述で明らかなように，現在では二つの気団の境界では，温度（あるいは温位または密度）が不連続に変わるのではなく，等温（温位，密度）線が密集した遷移帯があるとする．したがって，図 8.2 で模式的に示したように，前線は温度傾度が極大（あるいは不連続）の位置に描くのが普通である．微積分の言葉でいえば，温度の 1 次水平微分が不連続の線と考えていることになる．

そして，これは 8.4 節で述べることであるが，強化されつつある前線では前線を巡って鉛直循環があり，その上昇流の部分では雲が湧き雨が降ることがある．ノルウェー学派が前線を天気の運び屋と呼んだ所以である．前線は単に等温線が密集するという運動学的な線ではなくて，生き生きとした力学的な線なのである．

本書では述べないが，メソスケールの前線もある．たとえば，暖候期の晴れたに日中，海上から陸地に進入して来る海風の先端にある海風前線がそれである．あるいは，冬や春のころ，低気圧に伴った強い南西風が地形のため風向が曲げられ，陸上に停滞していた別の気塊との間に局地的な前線を作ることがある．関東地方の房総前線はその一例である．沿岸前線もある．これは海上の比較的暖かい空気と，陸上の高気圧に伴った冷たい空気の間にでき

た前線である．米国東部でよく発達する．ガストフロント（gustfront）も比較的頻繁に出現する．発達中あるいは末期の積乱雲の下に溜った冷気が流れ出す冷気外出流の先端にできる．

8.2 風の場の表現：変形の場を中心として

前線形成の議論では，流れの変形の場（deformation field）という言葉がよく出てくるから，まずそれを説明しよう．

この節では，水平面上の風の場を数式で表現する．ある任意にとった原点 ($x=0$, $y=0$) のまわりの速度 $u(x, y)$ と $v(x, y)$ を原点のまわりでテイラー級数展開をして，高次の項を省略すると，

$$u(x, y) = u(0, 0) + \frac{\partial u}{\partial x}x + \frac{\partial u}{\partial y}y \tag{8.4}$$

$$v(x, y) = v(0, 0) + \frac{\partial v}{\partial x}x + \frac{\partial v}{\partial y}y \tag{8.5}$$

となる．$\partial u/\partial x$ などは原点における値である．式 (8.5) は，原点付近の風は $u(0,0)$ と $\partial u/\partial x$ などから決まることを表している．図 8.3 のように，原点のまわりに小さな正方形を考える．図 8.3 の左図のように，$\partial u/\partial x$ と $\partial v/\partial y$ は線素が伸張する割合を表し，これは正方形の面積が変わる割合に関係する．面積が変わる割合は発散 δ である．

$$\delta = \frac{\partial u}{\partial x} + \frac{\partial v}{\partial y} \tag{8.6}$$

そこで，

$$D_1 \equiv \frac{\partial u}{\partial x} - \frac{\partial v}{\partial y} \tag{8.7}$$

により，D_1 という量を定義すると，

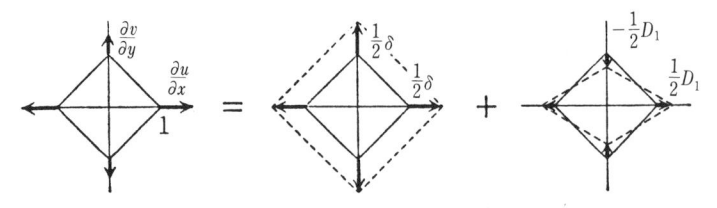

図 8.3 伸張 ($\partial u/\partial x$, $\partial v/\partial y$) と発散 (δ) と伸張変形 (D_1) の関係

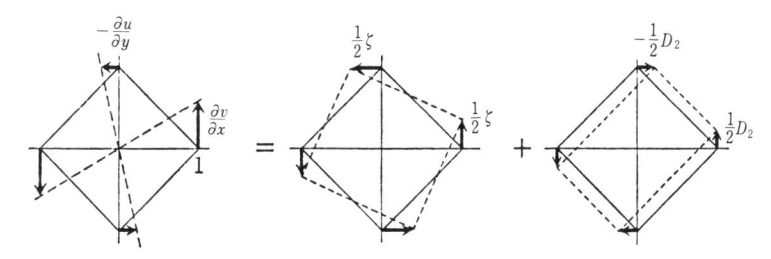

図8.4 シアー ($\partial v/\partial x, \partial u/\partial y$) と渦度 ($\zeta$) とシアー変形 ($D_2$) の関係

$$\frac{\partial u}{\partial x} = \frac{1}{2}(\delta + D_1), \quad \frac{\partial v}{\partial y} = \frac{1}{2}(\delta - D_1) \qquad (8.8)$$

である．D_1を純粋な伸張変形 (pure stretching deformation) という．式 (8.8) により，式 (8.5) の第1式右辺第2項と第2式右辺第3項で表される風の場は δ と D_1 の場で成り立っていることがわかる．このことを図8.3の右図でみれば，δ の場は正方形の面積を変化させようとし，D_1 の場は（面積の変化はもたらさないものの）正方形を菱形に変形させようとする．

次に，図8.4の左図において，$\partial v/\partial x$ と $-\partial u/\partial y$ は線素が原点のまわりを回転する割合，すなわち渦度 ζ に関係する．

$$\zeta = \frac{\partial v}{\partial x} - \frac{\partial u}{\partial y} \qquad (8.9)$$

ここで，

$$D_2 \equiv \frac{\partial v}{\partial x} + \frac{\partial u}{\partial y} \qquad (8.10)$$

という量 D_2 を定義する．D_2 をシアー変形 (shear deformation) という．式 (8.9) と (8.10) から，

$$\frac{\partial v}{\partial x} = \frac{1}{2}(\zeta + D_2), \quad -\frac{\partial u}{\partial y} = \frac{1}{2}(\zeta - D_2) \qquad (8.11)$$

である．したがって，式 (8.5) の第1式右辺第3項と第2式第2項で与えられる風の場は，ζ の場と D_2 の場に分けることができる．すなわち，図8.4の右図にみるように，小さな正方形の面積は変わらないが，ζ によって正方形は回転しようとするし，D_2 によって正方形は長方形に変形しようとする．この意味で，D_1 と D_2 に風の変形の場という名前をつけたのである．変形の強さは $(D_1{}^2 + D_2{}^2)^{1/2}$ で定義する．

以上をまとめると，式 (8.5) は，

$$u(x, y) = u(0, 0) + \frac{\delta}{2}x - \frac{\zeta}{2}y + \frac{D_1}{2}x + \frac{D_2}{2}y$$
$$v(x, y) = v(0, 0) + \frac{\delta}{2}y + \frac{\zeta}{2}x + \frac{D_2}{2}x - \frac{D_1}{2}y$$
(8.12)

となる．すなわち，原点のまわりの風の場は，

風の場＝並進の場＋発散の場＋渦度の場＋変形の場

という 4 個の要素から成り立っていることがわかる．並進の場というのは $u(0, 0)$ と $v(0, 0)$ である．そのおのおのの場の流れを模式的に示したのが図 8.5 である．

たとえば，a をある一定値として，

$$u = ax, \quad v = -ay \tag{8.13}$$

という流れの場を考えると，

$$\delta = 0, \quad \zeta = 0, \quad D_1 = 2a, \quad D_2 = 0 \tag{8.14}$$

であるから，この流れの場には，渦度も発散もないが，変形をもつという流れである．このときの流線が図 8.5(d) である．この図の水平軸を拡大軸 (axis of dilatation) と呼ぶ．いま説明の便宜上，拡大軸の方向を東西方向とする．図のように北からの流れの中に正方形を考えると，正方形は時間とともに面積を保持しながら南に移動するが，そのさい，もとの正方形は東西方向に引き伸ばされるので拡大軸と呼ぶのである．逆に，たとえば東に向かっている流れの中に長方形を考えると，その南北方向の辺の長さは時間とともに短くなる．それで南北方向の軸を収縮軸 (axis of contraction) と呼ぶ．

さらに，図 8.5(d) において，等温位線が東西に走っているとすると，正方形の東西方向の 2 つの辺は等温位線である．そして時間が経つにつれ，この 2 本の辺の間隔はせばまる (等温位線が集中する)．つまり南北方向の温位の傾度が増大する．したがって東西方向に走る前線が強化されたことになる．拡大軸はその方向に前線が強化される軸である．この理由により，式 (8.13) の変形の流れは，以下述べるように，前線形成理論ではしばしば用いられている．

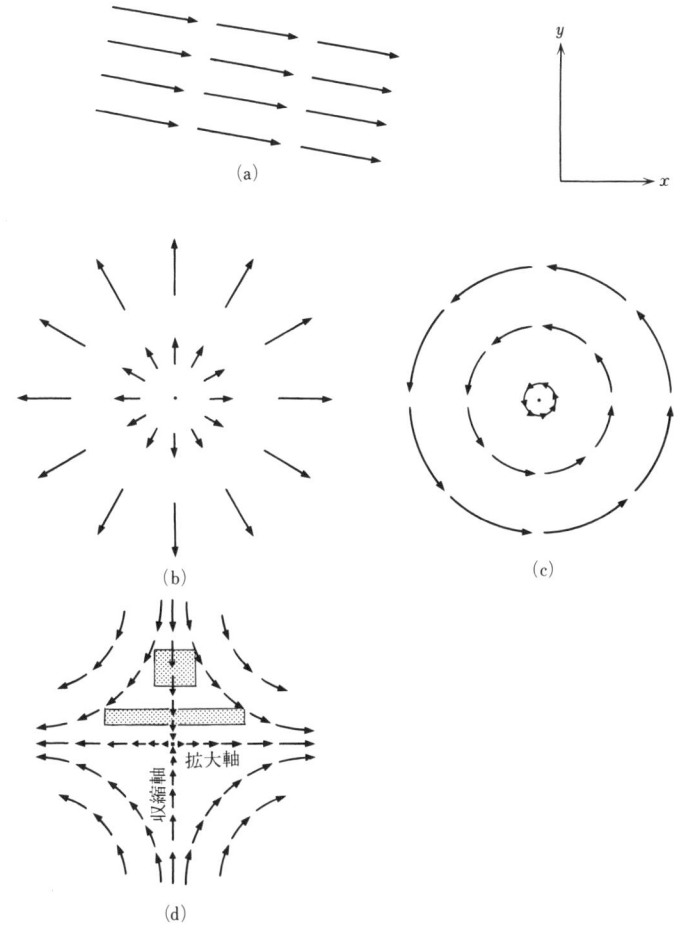

図 8.5 ある点における流れを構成する 4 要素
(a)並進の場, (b)発散の場 (収束の場では流れの方向が逆になる), (c)正 (低気圧性) の渦度をもつ回転の場 (高気圧性の渦度では流れの方向が逆となる), (d)式 (8.13) で与えられる変形の場. どの図でも矢印の長さは速度に比例している.

8.3 前線形成関数とその実例

前線の強化を量的に表す物理量としては,ふつう温位の水平傾度の時間微分をとり,これを前線形成関数 (frontogenetical function) と呼ぶ.

$$F \equiv \frac{d}{dt}|\nabla_h \theta| \tag{8.15}$$

ここで,1.6 節のベクトル記号を用い,

$$\nabla_h = \frac{\partial}{\partial x}\boldsymbol{i} + \frac{\partial}{\partial y}\boldsymbol{j}$$

$$|\nabla_h \theta| = \left\{\left(\frac{\partial \theta}{\partial x}\right)^2 + \left(\frac{\partial \theta}{\partial y}\right)^2\right\}^{1/2}$$

である.この節では,総観規模の運動を議論するさいによく用いられる p 座標系を使用して,

$$\frac{d}{dt} = \frac{\partial}{\partial t} + \boldsymbol{v}_h \cdot \nabla_h + \omega \frac{\partial}{\partial p}$$

であり,$\boldsymbol{v}_h = u\boldsymbol{i} + v\boldsymbol{j}$ である.

式 (8.15) の定義により,

$$F = \frac{1}{|\nabla_h \theta|}\left\{\frac{\partial \theta}{\partial x}\frac{d}{dt}\left(\frac{\partial \theta}{\partial x}\right) + \frac{\partial \theta}{\partial y}\frac{d}{dt}\left(\frac{\partial \theta}{\partial y}\right)\right\} \tag{8.16}$$

であり,

$$\begin{aligned}\frac{d}{dt}\left(\frac{\partial \theta}{\partial x}\right) &= \frac{\partial}{\partial x}\left(\frac{d\theta}{dt}\right) - \frac{\partial u}{\partial x}\frac{\partial \theta}{\partial x} - \frac{\partial v}{\partial x}\frac{\partial \theta}{\partial y} - \frac{\partial \omega}{\partial x}\frac{\partial \theta}{\partial p} \\ \frac{d}{dt}\left(\frac{\partial \theta}{\partial y}\right) &= \frac{\partial}{\partial y}\left(\frac{d\theta}{dt}\right) - \frac{\partial u}{\partial y}\frac{\partial \theta}{\partial x} - \frac{\partial v}{\partial y}\frac{\partial \theta}{\partial y} - \frac{\partial \omega}{\partial y}\frac{\partial \theta}{\partial p}\end{aligned} \tag{8.17}$$

と書ける.また,熱力学の第 1 法則は,

$$\frac{d\theta}{dt} = \left(\frac{p_0}{p}\right)^{\kappa}\frac{1}{C_p}\dot{Q} = \frac{\theta}{TC_p}\dot{Q} \tag{8.18}$$

である.$\dot{Q}$ は単位質量の空気塊に単位時間に加えられる熱量で,$\kappa = R_d/C_p$ である.

式 (8.17) を式 (8.16) に代入し,$\partial u/\partial x$,$\partial v/\partial x$,$\partial v/\partial x$,$\partial v/\partial y$ を前節で導いたように ζ,δ,D_1,D_2 で表現して整理すると,

$$F = 発散項 + 変形項 + 傾斜 (\text{tilting}) 項 + 非断熱項 \tag{8.19}$$

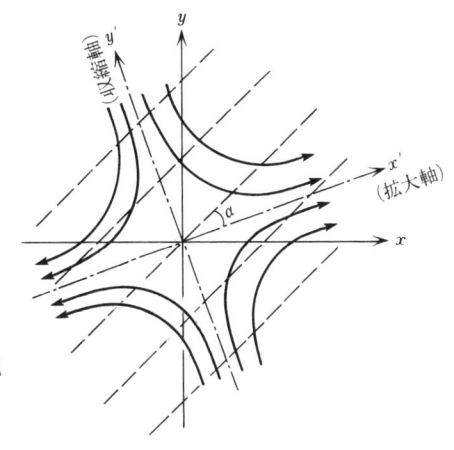

図8.6 前線形成関数における変形項の説明図
破線は等温位線.

が得られる．ここで，

$$\text{発散項} = -\frac{1}{2}|\nabla_h \theta|\delta \tag{8.20}$$

$$\text{変形項} = -\frac{1}{2|\nabla_h \theta|}\left[D_1\left\{\left(\frac{\partial \theta}{\partial x}\right)^2 - \left(\frac{\partial \theta}{\partial y}\right)^2\right\} + 2D_2\left(\frac{\partial \theta}{\partial x}\right)\left(\frac{\partial \theta}{\partial y}\right)\right] \tag{8.21}$$

$$\text{傾斜項} = -\frac{1}{|\nabla_h \theta|}\left(\frac{\partial \theta}{\partial p}\right)\left(\frac{\partial \theta}{\partial x}\frac{\partial \omega}{\partial x} + \frac{\partial \theta}{\partial y}\frac{\partial \omega}{\partial y}\right) \tag{8.22}$$

$$\text{非断熱項} = \frac{1}{|\nabla_h \theta|}\left\{\frac{\partial \theta}{\partial x}\frac{\partial}{\partial x}\left(\frac{d\theta}{dt}\right) + \frac{\partial \theta}{\partial y}\frac{\partial}{\partial y}\left(\frac{d\theta}{dt}\right)\right\} \tag{8.23}$$

である．ζ は前線強化に寄与しない．

任意の速度場に対して，水平の座標軸を適当に回転させることによって，新しい座標系 (x', y') では，$D_2=0$ とすることができる．このとき，x' 軸が前節で述べた拡大軸となる．拡大軸は，その軸に沿って温位あるいは温度の水平傾度が集中すると期待される軸のことである．新しい座標系に対しては，

$$\text{変形項} = -\frac{D_1'}{2|\nabla_h \theta|}\left\{\left(\frac{\partial \theta}{\partial x'}\right)^2 - \left(\frac{\partial \theta}{\partial y'}\right)^2\right\} \tag{8.24}$$

となる．この項はさらに別の形で書くことができる．すなわち，x' 軸と等温位線のなす角を α とすると（図8.6），

$$\sin \alpha = \frac{\partial \theta/\partial x'}{|\nabla_h \theta|}, \quad \cos \alpha = -\frac{\partial \theta/\partial y'}{|\nabla_h \theta|} \tag{8.25}$$

であるから，結局，

$$\text{変形項} = -\frac{1}{2}|\nabla_h\theta|D(\sin^2\alpha - \cos^2\alpha) = \frac{D}{2}|\nabla_h\theta|\cos 2\alpha \quad (8.26)$$

となる．$D \equiv D_1'$ で，D が新しい座標系での変形である．式 (8.26) によれば，$0 < \alpha < 45°$ ならば，$F > 0$ であるから前線は強化される．$45° < \alpha < 90°$ ならば，$F < 0$ であるから，前線は弱くなる（図 8.6）．いうまでもないが，ある時刻において，拡大軸の方向も変形の強さも場所によって異なる．

式 (8.19) は別の形で書くことができる．式 (8.17) を式 (8.16) に代入し，D_1，D_2 などを使わないで整理すると，

$$F = \text{合流項} + \text{水平シアー項} + \text{傾斜項} + \text{非断熱項} \quad (8.27)$$

となる．ここで，

$$\text{合流項} = -\frac{1}{|\nabla_h\theta|}\left\{\left(\frac{\partial\theta}{\partial x}\right)^2\frac{\partial u}{\partial x} + \left(\frac{\partial\theta}{\partial y}\right)^2\frac{\partial v}{\partial y}\right\} \quad (8.28)$$

$$\text{水平シアー項} = -\frac{1}{|\nabla_h\theta|}\frac{\partial\theta}{\partial x}\frac{\partial\theta}{\partial y}\left(\frac{\partial v}{\partial x} + \frac{\partial u}{\partial y}\right) \quad (8.29)$$

である．傾斜項と非断熱項はそれぞれ式 (8.22) と式 (8.23) と同じである．

合流 (confluence) 項は，伸張変形の場の中で合流により，暖気と寒気が拡大軸に向かって相互に接近するため，前線が強化される効果を示す．水平シアー項はシアー変形の場の中で，水平面上でシアーのある流れによる効果である（後述）．

こう述べても，意味がわかりにくいので，寒気の方向を y 軸の正にとり，その方向の前線の強さを $-(\partial\theta/\partial y)$ で表すと，式 (8.17) より，

$$\frac{d}{dt}\left(-\frac{\partial\theta}{\partial y}\right) = \frac{\partial v}{\partial y}\left(\frac{\partial\theta}{\partial y}\right) + \frac{\partial u}{\partial y}\left(\frac{\partial\theta}{\partial x}\right) + \frac{\partial\omega}{\partial y}\left(\frac{\partial\theta}{\partial p}\right) - \frac{\partial}{\partial y}\left(\frac{d\theta}{dt}\right)$$

$$= \text{合流項} + \text{水平シアー項} + \text{傾斜項} + \text{非断熱項} \quad (8.30)$$

となる．図 8.7 は右辺の最初の 3 項の効果を図示したものである．

まず，図(a)の合流の場合には，左図のように初期に ($t=0$) 等温位線は x 軸に平行で，合流している流れがこの温位分布に重なると，$\partial v/\partial y < 0$，$\partial\theta/\partial y < 0$ であるから，$(\partial v/\partial y)(\partial\theta/\partial y) > 0$ であり，ある時間が経った後には，右図のように等温位線が密集する．図(b)の水平シアーの場合には，初期に等温位線が y 軸に平行で，これに図のように u の場が重なると，$\partial u/\partial y < 0$，$v=0$，$\partial\theta/\partial x < 0$ であるから，$(\partial v/\partial y)(\partial\theta/\partial x) > 0$ となり，前線帯が形成される．ちなみに，図 8.8 は実際の 850 hPa の天気図を示したもので，この場

(a) 合流項

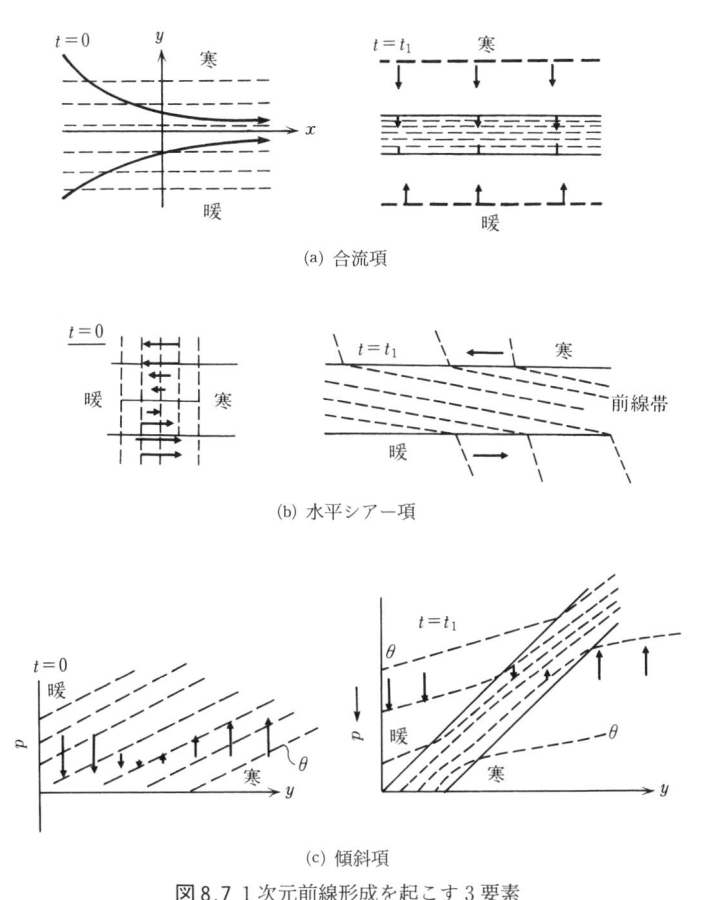

(b) 水平シアー項

(c) 傾斜項

図 8.7 1次元前線形成を起こす3要素
(a)合流, (b)水平シアー, (c)傾斜. いずれも左欄は初期の状態で, 右欄はある程度時間が経った状態. 太い矢印が流れを表し, 細い破線は等温位線.

合には水平シアーの効果が大きい. もとへ戻って, 傾斜項の効果については, 図 8.7(c)において, 寒気側に上昇流, 暖気側に下降流という間接循環の場合が例示されている. いつも $\partial\theta/\partial p<0$ であるから, $\partial\omega/\partial y<0$ のとき, $(\partial\omega/\partial y)(\partial\theta/\partial p)>0$ である. すなわち, 間接循環の場合, y 方向の温位傾度は増す. 寒気側では下層の温位の低い空気が上昇してきて, 暖気側では上層の温位の高い空気塊が下りてくる結果, 水平の温位傾度が強まったのである. 反対に, 直接循環は前線を弱める方向に働く. 8.5 節では, 上層の前線の形

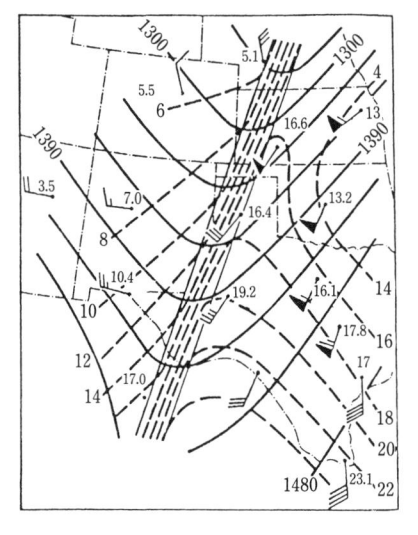

図8.8 水平シアーによる前線形成の一例 (Shapiro, 1982)
1981年4月3日 1200 UTC，米国南西部の 850 hPa．太い実線はジオポテンシャル高度（単位は m），破線は温度（単位°C）．前線帯の境界は細い実線で示す．長い矢羽は 5 m s^{-1}．

成には傾斜項の効果が大きいことを述べる．

式 (8.30) の非断熱項の効果の一例が図 8.9 に示してある．図(a)で，日中寒気側が雲で覆われていると，相対的に日射による暖気側の昇温が大きく，$-\partial(d\theta/dt)/\partial y > 0$ であるから，地表付近の前線は強化される．反対に図(b)では，寒気側だけが晴天なので，寒気側がより強く加熱され，その結果，前線は弱まる．

実測のデータを用いて，式 (8.19) あるいは (8.27) のいくつかの項の大きさと分布を求めることは，これまでに数多くなされている．ここでは，代表的な 2 例について述べよう．

最初は，多くの教科書に引用されている古典的な事例である (Sanders, 1955)．ただし，この解析では簡単に，前線に直角方向の温位傾度だけを考えている．局所的に，前線に沿って x 軸，それに直角に y 軸をとり（寒気の方向に正），前線の強さの目安として $-(\partial\theta/\partial y)$ を考える．その時間変化は，式 (8.30) において，近似的に $\partial\theta/\partial x = 0$ として，

$$\frac{d}{dt}\left(-\frac{\partial\theta}{\partial y}\right) = \frac{\partial v}{\partial y}\left(\frac{\partial\theta}{\partial y}\right) + \frac{\partial\omega}{\partial y}\left(\frac{\partial\theta}{\partial p}\right) - \frac{\partial}{\partial y}\left(\frac{d\theta}{dt}\right) \qquad (8.31)$$

で与えられる．

図 8.10(a) で示したように，この前線は直接低気圧に結びついたものでは

8.3 前線形成関数とその実例

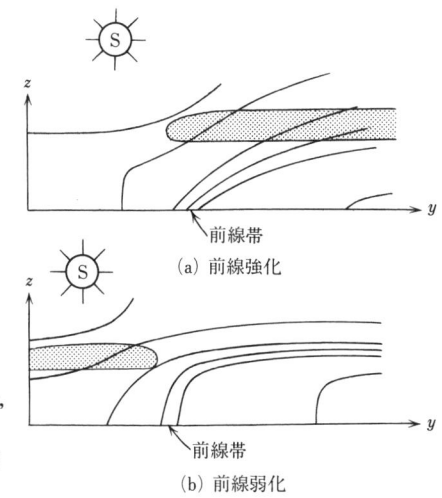

図 8.9 非断熱効果による前線形成の一例
日射を遮る層状の雲を陰影で表す。(a)では，南側の高温の区域で日射による加熱のため，前線は強化される。(b)では，逆に低温の区域がより強く加熱され，前線は弱まる。

(a) 前線強化

(b) 前線弱化

ないが，米国南西部のきわめて強い寒冷前線として研究の対象に選ばれたものである。図(b)の鉛直断面図での注目点は，前線帯の幅が地表面では狭いが，上空にいくにつれて広くなることである。これは前線の一般的な基本的な性格の1つである。500 hPa あたりでは温位分布から前線帯を検出するのは困難になるのがふつうである（そうなる理由は 8.4 節で述べてある）。次に，図(c)によれば，地上の前線付近には，狭く強い上昇流域（最大で 25 cm s^{-1} 程度）がある。この鉛直速度は風の観測データから水平発散を計算し，地上の鉛直速度を仮定して（たとえば平坦な地表面なら 0 として），連続の式 (3.48) を鉛直方向に数値積分して求めている（これを運動学的に決めた鉛直流という）。

このケースにつき，式 (8.31) の合流項と傾斜項を計算した結果が図 8.11 である（非断熱の項は実測値からの見積りが難しい）。図(a)によれば，合流の効果は前線帯内の下層では強く前線形成に働いているが，その強さは高度とともに減少している。傾斜の効果は，前線帯前方の暖気の中では強く前線形成に働いているが，前線帯内では前線弱化となっている（図(b)）。この両者を合わせると（図(c)），前線帯前方の暖気の中で地表から離れた高度では，傾斜の項が重要であり，前線帯内の地表付近では合流の項が卓越することになる。

次に，前線における渦度の鉛直成分 ζ の目安として $-(\partial u/\partial y)$ を考えると，その時間微分は，

244──第8章 前線とジェット気流と非地衡風運動

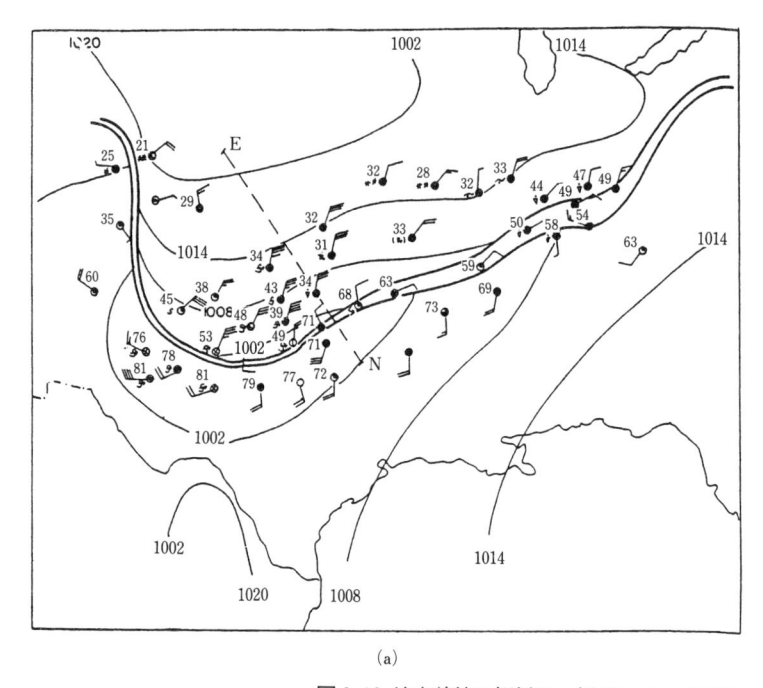

図8.10 地表前線の解析の一例 (Sanders, 1955)
(a) 1953年4月18日0330 UTCにおける地表面解析．太い実線は前線帯の境界，細い実線は海面の等圧線（6 hPaおき）．通常の地上天気図記号も記入してある．(b)図(a)の破線（E-N）に沿った鉛直断面．細い実線は等温位線（5 K おき），破線は鉛直断面に直角方向の風速成分の等値線（10 m s^{-1}）．太い実線は前線帯の境界．横軸の文字の間隔は100 km．1953年4月18日0300 UTC．(c)細い実線は発散（単位は10^{-5}s^{-1}），破線は鉛直速度（5 cm s^{-1}おきで，正が上昇速度）．

$$\frac{d}{dt}\left(-\frac{\partial u}{\partial y}\right)=\frac{\partial v}{\partial y}\left(\frac{\partial u}{\partial y}\right)+\frac{\partial \omega}{\partial y}\left(\frac{\partial u}{\partial p}\right)-f\frac{\partial v}{\partial y}-\frac{df}{dt} \quad (8.32)$$

で与えられる．式(8.30)と対比するとわかるように，式(8.32)の右辺第1項は合流によるζの増大，第2項は傾斜項（すなわち渦度ベクトルの水平成分を鉛直成分に変える）である．第3項はコリオリ力によるζの生成で，温位の前線形成過程には対応する項はない．第4項は空気塊が違った緯度に移動したためのベータ効果で，ふつうは他の項に比べて小さい．おのおのの項の分布を示す図はここでは省略するが，その分布はある程度図8.11に似ていて，合流項も傾斜項も前線帯の下層では，ζを強化するように働いている．

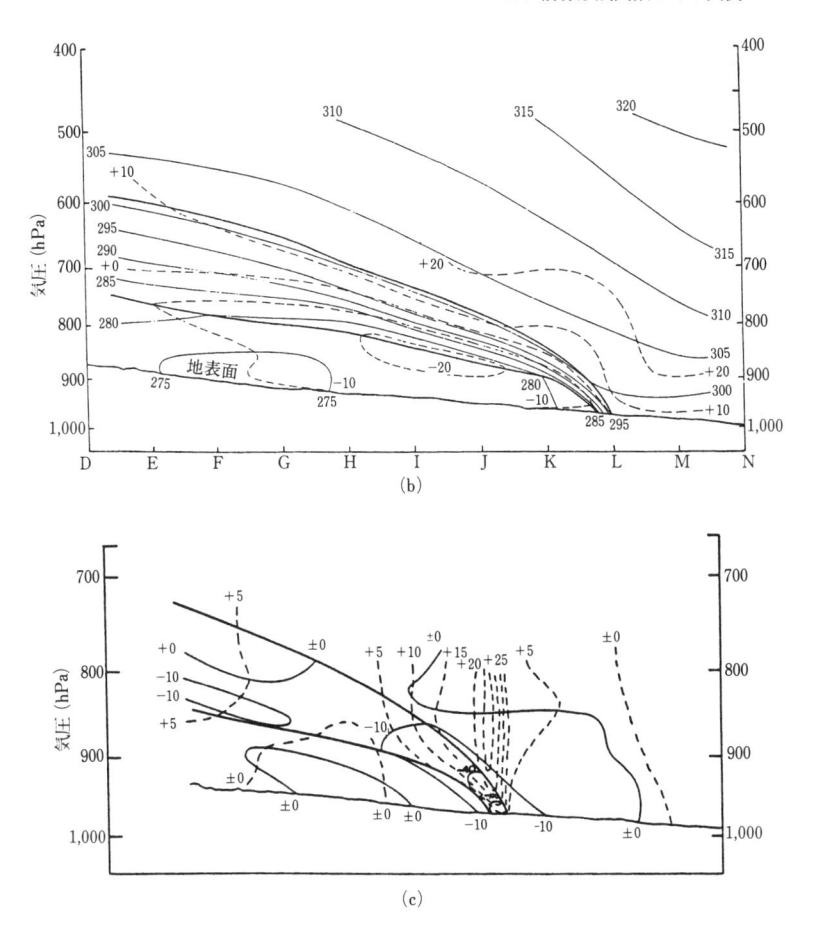

このため，一般的に，前線の第2の基本的な性格として，前線に沿って渦度の鉛直成分 ζ が大きい．

もう1つ例をあげよう．これは1979年に米国で実施されたセサミ（Severe Environmental Storms And Mesoscale Experiment，略して SESAME）という特別観測が捕捉した寒冷前線である（Ogura and Portis, 1982）．この寒冷前線を含む総観気象の進化は，実はすでに図6.10に示してある．その中の図(e)の特別観測の区域内で，850 hPa の風と温度とジオポテンシャル高度の分布を示したのが図8.12である．寒冷前線の前方には強い南西風があり，後方には強い北ないし北西の風が吹いていて，その境目，温度からみた前線の位

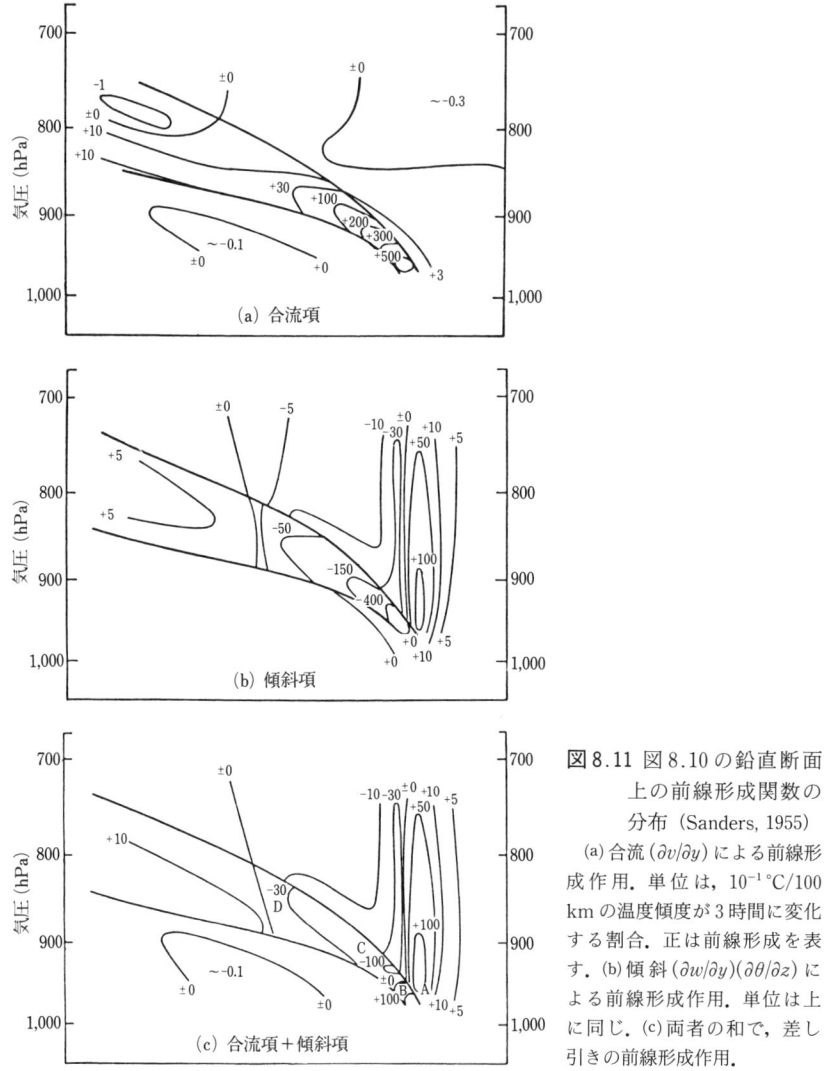

図 8.11 図 8.10 の鉛直断面上の前線形成関数の分布（Sanders, 1955）
(a) 合流 $(\partial v/\partial y)$ による前線形成作用．単位は，$10^{-1}\,°\mathrm{C}/100\,\mathrm{km}$ の温度傾度が 3 時間に変化する割合．正は前線形成を表す．(b) 傾斜 $(\partial w/\partial y)(\partial \theta/\partial z)$ による前線形成作用．単位は上に同じ．(c) 両者の和で，差し引きの前線形成作用．

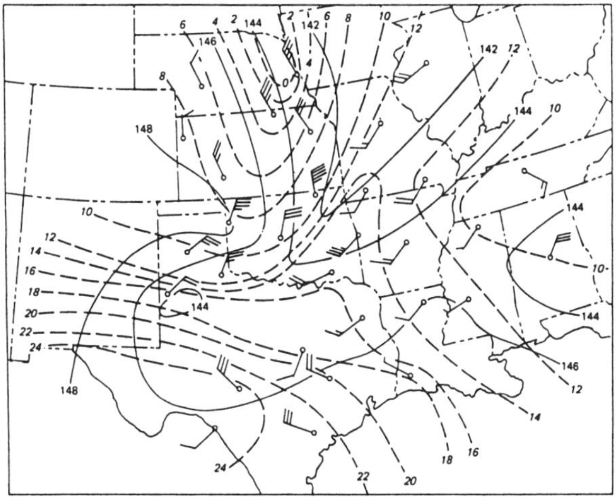

図 8.12 図 6.10(e) に示した寒冷前線の解析 (Ogura and Portis, 1982)
1979 年 4 月 26 日 0200 UTC における 850 hPa 天気図. 実線は等ジオポテンシャル高度線 (単位は 10 m), 破線は等温線 (単位は °C). 長い矢羽は 10 ノット.

置で ζ が大きいことは明らかである. この場合にもほぼ 700 hPa より上では, 温度の分布から前線の位置を決めるのは困難であった. このため, あとで示す図 8.13 では, 各高度で前線の位置は ζ の最大値を結んだ線として解析されている.

さて, 図 8.12 の風の分布を先に示した同じ事例, 同じ時刻の等温位面上の解析図 (図 4.1) と比較すると, 前線背後の北よりの風は, 305 K の等温位面に沿って吹き降りていることがわかる. すなわち, ここには下降流がある. それを確かめるために, 前例と同じく, 観測された風から運動学的に各高度の鉛直速度を求め, ある代表的な, 前線に直角方向の鉛直断面内の鉛直速度の分布を示したのが図 8.13(a) である. 予想どおり, 前線面の背後には下降流がある. その大きさも, 図 4.1 で等温位面の傾斜角と風速からおおざっぱに見積もった値と一致する. 図 8.10(c) と同じく, 今回も前線面の地上付近に強い上昇流があり, 今回は対流圏上層まで達している. このケースで出現したスコールラインに対応すると考えられる. また, 前線面に沿って暖気内に上昇流がある. 図は省略したが, これらの上昇流が前線に沿う雲帯に対応する. この前線面前方の暖気内の上昇流と後方の寒気内の下降流の分布は, 図 7.9 の分類に従えばアナ前線に相当する.

同じ断面上で, 前線に平行な方向の風速と温位の分布を示したのが図

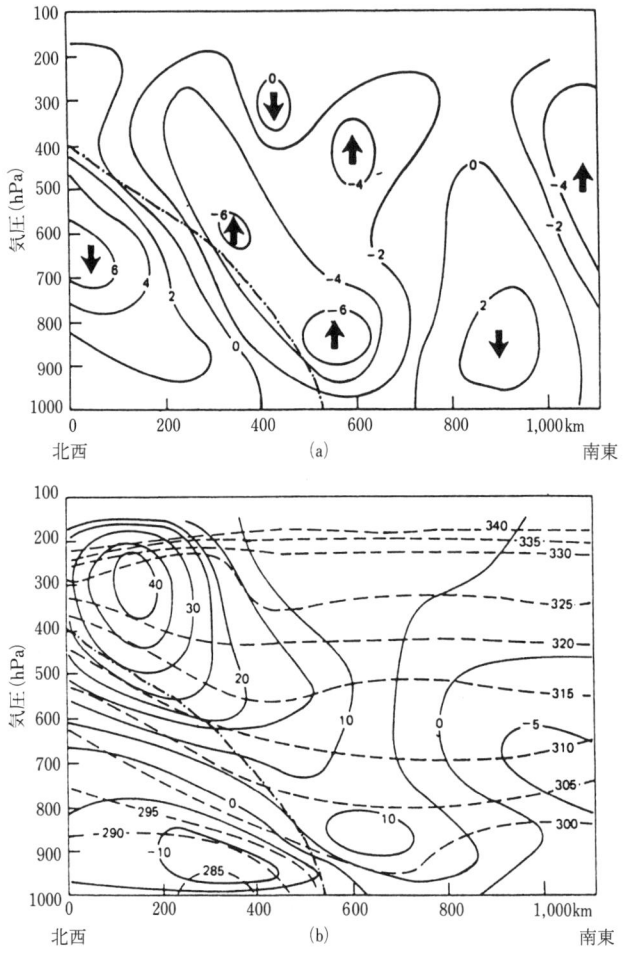

図 8.13 図 8.12 の寒冷前線に直角方向の鉛直断面図 (Ogura and Portis, 1982)
(a) 鉛直 p 速度 (単位は $10^{-3}\,\mathrm{hPa\,s^{-1}}$), (b) 実線は前線に平行方向の風速 ($\mathrm{m\,s^{-1}}$), 破線は温位 (K). 一点鎖線は寒冷前線面の位置.

8.15(b) である．等温位線の間隔はやはり下層では狭いが，上層にいくにつれて広くなる．前線面の前方には，地表面から少し離れて風速の極大がある．これが前線に伴ってほとんどいつも出現する南西風の下層ジェット気流である．このため前線付近で渦度も大きいわけである．今回の場合には，前線面の背後に北よりの風の下層ジェットもあり，その結果，渦度も特に大きい

（図省略）．上層の風速の極大はもちろん偏西風ジェットを表している．

このケースについて，式 (8.19) の前線形成関数の3つの成分の分布図は省略するが，大体の傾向は図 8.11 と同じである．

以上，前線形成関数の大きさと分布の例を示したが，これにより前線はどれくらい速く形成されるのか．その見積りをするために，流れも温位の分布も x に無関係で，かつ $\omega=0$, $d\theta/dt=0$ とすると，

$$F = \frac{d}{dt}\left(-\frac{\partial \theta}{\partial y}\right) = \frac{\partial v}{\partial y}\left(\frac{\partial \theta}{\partial y}\right) \tag{8.33}$$

となる．さらに，$\partial v/\partial y$ が時間によらず一定とすると，式 (8.33) の解は，

$$-\frac{\partial \theta}{\partial y} = \left(-\frac{\partial \theta}{\partial y}\right)_{t=0} \exp\left(-\frac{\partial v}{\partial y}t\right) \tag{8.34}$$

となる．すなわち，温位傾度は指数関数的に増大する．その大きさが e 倍になる時間は $(-\partial v/\partial y)^{-1}$ である．仮に，$\partial v/\partial y \sim (1\,\mathrm{m\,s^{-1}})(100\,\mathrm{km})^{-1}$ ととれば，この時間は 10^5s の程度である．実際には，あとで述べるように，温位傾度が大きくなれば速度場も変化するので，前線形成過程はもっと速く進行する．

8.4 前線形成に伴う鉛直循環

前節では観測データの解析から，一般的に，前線は地表面で最も顕著であること，前線に沿って鉛直渦度も強いこと，という前線の2つの基本的な性格について述べた．本節では，前線形成に伴って鉛直循環も起こるのだという，前線の第3の基本的な性格について述べる．また仮想的な単純な状況を想定して，もう少し理論的に前線形成の過程を調べる．

そのために，まず5.5節で述べた準地衡風の世界におけるソーヤー・エリアッセンの鉛直循環の話を復習する．実際の風 ($\boldsymbol{v}$) の中で，非地衡風の成分を $\boldsymbol{v}_\mathrm{a}$ と書くと，

$$\boldsymbol{v} = \boldsymbol{v}_\mathrm{g} + \boldsymbol{v}_\mathrm{a} \tag{8.35}$$

である．連続の式は式 (5.13) により，

$$\frac{\partial u_\mathrm{a}}{\partial x} + \frac{\partial v_\mathrm{a}}{\partial y} + \frac{\partial \omega}{\partial p} = 0 \tag{8.36}$$

である．簡単化のため，(y, p) 面内で起こる2次元の鉛直循環を考えるこ

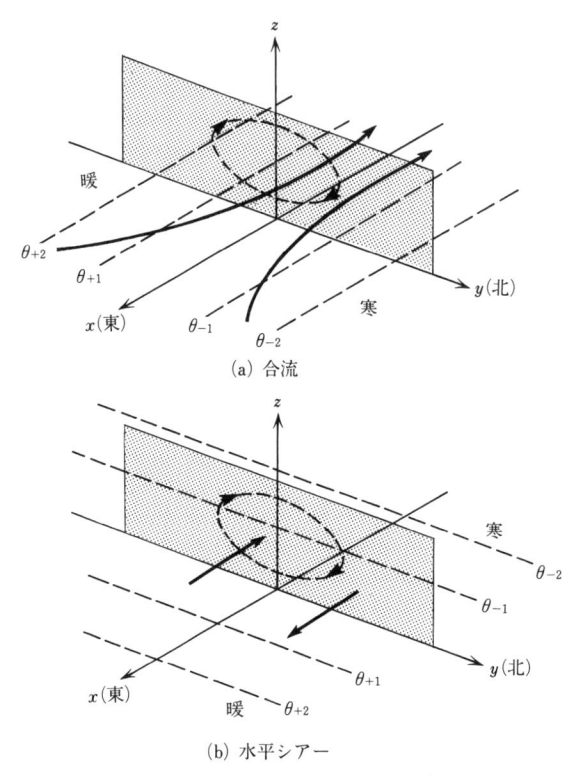

図 8.14 地衡風による前線形成に伴う非地衡風鉛直循環の2形態の模式図

(a)合流による前線形成の場合．(b)水平シアーによる前線形成の場合，いずれも太い矢印が地衡風，太い破線が鉛直循環，細い破線が等温位線．

とにすると，v_a と ω は流線関数 ψ を用いて，

$$v_a = -\frac{\partial \psi}{\partial p}, \quad \omega = \frac{\partial \psi}{\partial y} \tag{8.37}$$

と表現される．そして，ある時刻に与えられた地衡風と温位の場に対して，ψ は次のソーヤー・エリアッセンの方程式 (5.75) の解として決められる．

$$S_0 \frac{\partial^2 \psi}{\partial y^2} + f_0^2 \frac{\partial^2 \psi}{\partial p^2} = 2\gamma \left(\frac{\partial \theta}{\partial y} \frac{\partial v_g}{\partial y} + \frac{\partial \theta}{\partial x} \frac{\partial u_g}{\partial y} \right) + \gamma \frac{\partial}{\partial y} \left(\frac{d\theta}{dt} \right) \tag{8.38}$$

ここで，右辺は式 (5.69) の中の温度 T を温位 θ を用いて書き直してある．$\gamma = (R_d/p)(p/p_{00})^\kappa$ である．また右辺第3項には 5.5 節で省略した非断熱項を付け加えている．右辺に含まれている風は地衡風であり，式 (8.38) は地衡風と温位の場によって，非地衡風である v_a と ω という鉛直循環が起こることを示している．右辺を慣習により強制項 (forcing term) と呼ぶ．

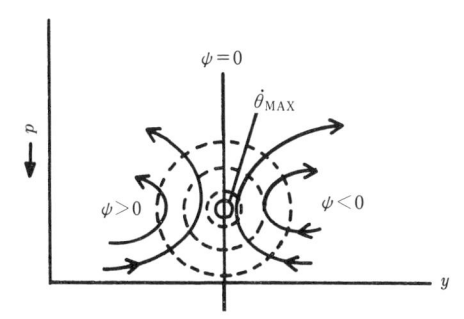

図8.15 非断熱加熱による鉛直循環の模式図
実線が流線関数 (ψ), 破線が加熱量の等値線.

　式 (8.38) の右辺を,前線形成の式 (8.30) の右辺と比べると,第1項と第2項には同じ項が含まれている.それで第1項を合流項,第2項を水平シアー項と呼ぶ.図8.14 は,このおのおのの項によって,どんな鉛直循環が起こるか,模式的に示したものである.図(a)の合流の場合には,$\partial\theta/\partial y<0$, $\partial v_g/\partial y<0$ であるから,強制項 >0 である.したがって,式 (8.38) により,図のように,暖気側(正確には暖気移流側)で上昇,寒気側(寒気移流側)で下降という直接循環が起こる.そして図8.7(a)で示したように,このときには前線形成も起こっている.図(b)の水平シアーの場合には,$\partial\theta/\partial x>0$, $\partial u_g/\partial y>0$ であるから,強制項 >0 であり,やはり暖気移流側で上昇,寒気移流側で下降という直接循環が起こる.そして,図8.7(b)で示したように,このときにも前線形成は起こっている.いうまでもなく,上昇流は総観気象にとってきわめて重要である.雲をつくり雨を降らせるなど,悪天候をもたらす.また,鉛直方向の伸張により,鉛直渦度を増大させる.前線形成ということは,単に等温位線の間隔が狭くなるという静的な現象ではない.前線に沿って渦度を増大させ,鉛直循環を起こすという,生き生きとしたダイナミックな現象であるといった意味はここにある.

　ちなみに図8.15 は,式 (8.38) の第3項の非断熱による鉛直循環を示したものである.$y=0$ で $d\theta/dt$ が極大とすると,図の左側では $\partial(d\theta/dt)/\partial y>0$, 右側では $\partial(d\theta/dt)/\partial y<0$ であるから,図の中心で上昇流,図の左側では反時計回り,右側では時計回りに循環が起こる.

　次に,仮想的な単純な状況を想定して,もう少し理論的に前線形成の過程を調べよう.そのために,z 系の準地衡風モデルを用いる.$z=0$(地表面)と $z=H$(対流圏界面を想定)にある水平な剛体の板で挟まれた大気を考え,

(a)温位の変動部分の初期の鉛直断面内分布

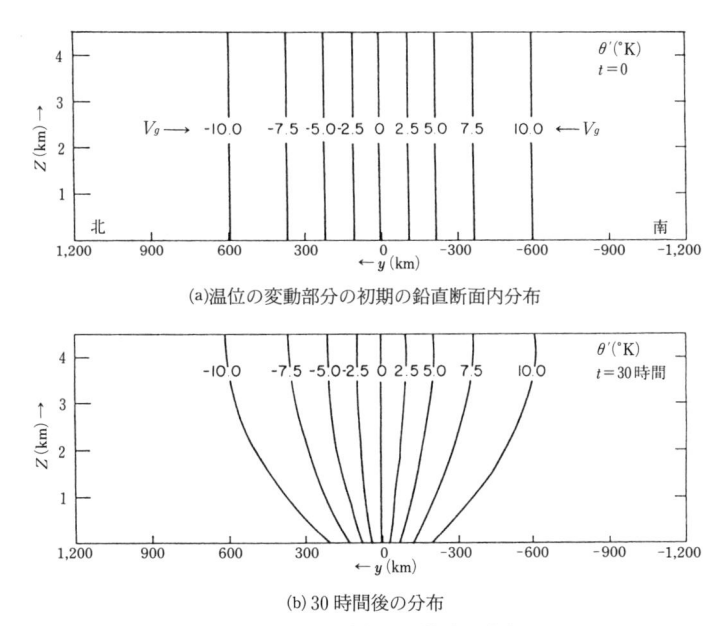

(b) 30 時間後の分布

図 8.16 準地衡風モデルを用いて計算した前線形成過程 (Williams, 1972)

その中の流れと大気の基本状態が次の式で与えられるとする.

$$\begin{aligned}&V_g = D(x\boldsymbol{i} - y\boldsymbol{j}) \\ &w = 0 \\ &\phi = -f_0 Dxy \\ &\theta = 0\end{aligned} \quad (8.39)$$

この流れは，8.2 節で述べたように，発散も渦度もない変形の場を表し，$y=0$ に拡大軸がある．そして，ϕ はこの流れと地衡風の関係を満足するジオポテンシャルの場である．それで式 (8.39) は時間的に定常な地衡風と大気の状態を表す．

ここで，初期に温位 θ の場に擾乱が加えられたとする．簡単化のため，擾乱は 2 次元で，東西方向 (x 方向) には一様とし，擾乱は，

$$\theta(y, z, t) = \theta_1(z) + \theta'(y, z, t) \quad (8.40)$$

で与えられるとする．$\theta_1(z)$ は水平方向に平均した場で，時間に無関係とする．$\theta'(y, z, t)$ が本当の意味の擾乱で，その初期の分布は図 8.16(a)で示したように，高度 z には無関係で，南北方向 (y 方向) に $y=0$ を中心として，

緩やかな傾圧帯が存在しているという状態である．この温位分布に対して，いつも（高度に無関係な）$V_g(=-Dy)$という南北風が働いているから，時間とともに温位分布は変化し，したがって気圧分布が変わり，流れが生ずる．その流れと温位の変化を準地衡風モデルを用いて数値的に時間を追って積分し，30時間後のθ'の分布を示したのが図8.16(b)である（$D=10^{-5}\,\mathrm{s}^{-1}$という値を用いている）[†]．この図によると，$V_g$で表された変形の場によって，確かに初期の状態に比べると等温位線の間隔が狭まり，前線形成が起こっていることがわかる．しかも，前線形成は地表面で最も強く，高度とともに弱くなっている．

[†] この場合には，u, v, w, θ'などの物理量をφとすると，φには，
$$\varphi(y, z) = -\varphi(-y, H-z) \tag{8.41}$$
という対称性があるから，図8.16には積分領域の下半分だけが示されている．

こうなった理由は前線のまわりの鉛直循環である．前に図8.14(a)で示したように，この変形の場は等温位線の間隔を狭めると同時に，暖気移流側で上昇，寒気移流側で下降という鉛直循環（直接循環）を起こす．それで，図8.16(b)の暖気移流側では，V_gにより暖気の水平移流があり，温位は高くなろうとするが，同時に上昇流により下層の温位の低い空気が鉛直方向に移流されてくる．反対に寒気側では，寒気の水平移流の効果を打ち消すように，上層の高い温位の空気が下りてくる．こうして，地衡風V_gによって起こされた鉛直循環は前線減衰作用をしている．そして，地表面では鉛直流は0である．このため，下層ほど鉛直移流の効果が小さいので前線が形成されるのである．前節で述べたように，実測の前線では地表面に近いほど温度傾度が大きいのはこの理由による．

ところで，図8.16(b)の前線面は拡大軸の位置で鉛直方向に直立していて，あまり現実的な前線のようにみえない．それは準地衡風モデルを使ったからである．このモデルでは，θ'の個別時間微分は，

$$\frac{d_g \theta'}{dt} = \frac{\partial \theta'}{\partial t} + \boldsymbol{v}_g \cdot \nabla_h \theta' + w \frac{d\theta_1}{dz} \tag{8.42}$$

と表される．すなわち，物理量を水平に移流させる流れとしては地衡風だけを考えている．もっと厳密なプリミティブ方程式系では，非地衡風成分を$\boldsymbol{v}_a$とすると，個別時間微分は，

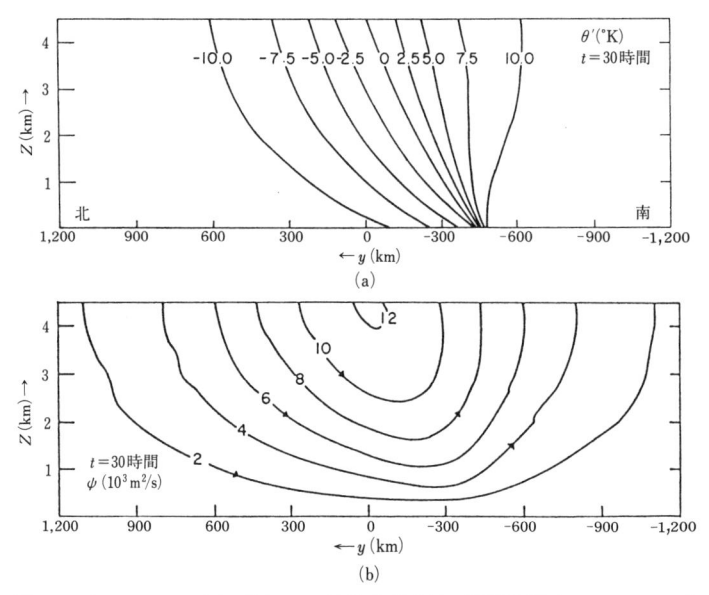

図8.17 図8.16(a)と同じ状況での前線形成過程の数値実験 (Williams, 1972). ただし非地衡風成分による移流の効果を考慮. (a) 30時間後の温位の変動部分の分布, (b) 30時間後の流線関数.

$$\frac{d\theta}{dt} = \frac{\partial \theta}{\partial t} + (\boldsymbol{v}_g + \boldsymbol{v}_a) \cdot \nabla_h \theta + w \frac{\partial \theta}{\partial z} \tag{8.43}$$

で与えられる．非地衡風成分も水平移流に寄与するのである．そこで，図8.16(b)を導いた過程をもう一度，プリミティブ方程式系（ただしz座標系）を用いて計算し直した結果が図8.17(a)である．図8.16(b)と比較すると，$y=0$（拡大軸）を中心とした対称性は崩れ，前線面は高度とともに寒気側に傾斜して，より現実的となっている．前線もはるかに強くなり，その地表面での位置も暖気側に移動している．図8.17(b)がこの時刻の鉛直循環を示す．図8.16の場合の鉛直循環は，やはり拡大軸に対して南北に対称であったが（図省略），今回はそうではない．寒気側の下降流に伴う北よりの非地衡風が時間とともに発達し，水平移流に参加して，前線をより強めるとともに，前線を南方に移動させているのである．図8.17(a)と図8.16(b)を比較すると，準地衡風モデルの限界がよくわかる．

本節では，仮想的な単純な気象状況を想定し，主に合流変形$(\partial \theta/\partial y)(\partial v/\partial y)$

による前線形成について述べた．実際の傾圧不安定波の発達に伴う前線形成のさいには，合流変形とシアー変形 $(\partial\theta/\partial x)(\partial u/\partial y)$ がほぼ同じ程度に働いているといわれている (Stone, 1966).

[セミ地衡風モデル]

第5章で述べたように，準地衡風モデルは簡単で，数理的に扱いやすいので，現象の力学の本質を理解するのに役に立つ．しかし，もう一歩詳しく現象をみようとすると，すぐ前に示したように，その限界に気がつく．特にその限界が明らかになるのが前線の理論である．前線の長さは数百 km 以上あるのがふつうなので，その方向に沿っては，地衡風近似は十分な精度をもつ．ところが，前線に直角の方向には，空間スケールが数十 km かそれ以下なので，前線に直角方向の地衡風近似はあまりよくない．そこで，プリミティブ・モデルと準地衡風モデルの中間として考案されたのがセミ地衡風モデル (semigeostrophic model) である．このモデルでは，地衡風座標系 (X, Y, p^*, t^*) を使う．ふつうの座標系 (x, y, p, t) との変換式は，

$$\begin{aligned} X &= x + \frac{v_g}{f}(x, y, p, t) \\ Y &= y - \frac{u_g}{f}(x, y, p, t) \\ p^* &= p \\ t^* &= t \end{aligned} \tag{8.44}$$

である．u_g と v_g は地衡風速である．この新しい座標系では，たとえば，

$$\begin{aligned} \frac{d}{dt} &= \frac{\partial}{\partial t} + (u_g + u_a)\frac{\partial}{\partial x} + (v_g + v_a)\frac{\partial}{\partial y} + \omega\frac{\partial}{\partial p} \\ &= \frac{\partial}{\partial t^*} + u_g\frac{\partial}{\partial X} + v_g\frac{\partial}{\partial Y} + \omega\frac{\partial}{\partial p^*} \end{aligned} \tag{8.45}$$

というように，準地衡風モデルの扱いやすさを保ちつつ，非地衡風の成分の効果を考慮することができる．セミ地衡風モデルを導き，それを前線の理論に応用することは，本書の範囲を越えるので，興味ある読者はより専門的な気象力学の本を参照していただきたい (Pedlosky, 1987 や Bluestein, Vol. II, 1993 など).

8.5 上層の前線

前線は大気下層のみならず，対流圏の中層および上層でも出現する．これを上層の前線 (upper-level front) と総称する．前節で剛体である地表面で前線形成過程は最も顕著に現れることをみた．対流圏界面の上には，安定度が非常に強い成層圏下部がある．したがって鉛直流はここで抑制される傾向に

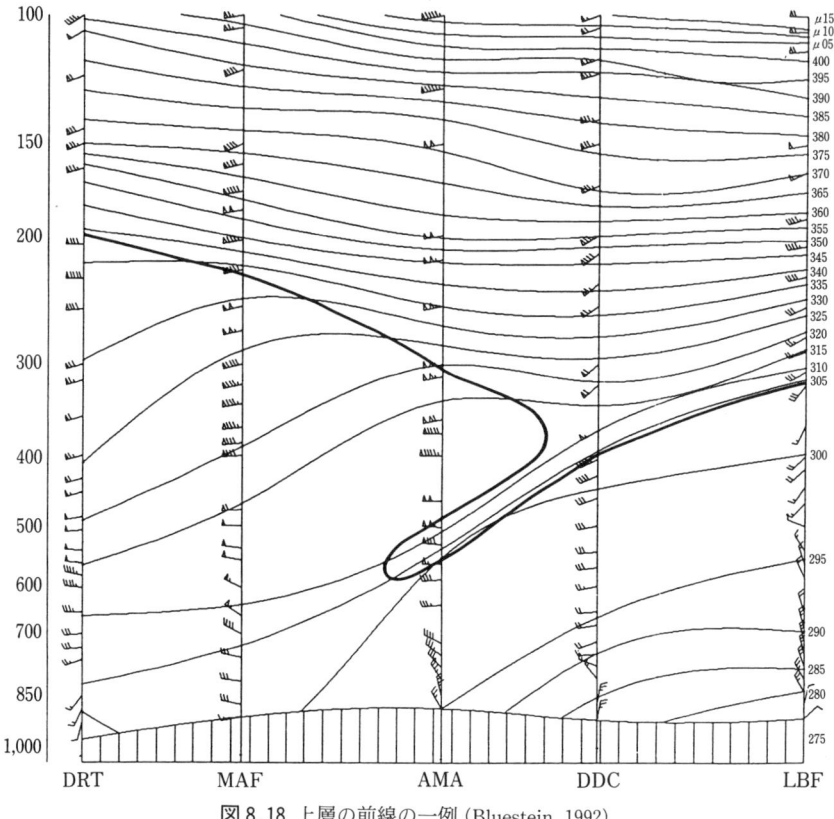

図 8.18 上層の前線の一例 (Bluestein, 1992)

1990 年 12 月 3 日 0000 UTC．米国中西部．図の左側が南方で，右側が北方．細い実線は等温位線 (5 K おき)，太い実線は圏界面．風のペナントは $25\,\mathrm{m\,s^{-1}}$，長い矢羽は $5\,\mathrm{m\,s^{-1}}$，短い矢羽は $2.5\,\mathrm{m\,s^{-1}}$．ゾンデ地点は Del Rio (DRT，テキサス州)，Midland (MAF，テキサス州)，Amarillo (AMA，テキサス州)，Dodge City (DDC，カンサス州)，North Platte (LBF，ネブラスカ州)．AMA から DDC までの距離はおよそ 350 km．

ある．しかし，その反面，すぐあとで述べるように，圏界面の折れ込みがある．この理由により，対流圏上層でも前線の活動は顕著である．

上層の前線は，地表面の前線のように高層天気図で特別の記号で描かれることはない．また，あとで述べるように，上層のトラフの上流側で発達することが多く，ふつうは悪天候を伴わない．しかし，航空気象にとっては警戒を要する現象である．水平の温度傾度が大きいということは，温度風の関係

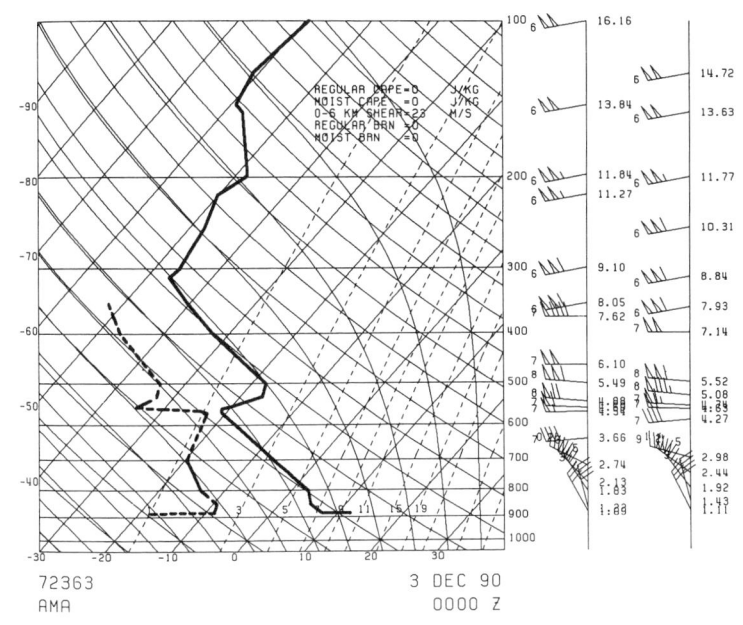

図 8.19 図 8.18 の状況で上層の前線を捕捉した AMA（テキサス州）における ゾンデ観測 (Bluestein, 1993)
スキュー (skew) 断熱図（T-$\log p$, 0.2 節参照）を用いた表現．

により，風の鉛直シアーが大きいことを意味する．そして，式 (5.35) で導入したリチャードソン数 (Richardson number)

$$Ri = \frac{g}{\theta}\frac{\partial \theta}{\partial z} \bigg/ \left\{\left(\frac{\partial u}{\partial z}\right)^2 + \left(\frac{\partial v}{\partial z}\right)^2\right\} \tag{8.46}$$

が 1/4 より小さいときには，そうした流れは不安定であり，ケルビン・ヘルムホルツ波が発生することが知られている．すなわち，上層の前線付近では，晴天乱流 (clear air turbulence) に遭遇する可能性が高い．

図 8.18 は，実測から解析された上層の前線の一例である．等温位線が密集している部分が上層の前線帯であり，ここで対流圏界面が折れ込んでいることがわかる．この図の中央にあるテキサス州アマリロという地点でのゾンデ観測値が図 8.19 に示してある．特徴は 560 – 500 hPa に強い安定層（この場合には逆転層）があることで，ここが「第 1 の」圏界面である．その上の 310 hPa に「第 2 の」圏界面がある．その間の層はきわめて乾燥している．

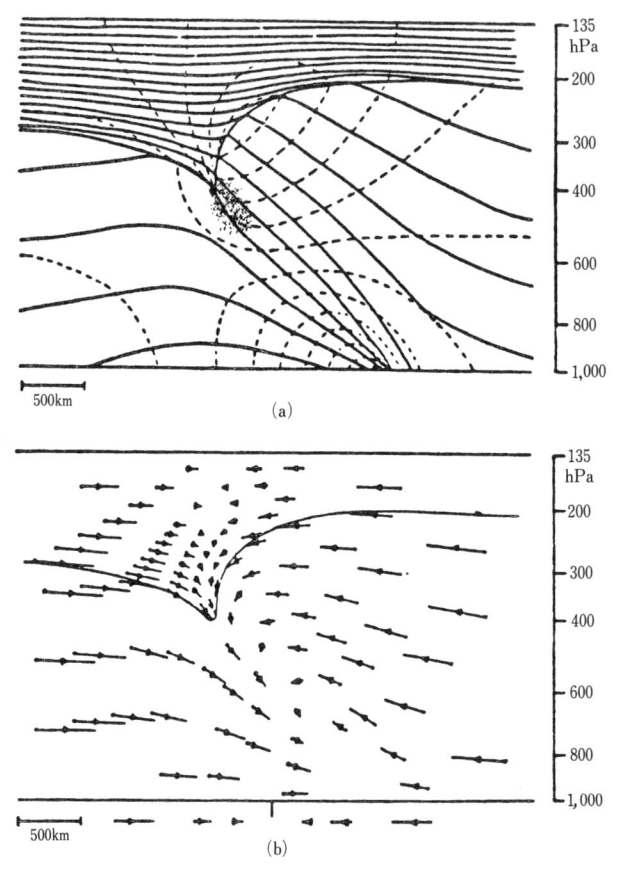

図8.20 プリミティブ・モデルを用いて前線形成過程をシミュレーションした結果
(Hoskins and Bretherton, 1972)
(a)実線は等温位線 (7.8 K おき), 太い実線は圏界面, 破線は等風速線 ($10\,\mathrm{m\,s^{-1}}$ おき). 陰影があるのは, リチャードソン数が1.0より小さい区域. (b)図(a)の時刻の空気の流れ (地衡風と非地衡風の和). 前線形成を起こすように外から与えた (高度に無関係な) 合流変形の風は図(b)の横軸の下に記してある.

そして風速も, 逆転層の底の $25\,\mathrm{m\,s^{-1}}$ から上端の $55\,\mathrm{m\,s^{-1}}$ に急増している. 1 km の高度差で $30\,\mathrm{m\,s^{-1}}$ の風速差は, 温度風を仮定すれば, $8\,\mathrm{K}\,(100\,\mathrm{km})^{-1}$ という大きな水平温度傾度に相当する.

このように, 上層の前線と対流圏界面の折れ込みが密接に関係していることは明らかである. 再び前線に直角方向に寒気に向かって局地的な y 軸を

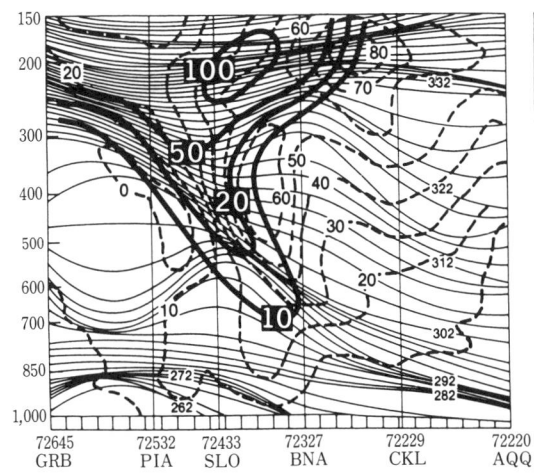

(a)図(b)の中央の直線に沿った鉛直断面．1979年2月19日 0000 UTC．太い実線は等渦位線(単位は0.1 PVU)，細い実線は等温位線(2 K おき)，破線は地衡風速の等値線 (10 m s^{-1} おき)．

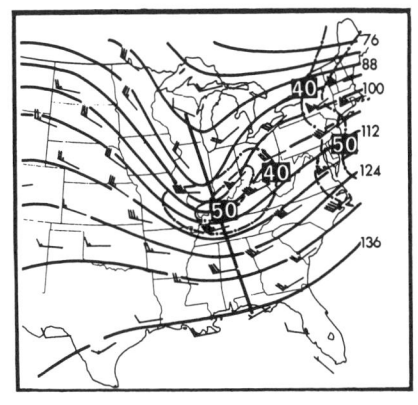

(b)同時刻，312 K の等温位面上の解析．実線はモンゴメリー流線関数(式(4.23)，100単位は 3.100×10^5 m^2 s^{-1})，40，50のついた一点鎖線は等風速線(単位は m s^{-1})，矢羽は観測された風を表し，長い矢羽が 10 m s^{-1}．

図 8.21 米国大西洋岸で急速に発達する地表低気圧の西方に位置する上層前線と圏界面の折れ込み (Uccellini *et al.*, 1985)

とると，気温傾度の時間的変化は式(8.31)で表現される．上層の前線の場合には圏界面が剛体の面ではないことが，前節の場合と違う．このことを，仮想的な2次元の気象状況の下で，簡単なモデルを使って調べよう．図8.16と同じく，対流圏内には高度に無関係な合流変形があるとして，初期に図8.16(a)のような，緩やかな傾圧場があるとする．ただ前節と違って，今回は，対流圏の上に，強い静的安定度をもった成層圏があるとする．かなり時間が経って，前線が発達したときの状態が図8.20である．下層の前線の様子は図8.17(a)と本質的に同じである．上層をみると，圏界面に折れ込みが起こって，ほぼ 450 hPa にまで垂れ下がっている．観測された上層の前線と定性的に似ている様相としては，折れ込みの前方で上昇流が顕著であること，圏界面に沿って，ジェット気流の核があること，上層の前線の暖気側では傾圧性が高く，寒気側はほとんど順圧大気であること，などがあげられる[†]．もちろん，実際の場合には，高度に無関係な合流変形はないので，下層の前線と上層の前線が繋がっている必要はない(たとえば図8.25)．

定量的にみると図8.20のシミュレーションでは，圏界面の折れ込みが実際より弱い．また，圏界面の折れ込みの先端で，低気圧性のシアーも水平温度傾度も極大となっているが，実際には，もっとぼやけている．さらに，下層のジェット気流は強すぎる．これは地表面での摩擦をモデルでは無視しているためかもしれない．

図8.20と比較すべき実際の一例が図8.21に示してある．これは，米国東岸一帯に強い風雪をもたらした大統領の日の低気圧 (the President's day cyclone) の場合である (Uccellini et al., 1985). 図(b)に示したジェット・ストリークの入り口（次節参照）を横切る鉛直断面図(a)をみると，1 PVUで定義された圏界面は700 hPaまで下がっていることがわかる．発達中の傾圧波に伴う下降流の大部分が，圏界面の折れ込みの中で起こっている．この折れ込みとジェット気流の核部分との相対位置や，東西両側の傾圧性の違いなどは，上に述べたとおりである．そして，この折れ込みの下流に位置する米国東岸で，地上の低気圧が爆発的に発達した．

ちなみに，このような圏界面の強い折れ込みが，成層圏の空気と対流圏の空気が混合する主な場所である．成層圏に豊富に存在するオゾンや，成層圏で放出された放射性物質をトレーサーとして使って，成層圏の折れ込みを調べることができる．

8.6 ジェット・ストリークのまわりの鉛直循環

図8.21(b)で示したように，ジェット気流の風速が局所的に極大となっている区域をジェット・ストリーク (jet streak) という．ジェット・ストリークは上層の前線と関連して出現することが多い．図8.22は，いろいろな解析結果を総合して，典型的な対流圏上層のジェット気流と等温線が密集した前線から成る系が，傾圧波とともに発達し移動する様子を，模式的に示したものである．一部分は図6.3と重複している．いうまでもなく，ジェット・ストリークは高・低気圧などと同じく実体ではなく，単にその時刻で風速が極大という領域であるから，ジェット・ストリークの移動は一般の風で流されるというものではない．しかし，一般的に風速が極大の位置では渦度が極大となることが多いから，大ざっぱにはジェット・ストリークは短波のトラフの底（南側の端）とみることができる．その例は図7.22(c)の渦度の塊Bで

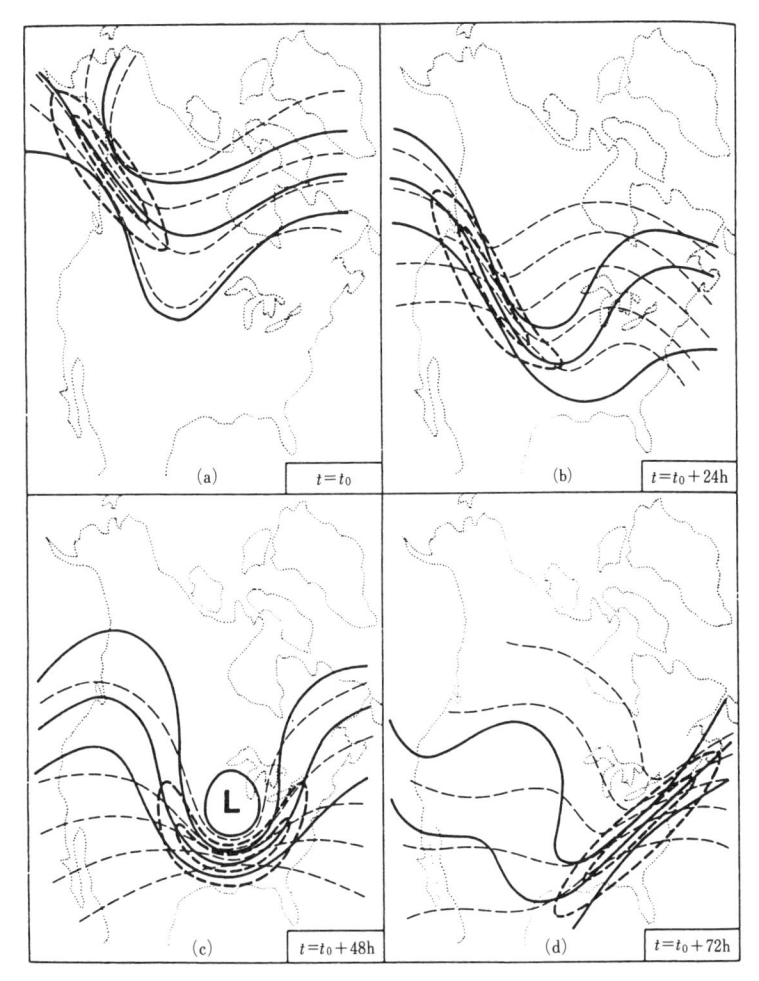

図 8.22 北米大陸上，発達中の傾圧波に伴うジェット・ストリークの進化の模式図 (Shapiro, 1982)
　実線は等高度線で，北方に向かって値は減少．細い破線は等温線で，北方に向かって減少．太い破線は等風速線．

ある．それで，図 8.22 は長い波長のトラフの中を短波のトラフが通過していく様子とみることもできる．実際にはジェット・ストリークの強さは時間とともに変化するから，1つの波から次の波へと追跡することが困難なこともある．

図8.22(a)の段階は，上層の冷たいトラフの南側にリッジが接近して，ジェット・ストリークが形成された状態である．多くの場合に，対流圏上層に達した温暖コンベアーベルトの極側に沿っている．ほぼ1日後には(図(b))，上層の前線/ジェット・ストリークの系はトラフの上流側，北西風の領域に移動する．このときの等圧面上のトラフの軸は，北西から南東の方向に傾き，また温度のトラフはジオポテンシャル高度のトラフから，ほぼ1/4波長だけ西にあるから，波動は傾圧的に発達中であることを示す．また，ここに下降流があり，その強さの場所による違いが式(8.22)の傾斜項として前線形成に有効に働いている領域でもある．さらに時間が経つと(図(c))，前線/ジェットの系は長いトラフの底の部分に達する．ここで傾圧波の発達は止まる．最後の段階では(図(d))，前線/ジェット・ストリークの系は長いトラフの下流側，南西風の領域に移る．ここではトラフは合流しており，これが前線の維持に寄与している．

　話を簡単にするために準地衡風の世界を考える．まず，ある等圧面上で図8.23のように，高緯度側にトラフ，低緯度側にリッジに対応する等高度線があるとする．これと地衡風平衡にある風の等風速線(isotach)によって，ジェット・ストリークも描いてある．ジェット・ストリークの軸は東西方向に直線であり，これを直線的ジェット・ストリーク・モデルと呼ぶ．ジェット・ストリークの中心より上流側(西側)をジェット・ストリークの入り口(entrance)，下流側(東側)を出口(exit)と呼ぶ．そのおのおのをさらに下流に向かって右側と左側に分けて，4象限を考える．非地衡風の成分を，u_a，v_aとし，ベータ項を省略すれば，式(5.10)と(5.11)により，

$$\frac{d_g u_g}{dt} = f v_a, \quad \frac{d_g v_g}{dt} = -f u_a \tag{8.47}$$

である．すなわち，北半球では非地衡風速度は加速度ベクトルの左側に向く．いま，図8.23のジェット・ストリークは時間的に定常であると仮定する．ジェット・ストリークの入り口から中心に向かう空気塊の地衡風速はしだいに増しているので，v_aは正である．その大きさはジェット・ストリークの軸上で最大である．反対に，中心から出口に向かう空気塊の加速度は負であるから，v_aも負である．こうして，等高度線を横切る非地衡風がある．発散・収束の分布を考えるためには，等高度線に沿った成分(u_a)も考える必

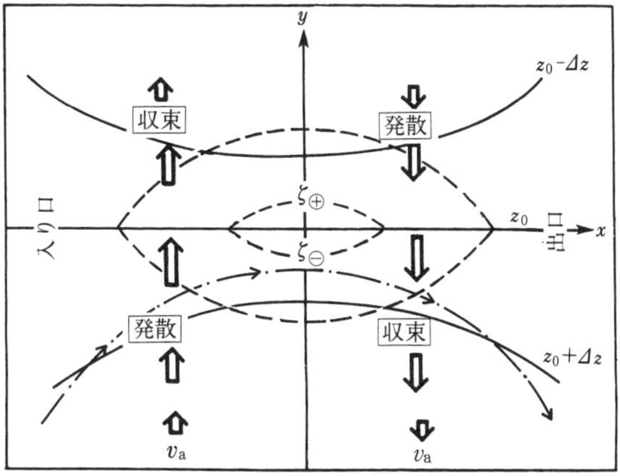

8.6 ジェット・ストリークのまわりの鉛直循環——263

図 8.23 直線的ジェット・ストリークの 4 象限モデル

実線は等高度線．破線は等風速線で，その極大が座標軸の原点に位置している．白い矢印は非地衡風成分（記号は v_a）．一点鎖線は非地衡風を加味した空気塊の運動の軌跡．

要があるが，図 8.23 のような直線的なジェット・ストリークの場合には，発散には $\partial v_a/\partial y$ が大きな寄与をする．そのため，図 8.23 のように，入り口の右側と出口の左側に発散，入り口の左側と出口の右側に収束がある．これをジェット・ストリークの 4 象限モデルという．この非地衡風の影響も加味したときの空気塊の軌跡も図 8.23 に示してある．

　この 4 象限の分布はどの等圧面上でも成り立つが，発散・収束の分布がどのような鉛直循環に対応するかは，ある 1 つの等圧面上の分布だけからは決まらない．その上下の等圧面上の分布もみる必要がある．このことは，温度風の関係により，その等圧面上の温度分布も鉛直循環に関係していることを意味する．このことを数式で表現したのが，ソーヤー・エリアッセンの鉛直循環の強制項の式 (8.38) である．

　いま，ジェット気流の風速がほぼ最大の高度で（いわば対流圏上層），等温線がジェット・ストリークの軸（いまの場合には x 軸）に平行の場合を考える（$\partial\theta/\partial x=0$ であるから，温度風の関係により，$\partial v_g/\partial p=0$ である）．この θ と図 8.23 の等高度線に対応する v_g の相互関係は，式 (8.38) の強制項において，水平シアー項はゼロで，合流項だけがある場合に相当する．すなわち図 8.14 (a) に示した鉛直循環の場合である．そして，強制項はジェット・ストリークの入り口で正，出口で負であるから，図 8.24 に示したように，地衡風が合流している入り口では下流に向かって反時計回りの循環（直接循環），地衡風が分流している出口では時計回りの循環（間接循環）が，ジェット・

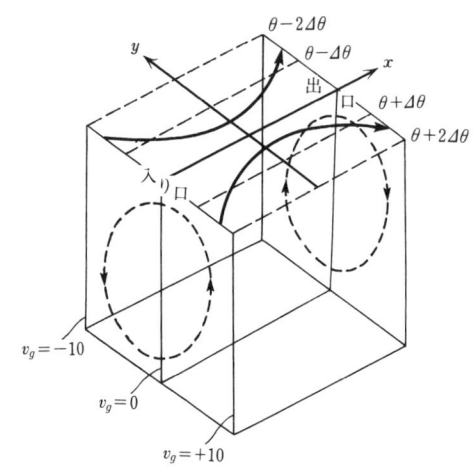

図 8.24 地衡風の合流項だけがある場合の、ジェット・ストリークの4象限モデルの3次元模式図
太い実線が水平面上の地衡風を表し、円形の破線が鉛直面上の非地衡風循環を表す。破線は x 軸に平行とした等温位線。

ストリークを横切って起こっている．

このジェット・ストリークの入り口右側および出口左側の上昇流については，ちょうどその位置でメソ対流系が発生したとする研究報告がいくつかある（たとえば Uccellini and Kocin, 1987）．つまり，大気の成層が対流不安定であっても，下層の湿った空気を凝結高度あるいは自由対流高度まで持ち上げなければ，対流雲は発生しない．だから，メソ対流系の発生地を決めるには，上昇流がある地域を特定することが重要なのである．また，上層の前線/ジェット・ストリークの系に伴う鉛直循環と，地表前線に伴う鉛直循環が相互作用を起こして，メソ対流系の活動を支配することがある．たとえば，図 8.25(a) の場合には，ジェット・ストリークの出口にある間接循環が，ちょうど地表の前線に伴う直接循環の真上に位置したため，地表前線の東の暖湿な空気の上に空気の沈降があり，対流活動は妨げられた．反対に図(b)の場合には，ジェット・ストリークの出口の循環は，さらに東に位置していたので，その下の循環とカップリングして，深い対流雲が発生した．

ただし，図 8.23 に示したジェット・ストリークの4象限モデルは，ジェットの軸と等温線が平行している場合である．もし等温線が平行していなければ，強制項の式 (8.38) において，合流項のみならず，水平シアーの項（すなわち図 8.14(b) の循環）の影響が加わるから，鉛直循環も図 8.23 に示したのとは違ってくる．また，上記では直線的なジェット・ストリークの場合

8.6 ジェット・ストリークのまわりの鉛直循環——265

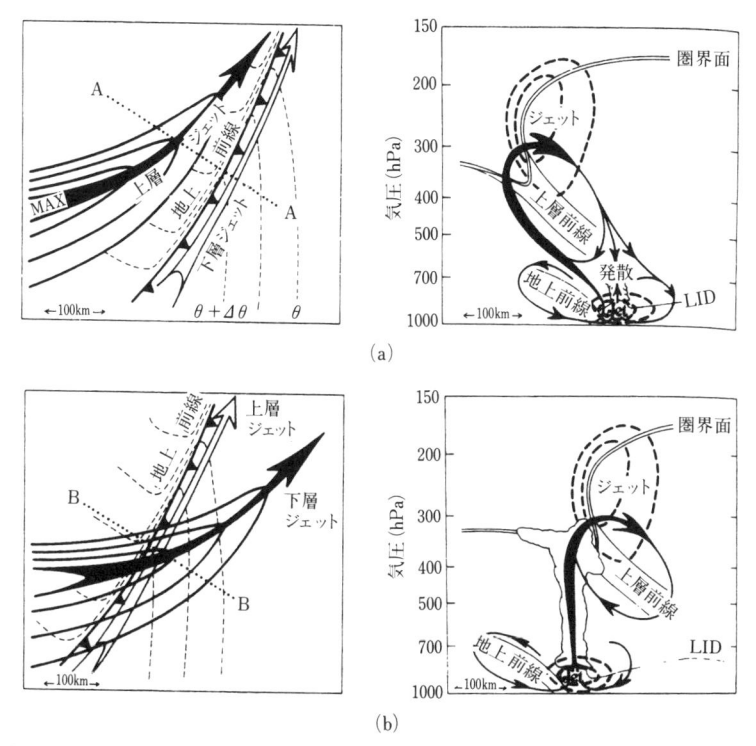

図 8.25 上層のジェット・ストリークの出口における，上層のジェット/前線系と下層のそれとのカップリング (Shapiro, 1982)
 (a)カップリングがない場合．左図において，太い実線は上層のジェットの等風速線，太い矢印は上層のジェット軸，白い矢印は下層のジェット軸，細い破線は下層の等温位線．右図はA—A線に沿った鉛直断面．二重線は渦位から決めた圏界面で，LIDは下層の湿った空気に蓋をしている安定層の位置を示す．(b)カップリングがある場合．符号は(a)に同じ．

について説明したが，流れが強い曲率をもつときには，その影響も加味しなければならない．

次に，上記では時間的に定常なジェット・ストリークを考えた．図 8.22 に示したように，実際のジェット・ストリークは移動する．第 5 章で述べたように，準地衡風の世界の非地衡風は，

$$\boldsymbol{v}_\mathrm{a} = \frac{1}{f_0}\boldsymbol{k}\times\frac{d_\mathrm{g}\boldsymbol{v}_\mathrm{g}}{dt} = \frac{1}{f_0}\left\{\boldsymbol{k}\times\frac{\partial\boldsymbol{v}_\mathrm{g}}{\partial t} + \boldsymbol{k}\times(\boldsymbol{v}_\mathrm{g}\cdot\nabla_\mathrm{h})\boldsymbol{v}_\mathrm{g}\right\} \tag{8.48}$$

で与えられる．右辺第 1 項に地衡風の式 $\boldsymbol{v}_\mathrm{g}=(1/f_0)\boldsymbol{k}\times\nabla_\mathrm{h}\phi$ を代入し，式

(1.68) の公式を用いて順次にベクトル演算を行うと，

$$\text{右辺第 1 項} = \frac{1}{f_0^2} \boldsymbol{k} \times \boldsymbol{k} \times \nabla_h \left(\frac{\partial \phi}{\partial t} \right) = \frac{1}{f_0^2} \boldsymbol{k} \times \boldsymbol{k} \times \left(\frac{\partial^2 \phi}{\partial x \partial t} \boldsymbol{i} + \frac{\partial^2 \phi}{\partial y \partial t} \boldsymbol{j} \right)$$

$$= \frac{1}{f_0^2} \boldsymbol{k} \times \left(\frac{\partial^2 \phi}{\partial x \partial t} \boldsymbol{j} - \frac{\partial^2 \phi}{\partial y \partial t} \boldsymbol{i} \right)$$

$$= -\frac{1}{f_0^2} \left(\frac{\partial^2 \phi}{\partial x \partial t} \boldsymbol{i} + \frac{\partial^2 \phi}{\partial y \partial t} \boldsymbol{j} \right) = -\frac{1}{f_0^2} \nabla_h \left(\frac{\partial \phi}{\partial t} \right) \tag{8.49}$$

となる．すなわち，非地衡風のこの成分は $\partial \phi / \partial t$ の等値線に直角に，$\partial \phi / \partial t$ の傾度の逆方向に吹く．これを変圧風 (isallobaric wind) という．たとえば，低気圧が進行しているときには，その進行方向前面で $\partial \phi / \partial t$ は負の大きな値をもつから，その中心に向かって四方から変圧風が吹き込むわけである．

こうして，図 8.23 のモデルでは変圧風の影響を無視したことになる．幸いにも，もっと一般的に図 8.23 のようなジェット・ストリークが移動したり，時間的に発達したりしている場合の発散の分布を計算した結果によると (Ziv and Paldor, 1999)，定量的には違いがあるものの，発散・収束のパターンは定性的には図 8.23 と同じであった．

> 最後に，上記は総観規模のジェット・ストリークについての話であって，地球規模では様子がだいぶ違ってくる．1979-88 年の冬季，250 hPa のデータを用いて，北太平洋上のジェット気流に伴う発散・収束場を計算した結果によると (Nakamura, 1993)，ジェットの入り口はほとんど収束で，出口は発散である．しかも平均の v_a は約 $5 \, \mathrm{m \, s^{-1}}$ と大きく，このような現象は準地衡風の世界ではないことが示されている．
>
> 上層の前線について，さらに詳しく知りたい読者は，Orlanski *et al.* (1985)，Keyser and Shapiro (1986)，Shapiro and Keyser (1990)，Davies (1999)，Keyser (1999) などの総合報告を参照していただきたい．

8.7 低気圧の構造とより大きなスケールの流れとの関係

序章で述べたように，大気の擾乱の特色の 1 つは，多重スケールの構造をしており，あるスケールの擾乱の進化は，擾乱を囲むより大きなスケールと，擾乱の中のより小さいスケールの擾乱の影響を受けることである．ここまで低気圧は多様な構造をもって出現することをみた．その多様性は低気圧よりスケールの大きな流れの違いに起因するのではないかという研究が行われて

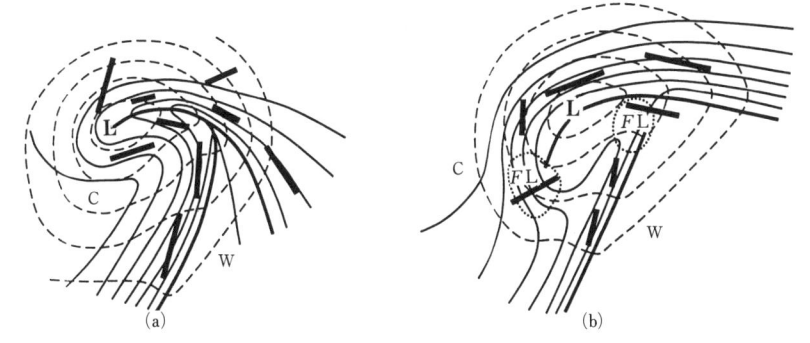

図 8.26 大気下層（たとえば 850 hPa）における(a) N モデルの閉塞と(b) S モデルの前
　　　線断裂の比較 (Shultz et al., 1998)
　破線は等高度線，実線は等温位線，太い線分は変形の拡大軸の方向を示し，その長さは変形
の強さに比例している．図(b)で FL の記号をもち点線で囲まれた区域は前線消滅過程にある区
域．C と W はそれぞれ低気圧内の寒気と暖気を示す．L は低気圧の中心位置．

いる．まだ統一された知見は得られていないが，現在の低気圧の研究が向い
ている1つの方向を示すものとして，2つの話題を簡単に紹介しよう．

1つは大きな流れが合流しているか，分流しているかに着目する (Schultz et al., 1998)．6.4 節で，ノルウェー学派のモデル (N モデル) とシャピロ・モデル (S モデル) の違いを解説した．図 8.26 は，現実の低気圧から N モデルと S モデルに似た低気圧を選び，850 hPa における変形の拡大軸 (8.3 節) の方向と強さを計算した結果を模式的に示したものである．拡大軸はその方向に前線形成が起こる方向である．N モデルに似た低気圧の場合には，寒冷前線と温暖前線の地帯で拡大軸は主に南北の方向に並ぶ．S モデルに似た場合には，東西方向に強い拡大軸があり，前線の断裂が起こった区域では前線消滅過程が起こっている．そこで，大きな流れが分流型の場合には，変形に伴う前線形成過程は南北方向に起こって，N モデルの低気圧となる．流れが合流型のときには，前線形成過程は東西方向に起こって，S モデルの低気圧ができると主張する．

そう主張する根拠は2つある．1つは観測データの解析である．図 8.26 に述べたように，N モデルと S モデルに似た低気圧のケースをそれぞれ1つずつ選ぶ．観測データに適当なフィルターをかけて，低気圧とそれより時間的に大きいスケールとに分離する．図 8.27 がその結果である．図(a)の N

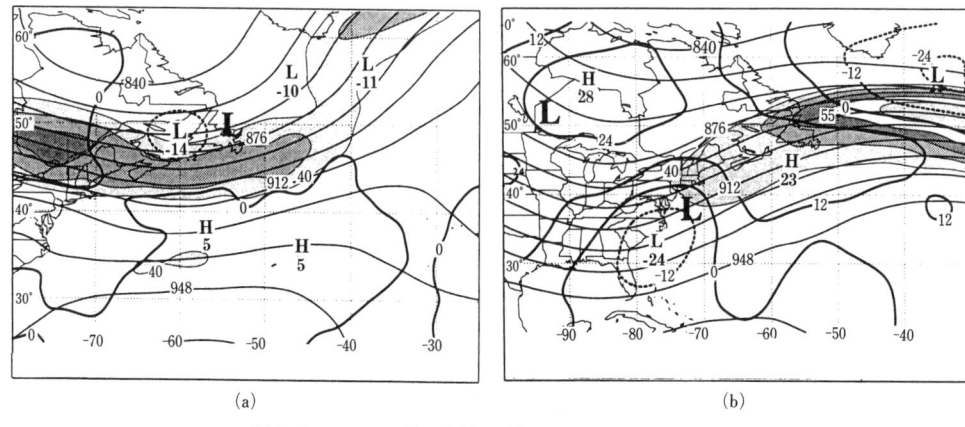

図 8.27 300 hPa 等圧面上の流れ (Shultz *et al.*, 1998)

(a) 1993 年 2 月 9 日 1200 UTC (N モデルの低気圧に対応), (b) 1989 年 2 月 25 日 0000 UTC (S モデルの低気圧に対応). 細い実線はフィルターによって分離された大きなスケールの流れの等高度線 (12 dam おき). 太い曲線は分離された低気圧スケールの流れの等高度線 (12 dam おき) で,実線は 0 および正の値を, 破線は負の値を示し, さらに小さな L と H で, 極小値 (低気圧) と極大値 (高気圧) の位置を示す. 大きな L は 850 hPa の低気圧の中心位置. 大きなスケールの風速 (m s^{-1}) の分布は等値線および陰影の濃度で示す.

モデルの場合には, 120 時間より速い変動の部分を, 図(b)の S モデルの場合には, 360 時間より速い変動の部分を, フィルターによって除いたあとの流れである. たしかに, 図(a)の場合には, いま注目している低気圧はジェット・ストリーク (陰影の部分) の出口にあり, 流れは分流している (下流にいくにつれ等高度線の間隔が開く). 図(b)の場合には, 背景となる大きな流れが合流していることは, 図の等高度線ではあまり明瞭ではないが, 低気圧がジェット・ストリークの入り口にあることは図から認められる.

もう 1 つの根拠は数値実験である. まず大気は順圧であると仮定して, 図 8.28 上段に示したように, 仮想的な分流型(a)あるいは合流型(b)の流れの中に, 初期に円形をした渦巻があったとする. 時間が経つと背景となっている流れのために, 渦巻は図の右方向に移動しつつしだいに円形からはずれてくる. 初期から 24 時間後の状態が図 8.28 である. 図の中段に温位の分布が示してある (ただし温位はトレーサーとして導入され, 運動には寄与しない). この数値実験では初期には等温位線は東西に走っていて, 図の下方 (南) に温位の高い空気が, 図の上方 (北) に温位の低い空気があるとしている. 渦巻に

(a) (b)

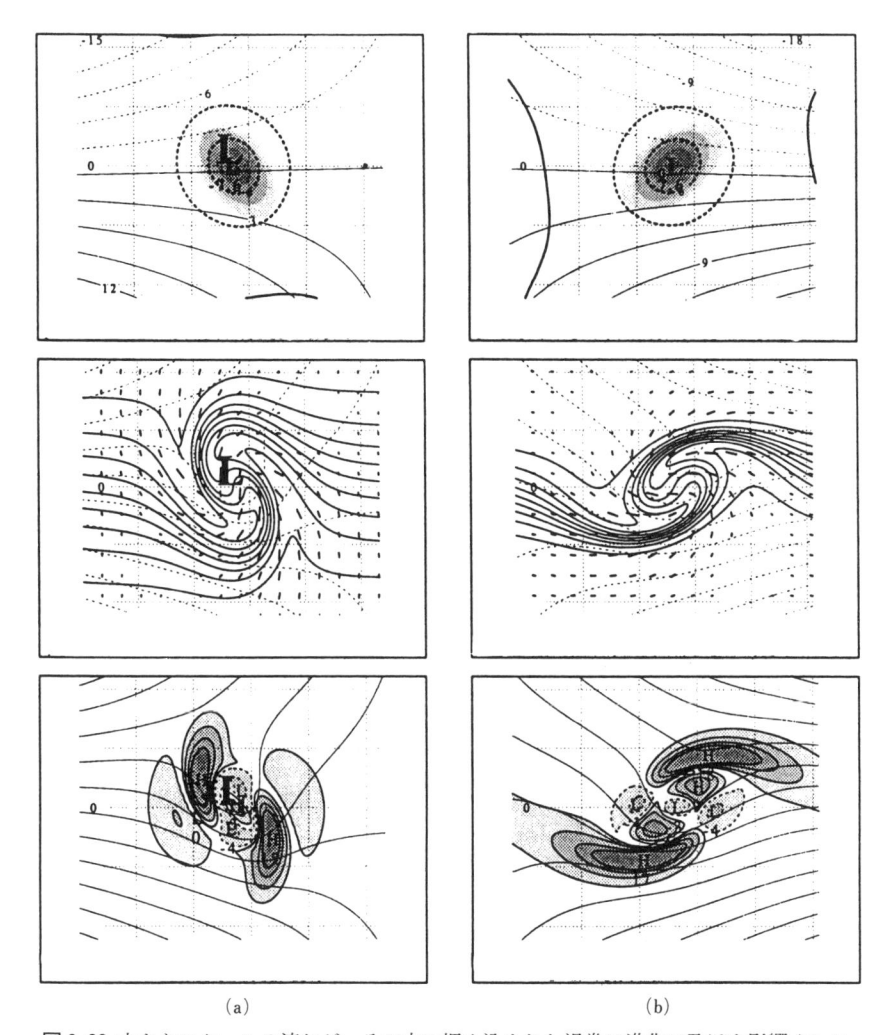

図 8.28 大きなスケールの流れが，その中に埋め込まれた渦巻の進化に及ぼす影響 (Shultz et al., 1998)

分流(a)，あるいは合流(b)している大きな流れの中に円形の渦巻が置かれてから 24 時間後の状態．上段は渦度と等高度線．太い点線は（大スケールの流れの渦度と渦巻スケールの渦度を加えた）全渦度の等値線 ($10^{-5}\,\mathrm{s}^{-1}$)．細い線と太い線は，それぞれ大きなスケールの流れと渦巻の流れの等高度線で，どちらの線でも実線が 0 および正の値，破線が負の値 (3 dam おき)．小さい L は渦巻の等高度線の極小値，大きな L は全等高度線の極小値の位置．細かい点線は x および y 軸上で 500 km おきの距離．中段の図において，実線は等温位線 (2 K おき)，破線は全等高度線 (3 dam おき)，線分は拡大軸の方向を示す．下段の図において，実線は全流線 ($3\times10^6\,\mathrm{m^2\,s^{-1}}$ おき)．全風速による前線形成関数の分布を等値線 ($10^{-1}\,\mathrm{K}\,(100\,\mathrm{km})^{-1}\,(3\,\mathrm{h})^{-1}$ おき）と陰影の濃度で示す．その極値の位置は小さな L と H で示す．

伴う運動のため初期に直線であった等温位線は渦に巻き込まれていき，前線に対応する温位の集中帯ができてくる．図の中段には，背景の流れと渦巻の流れの両者を加えた流れによる拡大軸の方向も示してある．図の下段に示してあるのは，背景の流れと渦巻の流れを加えた全速度の流線と前線形成関数（式8.16）の分布である．前線形成関数が大きい地域（濃い陰影）では，さらなる前線強化が期待されるわけである．

図8.28を眺めると，たしかに背景の流れが分流型の(a)では南北方向に延びるNモデルの前線が卓越し，合流型の(b)では東西方向に延びるSモデルの前線が卓越している．もちろん，この数値実験では大気は順圧と仮定しているから，背景の流れに埋め込まれた渦巻は現実の低気圧と違って発達できない（渦度は増大できない）．前線の形成・強化に寄与するもう1つの要因（収束）が考慮されていないから，図8.28の中段に示した温位の分布は，現実の寒冷前線と温暖前線とは，かなり違った形をしている．しかし，低気圧より大きなスケールをもつ流れの変形の違いによって，結果として出現する低気圧の形態が違う可能性を示すものとして興味深い．

もう1つの説は，背景となる大スケールの流れは東を向く帯状流であるが，その南北方向のシアーの違いによって，いろいろの低気圧が出現するとするものである (Shapiro and Collaborators, 1999)．図5.9や6.19のような，傾圧大気中の低気圧の発達をシミュレーションする数値モデルを用いて，まず背景の流れの南北シアーはゼロの場合，実験開始から約4日後の状況が図8.29(a)である．後屈温暖前線や南北方向に延びるTボーン模様が明瞭で，Sモデルの低気圧に似ている．これをここではライフサイクル1 (LC 1)と記号する．図(b)は対流圏全域を通じて南北方向に2,000 kmにつき40 m s^{-1}の低気圧性のシアーが背景の流れにある場合である（上層のジェット気流の軸の高緯度側と思えばよい）．この場合に発達した低気圧はノルウェー学派のNモデルに似ている．LC 2と記号する．同じ程度の強さであるが，逆に高気圧性のシアーがある場合が図(c)のLC 3である．波動型で閉塞前線がない開いた (open) 低気圧であり，寒冷前線は長く明瞭であるが，温暖前線は弱いという特徴をもつ．寒帯ジェット軸の南側（高気圧性のシアーの側）で，7.5節で述べた大西洋の二次的低気圧として発生する型であるという．

仮に30°Nあたりに存在する亜熱帯ジェット気流が唯一のジェット気流で

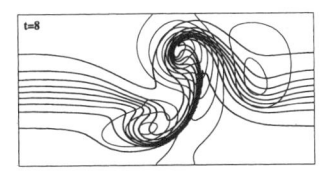

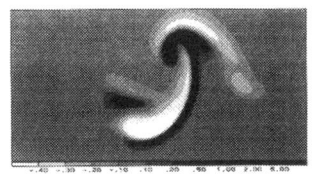

(a) シアーなし

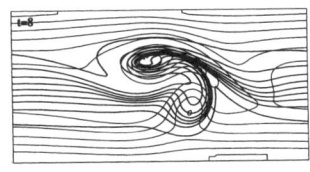

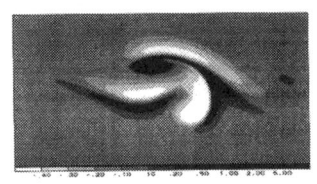

(b) 低気圧性のシアー

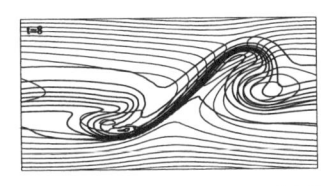

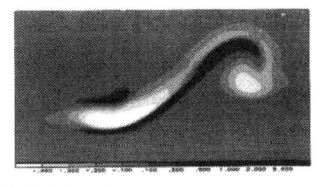

(c) 高気圧性のシアー

図 8.29 大きなスケールの流れの南北シアーの違いにより出現する低気圧のライフサイクルの違い (Shapiro and Collaborators, 1999)
約 4 日後の状態．上段：シアーなしのときの低気圧 (LC 1)，中段：0.2×10^{-4} s^{-1} の低気圧性のシアーのときの低気圧 (LC 2)，下段：0.2×10^{-4} s^{-1} の高気圧性のシアーのときの低気圧 (LC 3)．左側の図は温度 (2.1 K おき) と気圧 (2.7 hPa おき)．右側の図は渦度の分布．単位はコリオリ・パラメター．低気圧性の渦度は陰影が濃く，高気圧性の渦度は薄い．図は 14,640 km×7,000 km の範囲を示す．

あるならば，中・高緯度の低気圧は，いつもジェットの低気圧性のシアーの側で発生することになるから，N モデルの低気圧ばかりが出現するであろう．しかし現実には寒帯ジェット気流も存在する（亜熱帯ジェットと寒帯ジェットについては『一般気象学 第 2 版』7.3 節参照）．それで，上記の数値実験の結果をもとにして，この 2 つのジェットの相互位置と上記の 3 種類の低気圧を関連させて模式図としたのが図 8.30 である．まず図の左側では，寒帯ジェットの南側に高気圧性シアーの低気圧 LC 3 がある．すでに述べたように，西に延びる寒冷前線と弱い温暖前線が特徴である．図の中央では，寒帯ジェ

272──第8章 前線とジェット気流と非地衡風運動

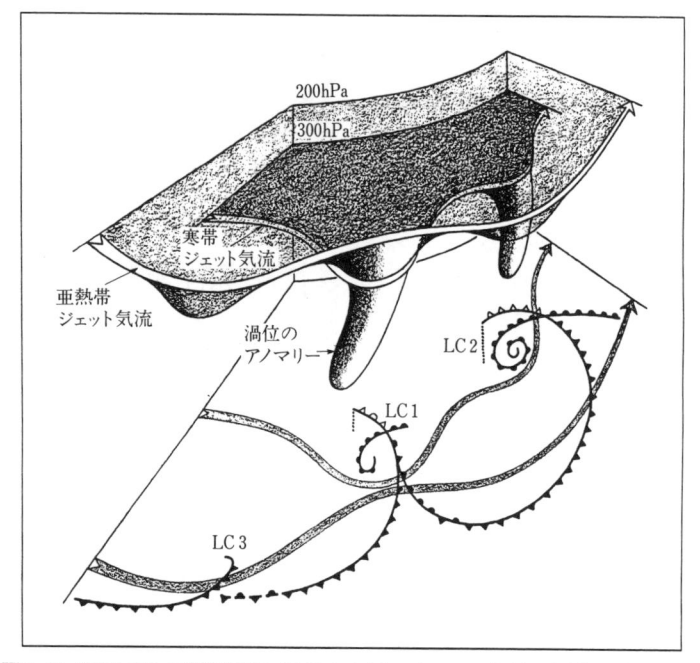

図8.30 低気圧内の前線構造に及ぼす上層のジェット気流と渦位の配置の影響を表す仮想的概念図 (Shapiro and Collaborators, 1999)

上段の面（薄い陰影）：200 hPa の地球規模の波動と亜熱帯ジェット気流（波をうっている白い帯）ならびにそれに関連して垂れ下がった渦位のアノマリー．中段の面（濃い陰影）：300 hPa の総観規模の波動と寒帯ジェット気流（波をうっている白い帯）ならびにそれに関連して垂れ下がった渦位のアノマリー．下段の面：地表面上の低気圧に伴う前線の3種類の形態．前線の記号は通常どおり．上層の亜熱帯ジェット気流と寒帯ジェット気流の位置も投影してある．

ットと亜熱帯ジェットが重なりあっている（たとえば図6.12に示したように）．その下にシアーなしの低気圧LC1があり，そこで圏界面の折れ込みも起こっている．Tボーン模様が特徴である．図の右側では，亜熱帯ジェットの北側に低気圧性シアーの低気圧LC2が閉塞前線を伴って出現している．

もちろん，現実には図8.29の数値実験で仮定したような，時間にも経度方向にもよらない南北方向のシアーの場というものは存在しない．経度方向についていえば，図8.27のような背景の流れの分流・合流の効果も考える必要がある．たとえば大西洋のストーム・トラック内の低気圧はしばしば，

上層のジェット気流の高気圧性シアーの側でストーム・トラックの西の端の合流型変形の場の擾乱として発達しはじめる．そこから地上の擾乱は前線性波動に進化し，やがて上層の渦位のアノマリーとカップリングして，急速な発達期に入る．ライフサイクルの最終期 (閉塞期) には，上層のジェット気流の低気圧性シアーの側で，ストーム・トラックの東の端の分流型変形の場の中に位置するようになる．つまり，低気圧はそのライフサイクルの中で，LC 1, LC 2, LC 3 のすべてを経験することもありうる．こうして，初期の擾乱の強さと上層のジェット気流との相互位置関係によって，いろいろな形態の低気圧が出現するのではないかというわけである．中緯度の低気圧については，まだまだ調べなければならないことがたくさんある．

[付録] 円柱座標系と角運動量の保存則

図 4.14 に示したように円柱座標系 (r, ε, z) をとる．これと z 座標系 (x, y, z) との間の関係式は，

$$x = r\cos\varepsilon, \quad y = r\sin\varepsilon, \quad z = z \tag{A.1}$$

である．あるいは逆に，

$$r = (x^2 + y^2)^{1/2}, \quad \tan\varepsilon = \frac{y}{x} \tag{A.2}$$

である．動径速度 v_r と接線速度 v_ε は，

$$v_r = \frac{dr}{dt}, \quad v_\varepsilon = r\left(\frac{d\varepsilon}{dt}\right) \tag{A.3}$$

で与えられるから，式 (A.1) を t で微分することによって，z 座標系の速度成分 (u, v) とは，

$$u = v_r\cos\varepsilon - v_\varepsilon\sin\varepsilon, \quad v = v_r\sin\varepsilon + v_\varepsilon\cos\varepsilon \tag{A.4}$$

という関係があることがわかる．

さて，式 (A.2) の第 2 式を x で微分すると，

$$\frac{\partial \tan\varepsilon}{\partial x} = -\frac{y}{x^2}$$

であるが，一方，

$$\frac{\partial \tan\varepsilon}{\partial x} = \frac{\partial \tan\varepsilon}{\partial \varepsilon}\frac{\partial \varepsilon}{\partial x} = \frac{1}{\cos^2\varepsilon}\frac{\partial \varepsilon}{\partial x}$$

である．それで，この両式から，

$$\frac{\partial \varepsilon}{\partial x} = -\frac{1}{r}\sin\varepsilon \tag{A.5}$$

が得られる．同様にして，

$$\frac{\partial \varepsilon}{\partial y} = \frac{1}{r}\cos\varepsilon \tag{A.6}$$

である．この関係を用いると，x と y についての微分と，r と ε についての微分の間の関係式として，次式が得られる．

$$\begin{aligned}\frac{\partial}{\partial x} &= \frac{\partial}{\partial r}\frac{\partial r}{\partial x} + \frac{\partial}{\partial \varepsilon}\frac{\partial \varepsilon}{\partial x} = \cos\varepsilon\frac{\partial}{\partial r} - \frac{\sin\varepsilon}{r}\frac{\partial}{\partial \varepsilon} \\ \frac{\partial}{\partial y} &= \frac{\partial}{\partial r}\frac{\partial r}{\partial y} + \frac{\partial}{\partial \varepsilon}\frac{\partial \varepsilon}{\partial y} = \sin\varepsilon\frac{\partial}{\partial r} + \frac{\cos\varepsilon}{r}\frac{\partial}{\partial \varepsilon}\end{aligned} \tag{A.7}$$

この式と式 (A.4) から，円柱座標系での渦度の鉛直成分と水平発散は，

$$\zeta = \frac{\partial v}{\partial x} - \frac{\partial u}{\partial y} = \frac{1}{r}\frac{\partial}{\partial r}(rv_\varepsilon) - \frac{1}{r}\frac{\partial v_r}{\partial \varepsilon} \tag{A.8}$$

$$\text{水平発散} = \frac{\partial u}{\partial x} + \frac{\partial v}{\partial y} = \frac{1}{r}\frac{\partial(rv_r)}{\partial r} + \frac{1}{r}\frac{\partial v_\varepsilon}{\partial \varepsilon} \tag{A.9}$$

となる．

同じような演算を行うと，運動方程式と（非圧縮性の）連続の式を次のように導くことができる．

$$\frac{\partial v_r}{\partial t} + v_r \frac{\partial v_r}{\partial r} + \frac{v_\varepsilon}{r} \frac{\partial v_r}{\partial \varepsilon} - \frac{v_\varepsilon^2}{r} + w \frac{\partial v_r}{\partial z} = -\frac{1}{\rho} \frac{\partial p}{\partial r} + F_r \qquad (A.10)$$

$$\frac{\partial v_\varepsilon}{\partial t} + v_r \frac{\partial v_\varepsilon}{\partial r} + \frac{v_\varepsilon}{r} \frac{\partial v_\varepsilon}{\partial \varepsilon} + \frac{v_r v_\varepsilon}{r} + w \frac{\partial v_\varepsilon}{\partial z} = -\frac{1}{\rho} \frac{1}{r} \frac{\partial p}{\partial \varepsilon} + F_\varepsilon \qquad (A.11)$$

$$\frac{\partial w}{\partial t} + v_r \frac{\partial w}{\partial r} + \frac{v_\varepsilon}{r} \frac{\partial w}{\partial \varepsilon} + w \frac{\partial w}{\partial z} = -\frac{1}{\rho} \frac{\partial p}{\partial z} + F_z \qquad (A.12)$$

$$\frac{\partial v_r}{\partial r} + \frac{v_r}{r} + \frac{1}{r} \frac{\partial v_\varepsilon}{\partial \varepsilon} + \frac{\partial w}{\partial z} = 0 \qquad (A.13)$$

ここで，F_r, F_ε, F_z は摩擦力の成分である．そして，時間の個別微分は，

$$\frac{d}{dt} = \frac{\partial}{\partial t} + v_r \frac{\partial}{\partial r} + \frac{v_\varepsilon}{r} \frac{\partial}{\partial \varepsilon} + w \frac{\partial}{\partial z} \qquad (A.14)$$

である．

ちなみに『一般気象学 第2版』6.2節で，角運動量の保存則を述べた．単位質量をもつ空気塊がある平面上を運動しているとき，座標原点のまわりの角運動量は rv_ε で定義される．そこで，

$$\frac{1}{r} \frac{d(rv_\varepsilon)}{dt} = \left(\frac{dv_\varepsilon}{dt} + \frac{v_r v_\varepsilon}{r} \right)$$

の右辺の dv_ε/dt に式 (A.11) を代入すると，

$$\frac{d(rv_\varepsilon)}{dt} = -\frac{1}{\rho} \frac{\partial p}{\partial \varepsilon} + rF_\varepsilon \qquad (A.15)$$

が得られる．すなわち気圧が軸対称に分布していて，摩擦力を無視すれば，角運動量は保存される．

参考・引用文献

浅井冨雄, 1988：日本海豪雪の中規模的様相. 天気, **35**, 156-161.
浅井冨雄, 1996：ローカル気象学, 東京大学出版会, 233 pp.
岩崎俊樹, 1993：数値予報, 共立出版, 115 pp.
小倉義光, 1968：大気の科学—新しい気象の考え方, NHK ブックス, 221 pp.
小倉義光, 1978：気象力学通論, 東京大学出版会, 249 pp.
小倉義光, 1994：お天気の科学, 森北出版, 226 pp.
小倉義光, 1995：猛暑の夏の雷雨活動. 天気, **42**, 393-396.
小倉義光, 1998：メソ気象の基礎理論, 東京大学出版会, 215 pp.
小倉義光, 1999：一般気象学 第2版, 東京大学出版会, 308 pp.
小倉義光, 1999：メソ対流系の力学, 気象研究ノート, **196**, 非静力学モデル（編集 斎藤和雄）, 日本気象学会, 1-18.
小倉義光, 2006：お天気の見方・楽しみ方(5)2003年7月3〜4日静岡豪雨と梅雨前線小低気圧の世代交替. 天気, **53**, 509-518.
岸保勘三郎・佐藤信夫, 1986：新しい気象力学 気象学のプロムナード第II期1, 東京堂出版, 204 pp.
北畠尚子・三井清, 1998 a：スプリットフロントを伴う温帯低気圧の解析. 天気, **45**, 455-465.
北畠尚子・三井清, 1998 b：晩秋に日本海で急発達した低気圧の構造. 天気, **45**, 827-840.
木村龍治, 1983：地球流体力学入門 気象学のプロムナード第1期13, 東京堂出版, 247 pp.
黒田雄紀, 1992：日本海の収束雲と海難. 海と空, **67**, 261-279.
高野功, 1999：冬季の南岸低気圧と新しい低気圧モデル. 気象研究ノート, **193**, つくば域降雨観測実験（編集 吉崎正憲・中村一・中村健治）, 日本気象学会, 196-202.
坪木和久・小倉義光, 1999：雷雨を伴った寒冷渦の渦位事例解析. 天気, **46**, 453-459.
寺澤寛一, 1941：自然科学者のための数学概論 修正第3版, 岩波書店, 762 pp.
中村尚・高薮出, 1997：Shapiro の新しい前線・低気圧モデル. 天気, **44**, 85-100.
中谷宇吉郎, 1947：寺田寅彦の追想, 甲文社, 319 pp.
二階堂義信, 1986：Q-map（等温位面上で解析された渦位分布図）. 天気. **33**, 289-299, 300-331.
新田 勍, 1982：熱帯の気象 気象学のプロムナード第1期7, 東京堂出版, 217 pp.
廣田 勇, 1999：気象解析学, 東京大学出版会, 175 pp.
Anderson, P. K., J. P. Ashman, F. Bitter, G. R. Farr, E. W. Ferguson, V. J. Oliver and A. H. Smith, 1969：Application of Meteorological Sattelite Data in

Anaysis and Forecasting. ESSA Tech. Rep. NESC 51, Washington, D. C., 330 pp.

Appenzeller, C., H. C. Davies and W. A. Norton, 1996: Fragmentation of stratospheric intrusions. *J. Geophys. Res.*, **101**, 1435-1456.

Bader, M. J., G. S. Forbes, J. R. Grant, R. B. E. Lilly and A. J. Waters, 1995: *Images in Weather Forecasting—A Practical Guide for Interpreting Satellite and Radar Imagery*, Cambridge University Press, 499 pp.

Bergeron, T., 1937: On the physics of fronts. *Bull. Amer. Meteor. Soc.*, **18**, 265-275.

Bjerknes, J. and H. Solberg, 1922: Life cycle of cyclones and the polar front theory of atmospheric circulaion. *Geofys. Publ.*, **3**. Norske Videnskaps-Akad. Oslo, Norway.

Blackmon, M. L., 1976: A climatological study of the 500 mb geopotential height of the Northern Hemisphere. *J. Atmos. Sci.*, **33**, 1607-1623.

Bluestein, H. B., 1992, 1993: *Synoptic-Dynamic Meteorology in Midlatitudes*, Vol. I, 431 pp. and II, 594 pp., Oxford Univ. Press.

Bond. N. A. and M. A. Shapiro, 1991: Polar lows over the Gulf of Alaska in conditions of reversed shear. *Mon. Wea. Rev.*, **119**, 551-572.

Browning, K. A., 1990: Organization of clouds and precipitation in extratropical cyclones. In *Extratropical Cyclones—The Eric Palmen Memorial Volume* (C. M. Newton and E. O. Holopainen eds.), Amer. Meteor. Soc., 129-153（研究時報，第62巻，1995，第1号に北畠尚子らによる邦訳あり）.

Browning, K. A., 1999: The dry intrusion and its effect on the frontal cloud and precipitation structure of extratropical cyclones. 日本気象学会つくば大会1997特別招待講演「雲過程と陸面過程―21世紀への展望」,天気, **46**, 97-103.

Browning, K. A. and G. A. Monk, 1982: A simple model for the synoptic analysis of cold fronts. *Q. J. R. Met. Soc.*, **108**, 435-452.

Browning, K. A. and F. F. Hill, 1985: Mesoscale analysis of a polar trough interacting with a polar front. *Q. J. R. Met. Soc.*, **111**, 445-462.

Browning, K. A. and N. A. Roberts, 1994: Structure of a frontal cyclone. *Q. J. R. Met. Soc.*, **120**, 1535-1557.

Browning, K. A., S. P. Ballard and C. S. A. Davitt, 1997: High-resolution analysis of frontal fracture. *Mon. Wea. Rev.*, **125**, 1212-1230.

Businger, S., 1987: The synoptic climatology of polar low outbreaks over the Gulf of Alaka and Bering Sea. *Tellus*, **39**, 307-325.

Businger, S. and R. J. Reed, 1989: Cyclogenesis in cold air masses. *Weather and Forecasting*, **4**, 133-156.

Carlson, T. N., 1980: Airflow through midlatitude cyclones and the comma cloud pattern. *Mon. Wea. Rev.*, **108**, 1498-1509.

Carlson, T. N., 1987: Cloud configuration in relation to relative isentropic motion. In *Satellite and Radar Imagery Interpretaion* (preprint volume, workshop at U. K. Met. Office).

Carlson, T. N., 1991: *Mid-latitude Weather Systems*. Routledge, NY, 507 pp.

Charney, J. G., 1947: The dynamics of long waves in a baroclinic westerly current. *J. Meteorol.*, **4**, 135-163.

Charney, J. G. and A. Eliassen, 1949: A numerical method for predicting the perturbations of the middle latitude westerlies. *Tellus*, **1**, 38-54.

Charney, J. G., R. Fjørtoft and J. von Neumann, 1950: Numerical integration of the barotropic vorticity equation. *Tellus*, **2**, 237-254.

Charney, J. G. and N. A. Phillips, 1953: Numerical integration of the quasi-geostrophic equations for barotropic and simple baroclinic flows. *J. Meteorol.*, **10**, 71-99.

Charney, J. G. and M. E. Stern, 1962: On the stability of internal baroclinic jets in a rotating atmosphere. *J. Atmos. Sci.*, **19**, 159-172.

Chen, S.-J., Y.-H. Kuo, P. Z. Zhang and Q. F. Bai, 1991: Synoptic climatology of cyclogenesis over east Asia. *Mon. Wea. Rev.*, **119**, 1407-1418.

Craig, G. and H.-R. Cho, 1989: Baroclinic instability and CISK as the driving mechanisms for polar lows and comma clouds. In *Polar and Arctic Lows* (P. F. Twitchell, E. A. Rasmussen and K. L. Davidson, eds.), Deepak Publishing, 131-140.

Davies, H. C., 1999: Theories of frontogenesis. In *The Life Cycles of Extratropical Cyclones*. (M. Shapiro and S. Grønås eds.), Amer. Meteor. Soc., 215-238.

Davis, C. A. and K. A. Emanuel, 1991: Potential vorticity diagnostics of cyclogenesis. *Mon. Wea. Rev.*, **119**, 1929-1953.

Duncan, C. N., 1978: Baroclinic instability in a reversed shear flow. *Met. Mag.*, **109**, 17-23.

Eady, E. T., 1949: Long waves and cyclone waves. *Tellus*, **1**, 33-52.

Eliassen, A., 1962: On the vertical circulation in frontal zones. *Geofys. Publ.*, **24**, 147-160.

Emanuel, K. A. and R. Rotunno, 1989: Polar lows as arctic hurricanes. *Tellus*, **41A**, 1-17.

Ertel, H., 1942: Ein Neuer hydrodynamisher Wirbelsatz. *Met. Z.*, **59**, 271-281.

Farrell, B. F., 1982: The initial growth in a baroclinic flow. *J. Atmos. Sci.*, **39**, 1663-1686.

Farrell, B. F., 1999: Advances in cyclogenesis theory—Toward a generalized theory of baloclinic development. In *The Life Cycles of Extratropical Cyclones*, (M. Shapiro and S. Grønås eds.), Amer. Meteor. Soc., 111-122.

Gambo, K., 1970: The characteristic feature of medium-scale disturbances. *J. Meteor. Soc. Japan*, **48**, 173-184.

Gill, A. E., 1982: *Atmosphere—Ocean Dynamics*, Academic Press Inc., 662 pp.

Gray, S. L. and G. C. Craig, 1998: A simple theoretical model for the intensification of tropical cyclones and polar lows. *Q. J. R. Met. Soc.*, **124**, 919-947.

Grønås, S., A. Foss and M. Lystad, 1987: Numerical simulations of polar lows in the Norwegian Sea. *Tellus*, **39A**, 334-353.

Grønås, S. and N. G. Kvamsto, 1994: Synoptic conditions for arctic front polar lows. *Proceedings, International Symposium on the Life Cycles of Extratropical Cyclones*, 27 June-1 July 1994, Bergen, Norway, Vol. III, 89-95.

Gyakum, J. R., J. R. Anderson, R. H. Grumm and E. L. Gruner, 1989: North

Pacific cold season surface cyclone activity, 1975-1983. *Mon. Wea. Rev.*, **117**, 1141-1155.

Held, I. M., 1983: Stationary and quasi-stationary eddies in the extratropical troposphere—Theory. In *Large-Scale Dynamical Processes in the Atmosphere*, (B. J. Hospins and R. Pearce eds.), Academic Press, New York, 127-168.

Hines, K. M. and C. R. Mechoso, 1993: Influence of surface drag on the evolution of fronts. *Mon. Wea. Rev.*, **121**, 1152-1175.

Hirschberg, P. A. and J. M. Fritsch, 1991 a: Tropopause undulations and the development of extratropical cyclones. Part I, Overview and observations from a cyclone event. *Mon. Wea. Rev.*, **119**, 496-517.

Hirschberg, P. A. and J. M. Fritsch, 1991 b: Tropopapuse undulations and the development of extratropical cyclones. Part II, Diagnostic analysis and conceptual model. *Mon. Wea. Rev.*, **119**, 518-550.

Hobbs, P. V., J. D. Locatelli and J. E. Martin, 1996: A new conceptual model for cyclones in the lee of the Rocky Mountains. *Bull. Amer. Meteor. Soc.*, **77**, 1169-1178.

Holton, J. R., 1992: *An Introduction to Dynamic Meteorology*, 3rd ed., Academic Press, 507 pp.

Horel, J. D. and J. M. Wallace, 1981: Planetary-scale atmospheric phenomena associated with the Southern Oscillation. *Mon. Wea. Rev.*, **109**, 813-829.

Hoskins, B. J. and F. B. Bretherton, 1972: Atmospheric frontogenesis models—Mathematical formulation and solution. *J. Atmos. Sci.*, **29**, 11-37.

Hoskins, B. J., I. Draghici and H. C. Davies, 1978: A new look at the omega-equation. *Q. J. R. Met. Soc.*, **104**, 31-38.

Hoskins, B. J. and M. A. Pedder, 1980: The diagnosis of middle latitude synoptic development. *Q. J. R. Met. Soc.*, **106**, 707-719.

Hoskins, B. J. and D. J. Karoly, 1981: The steady linear response of a spherical atmoshere to thermal and orographic forcing. *J. Atmos. Sci.*, **38**, 1179-1196.

Hoskins, B. J., M. E. McIntyre and A. W. Robertson, 1985: On the use and significance of isentropic potential vorticity maps. *Q. J. R. Met. Soc.*, **111**, 877-946.

Huo, Z., D.-L. Zhang and J. Gyakum, 1999: Interaction of potential vorticity anomalies in extratropical cyclogenesis. Part I, Static piesewise inversion. *Mon. Wea. Rev.*, **127**, 2546-2575.

Joly, A. and A. J. Thorpe, 1990: Frontal instability generated by tropospheric potential vorticity anomalies. *Q. J. R. Met. Soc.*, **119**, 525-560.

Keyser, D., 1999: On the representation and diagnosis of frontal circulations in two and three dimensionas. In *The Life Cycles of Extratropical Cyclones*, (M. Shapiro and S. Grϕnås, eds.), Amer. Meteor. Soc., 239-264.

Keyser, D. and M. A. Shapiro, 1986: A review of the structure and dynamics of upper-level frontal zones. *Mon. Wea. Rev.*, **114**, 452-499.

Kuo, Y.-H., M. A. Shapiro and E. G. Donell, 1991: Interaction of baroclinic and diabatic processes in a model simulation of a rapidly developing marine cyclone. *Mon. Wea. Rev.*, **119**, 368-384.

Lindzen, R. S., E. N. Lorenz and G. W. Platzman, eds., 1990 : *The Atmosphere—A Challenge, The Science of Jule Gregory Charney*. Amer. Meteor. Soc., 321 pp.

Lorenz, E. N., 1955 : Available potential energy and the maintenance of the general circulation. *Tellus*, **7**, 157-167.

Mailhot, J., D. Hanley, B. Bilodeau and O. Hertzman, 1996 : A numerical case study of a polar low in the Labrador Sea. *Tellus*, **48A**, 383-402.

Mak, M.-M., 1982 : On moist quasi-geostrophic baroclinic instability. *J. Atmos. Sci.*, **39**, 2028-2037.

Malardel, S., A. Joly, F. Courbet and Ph. Courtier, 1993 : Nonlinear evolution of ordinary frontal waves induced by low-level potential vorticity anomalies. *Q. J. R. Met. Soc.*, **119**, 681-713.

Mansfield, D. A., 1974 : Polar lows—The development of baroclinic disturbances in cold air outbreaks. *Q. J. R. Met. Soc.*, **100**, 541-554.

Margules, M., 1906 : Über Temperaturschichtung in stationär bewegter undin ruhender luft. *Hann-Band Meteorol. Z.*, 243-254.

Mass, C. F. and D. M. Schultz, 1993 : The structure and evolution of a simulated midlatitude cyclone over land. *Mon. Wea. Rev.*, **121**, 889-917.

Matsumoto, S., S. Yoshimizu and M. Takeuchi, 1970 : On the structure of the "Baiu Front" and the associated intermediate-scale disturbances in the lower atmosphere. *J. Meteor. Soc. Japan*, **48**, 479-491.

McGinnigle, J. B., M. V. Young and M. J. Bader, 1988 : The development of instant occlusions in the North Atlantic. *Meteor. Mag.*, **117**, 325-341.

McIntyre, M. E., 1970 : On the non-separable baroclinic parallel-flow instability problem. *J. Fluid Mech.*, **40**, 273-306.

Monk, G., 1987 : Satellite picture of an instant occlusion. *Weather*, **42**, 14-16.

Montgomery, M. T. and B. F. Farrell, 1992 : Polar low dynamics, *J. Atmos. Sci.*, **49**, 2484-2505.

Morris, R. M. and A. J. Gadd, 1988 : Forecasting the storm of 15-16 October 1987. *Weather*, **43**, 70-90.

Nagata, M., 1993 : Meso-β-scale vortices developing along the Japan-Sea Polar-Airmass Convergence Zone (JPCZ) cloud band—Numerical simulation. *J. Meteor. Soc. Japan*, **71**, 43-57.

Nakamura, H., 1993 : Horizontal divergence associated with zonally isolated jet streams. *J. Atmos. Sci.*, **50**, 2310-2313.

Namias, J., 1940 : *An Introduction to the Study of Air-mass and Isentroic Analysis*, 5th edition. Boston, Amer. Met. Soc., pp. 136-161.

Namias, J., 1983 : The history of polar front and air mass concepts in the United Statesan eyewitness account. *Bull. Amer. Met. Soc.*, **64**, 734-755.

Neiman, P. J. and M. A. Shapiro, 1993 : The life cycle of an extratropical cyclon. Part I , Frontal-cyclone evolution and thermodynamic air-sea interaction. *Mon. Wea. Rev.*, **121**, 2153-2176.

Neiman, P. J., M. A. Shapiro and L. S. Fedor, 1993 : The life cycle of an extratropical cyclone. Part II, Mesoscale structure and diagnostics. *Mon. Wea. Rev.*, **121**, 2177-2199.

Ninomiya, K., 1991 : Polar low development over the east coast of the Asian continent on 9-11 December 1985. *J. Meteor. Soc. Japan*, **69**, 669-685.

Ninomiya, K. and K. Hoshino, 1990 : Evolution process and multiscale structure of a polar low developed over the Japan Sea on 11-12 December 1985, Part II, Meso-β-scale low in meso-α-scale polar low. *J. Meteor. Soc. Japan*, **68**, 307-318.

Ninomiya, K., K. Wakahara and H. Ohkubo, 1993 : Meso-α-scale low development over the northeastern Japan Sea under the influence of a parent large-scale low and a cold vortex aloft. *J. Meteor. Soc. Japan*, **71**, 73-91.

Nitta, T. and Y. Ogura, 1972 : Numerical simulation of the development of the intermediate-scale cyclone in the moist model atmosphere. *J. Atmos. Sci.*, **29**, 1011-1024.

Ogura, Y. and D. Portis, 1982 : Structure of the cold front observed in SESAME-AVE III and its comparison with the Hoskins-Bretherton frontogenesis model. *J. Atmos. Sci.*, **39**, 2773-2792.

Ogura, Y. and H.-M. H. Juang, 1990 : A case study of a rapid cyclogenesis over Canada. Part I , Diagnostic study. *Mon. Wea. Rev.*, **118**, 655-672.

Okland, H., 1987 : Heating by organized convection as a source of polar low intesification. *Tellus*, **39A**, 397-407.

Ooyama, K., 1982 : Conceptual evolution of the theory and modeling of the tropical cyclone. *J. Meteor. Soc. Japan*, **60**, 369-380.

Orlanski, I., B. Ross, L. Polinski and R. Shaginaw, 1985 : Advances in the theory of atmospheric fronts. In *Issues in Atmospheric and Oceanic Modeling*, Part B, *Advances in Geophysics*, Vol. 28, Academic Press, pp. 223-254.

Parker, D. J., 1998 : Secondary frontal waves in the North Atlantic region—A dynamical perspective of current ideas. *Q. J. R. Met. Soc.*, **124**, 829-856.

Pedlosky, J., 1987 : *Geophysical Fluid Dynamics*, Second Edition, Springer-Verlag.

Petterssen, S. and S. J. Smebye, 1971 : On the development of extratropical cyclones. *Q. J. R. Met. Soc.*, **97**, 457-482.

Pierrehumbert, R. T. and H. Yang, 1993 : Global chaotic mixing on isentropic surfaces. *J. Atmos. Sci.*, **50**, 2462-2480.

Pullin, D. I. and A. E. Perry, 1980 : Some flow visualization experiments on the starting vortex. *J. Fluid Mech.*, **97**, 239-256.

Rasmussen, E. A., 1985 : A case study of a polar low development over the Barents Sea. *Tellus*, **37A**, 407-418.

Rasmussen, E. A., 1993 : Northern and southern hemispheric polar lows—A comparative study. *Acta Meteorologica Sinica*, **7**, 355-366.

Rasmussen, E. A., J. Turner and P. F. Twitchell, 1993 : Report of a workshop on application of a new forms of satellite data in polar low research. *Bull. Amer. Meteor. Soc.*, **74**, 1057-1073.

Rasmussen, E. A. and A. Cederskov, 1994 : Polar lows—A critical appraisal. *Proceedings, International Symposium on the Life Cycles of Extratropical Cyclones*, 27 June-1 July 1994, Bergen, Norway, Vol. III, 199-203.

Reed, R. J., 1979 : Cyclogenesis in polar air streams. *Mon. Wea. Rev.*, **107**, 38-52.

Reed, R. J., G. A. Grell and Y.-H. Kuo, 1993 : The ERICA IOP 5 Storm. Part II, Sensitivity test and further diagnosis based on model output. *Mon. Wea. Rev.*, **121**, 1595-1612.

Reed, R. J., Y.-H. Kuo and S. Low-Nam, 1994 : An adiabatic simulation of the ERICA IOP 4 Storm—An example of quasi-ideal frontal cyclone development. *Mon. Wea. Rea.*, **122**, 2688-2708.

Rivals, H., J.-P. Cammas and I. A. Renfrew, 1998 : Secondary cyclogenesis— The initiation phase of a frontal wave observed over the eastern Atlantic. *Q. J. R. Met. Soc.*, **124**, 243-267.

Roebber, P. J., 1984 : Statistical analysis and updated climatology of explosive cyclones. *Mon. Wea. Rev.*, **112**, 1577-1589.

Rossby, C. G., 1937 : Isentropic analysis. *Bull. Amer. Met. Soc.*, **18**, 130-136.

Rossby, C. G., 1940 : Planetary flow patterns in the atmosphere. *Q. J. R. Met. Soc.*, **66**, Suppl., 68-87.

Sanders, F., 1955 : Investigation of the structure and dynamics of an intense surface frontal zone. *J. Meteor.*, **12**, 542-552.

Sanders, F. and J. R. Gyakum, 1980 : Synoptic-dynamic climatology of the "bomb". *Mon. Wea. Rev.*, **108**, 1589-1606.

Sawyer, J. S., 1956 : The vertical circulation at meteorological fronts and its relation to frontogenesis. *Proc. Roy. Soc.*, **A234**, 346-362.

Schultz, D. M. and G. Vaughan, 2011 : Occluded fronts and the occlusion process, Bull. *Amer. Meteoro. Soc.* **92**, 443-466.

Shapiro, M. A., 1982 : Mesoscale weather systems of the central United States. CIRES, Univ. of Colo./NOAA, Boulder, Colo.

Shapiro, M. A., L. S. Fedor and T. Hampel, 1987 : Research aircraft measurements of a polar low over the Norwegian Sea. *Tellus*, **39A**, 272-306.

Shapiro, M. A. and D. Keyer, 1990 : Fronts, jets, and the tropopause. In *Extratropical Cyclones* (The Erik Palmen Memorial Volume, C. W. Newton and E. Holopaninen eds.),. Amer. Meteor. Soc., 167-191.

Shapiro, M. A. and collaborators, 1999 : A planetary-scale to mesoscale perspective of the life cycles of extratropical cyclones—The bridge between theory and observations. In *Life Cycles of Extratropical Cyclones.* (M. A. Shapiro and S. Grϕnås eds.), Amer. Meteor. Soc., 139-186.

Shultz, D. M. and C. F. Mass, 1993 : The occlusion process in a midlatitude cyclone over land. *Mon. Wea. Rev.*, **121**, 918-940.

Shultz, D. M., D. Keyser and L. F. Bosart, 1998 : The effect of large-scale flow on low-level frontal structure and evolution in midlatitude cyclones. *Mon. Wea. Rev.*, **126**, 1767-1791.

Shutts, G., 1990 : Dynamical aspects of the October Storm, 1987—A study of a successful fine-mesh simulation. *Q. J. R. Met. Soc.*, **116**, 1315-1347.

Simmons, A., 1999 : Numerical simulations of cyclone life cycles. In *The Life Cycles of Extratropical Cyclones.* (M. Shapiro and S. Grϕnås eds.), Amer. Meteor. Soc. 123-138.

Stone, P. H., 1966 : Frontogenesis by horizontal wind deformation fields. *J. Atmos. Sci.*, **23**, 455-465.

Takayabu, I., 1986 : Roles of the horizontal advection on the formation of surface fronts and on the occlusion of a cyclone develping in the baroclinic westerly jet. *J. Meteor. Soc. Japan*, **64**, 329-345.

Thorncroft, C. D. and B. J. Hoskins, 1990 : Frontal cyclogenesis. *J. Atmos. Sci.*, **47**, 2317-2336.

Thorpe, S. J., 1985 : Diagnosis of balanced vortex structure using potential vorticity. *J. Atmos. Sci.*, **42**, 397-406.

Thorpe, S. J., 1999 : Dynamics of mesoscale structure associated with extratropical cyclones. In *The Life Cycles of Extratropical Cyclones*. (M. A. Shapiro and S. Grφnås eds.), Amer, Meteor. Soc., 285-296.

Tokioka, T., 1970 : Non-geostrophic and non-hydrostatic stability of a baroclinic fluid. *J. Meteor. Soc. Japan*, **48**, 503-520.

Trenberth, K. E., 1978 : On the interpretation of the diagnostic quasi-geostrophic omega equation. *Mon. Wea. Rev.*, **106**, 131-137.

Tuboki, K. and G. Wakahama, 1992 : Mesoscale cyclogenesis in winter monsoon air streams—Quasi-geostrophic baroclinic instability as a mechanism of the cyclogenesis off the west coast of Hokkaido Island. *J. Meteor. Soc. Japan*, **70**, 77-93.

Tuboki, K. and T. Asai, 2004 : Multi-scale structure and developnent mechanism of mesoscale cyclones over the Sea of Japan. *J. Meteor. Soc. Japan*, **82**, 597-621.

Uccellini, L. W., D. Keyser, K. F. Brill and C. H. Wash, 1985 : The Presisent's Day cyclone of 18-19 February 19679—Influence of upstream trough amplification and associated tropoause folding on rapid cyclogenesis. *Mon. Wea. Rev.*, **113**, 941-961.

Uccellini, L. W. and P. J. Kocin, 1987 : The interaction of jet streak circulations during heavy snow events along the east coast of the United States. *Weather and Forecasting*. **1**, 289-308.

Welander, P., 1955 : Studies on the general development of motion in a two-dimensional, ideal fluid. *Tellus*, **7**, 141-156.

Weldon, R., 1979 : Cloud patterns and the upper air wind field. Satellite Training Service Course Notes, Part IV. Air Weather Service Document AWS/TR-79/003.

Williams, R. T., 1972 : Quasi-geostrophic versus non-geostrophic frontogenesis. *J. Atmos. Sci.*, **29**, 3-10.

Yoshizumi, S., 1977 : On the structure of intermediate-scale disturbances on the Baiu Front. *J. Meteor. Soc. Japan*, **55**, 107-120.

Zhang, D.-L., E. Radeva and J. Gyakum, 1999 : A family of frontal cyclones over the western Atlantic Ocean. Part I , A 60-h simulation. *Mon. Wea. Rev.*, **127**, 1725-1744.

Zhang, D.-L., E. Radeva and J. Gyakum, 1999 : A family of frontal cyclones over the western Atlantic Ocean. Part II, Parameter studies. *Mon. Wea. Rev.*, **127**, 1745-1760.

Ziv, B. and N. Paldor, 1999 : The divergence fields associated with time-dependent jet streams. *J. Atmos. Sci.*, **56**, 1843-1857.

索 引

[ア行]

亜熱帯ジェット気流　169, 270
位相　18
移流　121
　　——項　27
　　寒気——　121
　　暖気——　121
渦位　88, 119
　　——的考え方　108
　　——のアノマリー　108, 113, 174, 175, 193, 216, 230
　　——の単位　91
　　——の保存則　119
　　エルテルの——　88, 180
　　浅水系の——　79
　　等温位の——　90, 91
薄い湿潤帯　207
渦管　37
　　——の強さ　101
渦線　37
渦度
　　——的考え方　102
　　——の保存則　78
　　——ベクトル　36
　　絶対——　76
　　相対——　76
　　惑星——　76
渦度方程式
　　準地衡風モデルの——　118
　　プリミティブ・モデルの——　75
雲域の頭部　202
運動の第2法則　30
運動方程式　32
　　準地衡風モデルの——　117
　　浅水系の——　50
運動方程式系　9
　　圧縮性流体の——　33
　　温位座標系の——　88
　　プリミティブ・モデルの——　71
エクスナー関数　89
エネルギー
　　——サイクル　147
　　位置——　41, 72
　　運動——　41, 72
　　全位置——　73
　　内部——　28, 72
エネルギーの保存則　73
　　準地衡風モデルの——　123
　　プリミティブ・モデルの——　73
　　落下物体の——　41
エリカ(ERICA)　175
エルニーニョ　156
エンタルピー　73
円柱座標系　99, 275
鉛直軸　99
鉛直 p 速度　68
鉛直フラックス　190
円筒座標系　99
オイラー的見方　196
オメガ方程式　125, 133
温位　30
　　——座標系　88
温暖核の隔離　178
温暖型閉塞　158
温暖コンベアーベルト　196, 197, 262
温度風　120

[カ行]

外積　35
解の重ね合せ　56
海風　61, 85
　　——反流　62
カオス的な混合　103
拡大軸　236
下層ジェット気流　248
カップリング　169
乾いたフェーン　10

286──索引

寒気のドーム　112,167
環境　6
関数　17
　　三角──　17
　　指数──　18
　　対数──　19
　　導──　20
　　流線──　98,100
慣性円　48
慣性振動　48
慣性波　49
間接循環　263
乾燥侵入　200
寒帯ジェット気流　169,271
感度実験　186
寒冷渦　95,210
寒冷コンベアーベルト　201
気圧
　　──傾度力　31
　　──座標系　65
　　──の谷　6
気温の谷　164
気層の厚さ　63
気体定数　28
偽閉塞　208
逆向きシアーの流れ　213
境界条件　98
強制項　125,133,250
極渦　210
虚数部分　43
ギリシア文字の読み方　16
空気塊の軌跡　186,203
傾圧
　　──過程　152
　　──性　1
　　──(バロクリニック)成分　137
　　──不安定　212
　　──不安定波　135,212,213
傾向方程式　60
傾斜項　77
　　前線形成の──　239
傾度風　109

ゲイル(GALE)　176
ケルビン・ヘルムホルツ波　257
圏界面の折れ込み　168,260
顕熱　73
交換係数　190
高気圧
　　北太平洋──　11
　　シベリア──　11,159
　　背の高い──　11
　　背の低い──　11
航空流体力学　102
構造　7
合流　159
　　──項　240
コッホ曲線　104
木の葉雲　199
コリオリ・パラメーター　32
コリオリ力　31
コル波動　227
コンベアーベルト　196
コンマ状の雲　161,202,208,224

[サ行]

サーマルトラフ(気温の谷)　128,164
三重点　157
シアー変形　235
ジェット・ストリーク　159,260
ジオポテンシャル　60
　　──高度　61
時間-空間変換法　181
シグマ系　72
指向高度　213
指数関数的増幅率　139
指数表示　18
自然対数　20
実数部分　43
質量保存の式　27
シャピロの低気圧モデル　176
収縮軸　236
収束　25
重力加速度　32
重力波　49

外部—— 54
　　慣性—— 55
　　内部—— 55
順圧
　　——過程　152
　　——(バロトロピック)成分　137
　　——不安定　215
循環　83
　　絶対—— 84
循環定理
　　ケルビンの—— 86
　　ビヤークネスの—— 85
純虚数　43
準地衡風モデル　115
状態方程式　28
常微分方程式　41
常用対数　19
初期条件　40
初期値問題　147
進化　7
診断方程式　98
伸長変形　235
水蒸気画像　107, 108
水平シアー項　240
数値予報　119
スカラー積　34
スカラー量　33
スキュー断熱図　13
スケールハイト　63
筋状の雲　200, 211
ストークスの定理　86
ストーム・トラック　227
ストリーマー　92, 108
墨流し　103
静水圧平衡　59
晴天乱流　257
静的安定度　118
　　——の判定条件　44
静力学平衡　59
積分定数　40
セサミ (SESAME)　245
接線速度　99

セミ地衡風モデル　255
線形化　51
線形方程式　51
浅水方程式　49
前線　231
　　——形成過程　233
　　——形成関数　238
　　——減衰過程　233
　　——の断裂　177
　　——波動モデル　157
　　——面　231
　　アナ—— 204, 247
　　温暖—— 157
　　カタ—— 204
　　寒帯—— 157
　　寒冷—— 157
　　後屈温暖—— 178
　　湿度—— 205
　　上空寒冷—— 205, 206
　　上層の—— 255
　　スプリット—— 186, 205
　　梅雨—— 224
　　閉塞—— 157, 176, 181
　　北極—— 211
層厚　63, 159
総観気象学　7
総観規模　4
即席閉塞　208
ソーヤー・エリアッセンの鉛直循環　132, 223, 263
ソレノイド項　85

[タ行]

帯状平均　147
第2種の条件付不安定 (CISK)　221
対流圏界面　166
対流混合層　216
ダインズの補償　77
多重スケール構造　6
立ち上がり項　77
暖域　160
単位ベクトル　33

地衡風 116
　　——調節 58
　　非—— 116
中緯度 1
中間規模東進波 224
中間規模の擾乱 224
直接循環 132
直交直線座標系 24
定圧比熱 29
低気圧
　　——性のシアー 163
　　——の家族 225
　　温帯—— 3
　　寒冷—— 95
　　切離—— 94
　　前線波動性—— 227
　　南岸—— 12, 159, 181
　　二次的—— 225
　　熱帯—— 3
　　熱帯外—— 3
　　爆弾—— 188
　　2つ玉—— 169
　　メソαスケールの—— 224
定積比熱 28
テイラー級数 22, 24
テイラーの定理 22
転換可能性の原則 109
伝播速度 54
等温位解析 81
等温大気 64
動径速度 99
等密度大気 63
ドライ・スロット 202
トラフ 6
　　温暖な—— 165
　　寒冷な—— 165
　　逆向き—— 6
　　短波の—— 78, 219, 261

[ナ行]

内積 34
内部ジェット気流の不安定性 228

ナブラ(nabla) 35
日本海寒帯気団収束帯 214
熱力学の第1法則 28, 71
　　準地衡風モデルの—— 117
ノーマル・モード 145, 146, 175
ノルウェー学派 157

[ハ行]

波数 53
パーセル法 41
波長 53
発散 25
発散項 76
　　前線形成の—— 239
バルク法 190
非圧縮性流体 28
非断熱項 239
微分
　　——オペレーター 67
　　オイラー時間—— 26
　　局所的時間—— 26
　　個別時間—— 26
　　常—— 23
　　偏—— 23
　　ラグランジュ時間—— 26
微分方程式
　　斉次—— 46
　　非斉次—— 46
　　ポアソン型—— 109
標準重力加速度 61
風向逆転 121
風向順転 121
複素数 43, 47
部分的変換 176
フラクタル 104
フラックス 27
ブラント・バイサラの振動数 44
フーリエ級数 55, 145
プリミティブ・モデル 71
浮力振動数 44
プレフロンタル・スコールライン 206
ブロッキング現象 4

分散関係式　53, 138, 154
分流　159
閉塞前線　157, 176, 181
ベクトル
　——積　35
　——量　33
ベータ面近似　32
変圧風　266
変形
　——項　239
　——の強さ　235
　——の流れ　132, 200, 236
　——の場　234
変数分離法　51
偏東風波動　229
偏微分　23
　——方程式　51
　連立——　49
ポアソン方程式　101, 109, 125, 131
ポーラーロー　143, 209

[マ行]

マクローリン級数　22
摩擦係数　182
マッハ数　73
マルグレス(Margules)の式　232
ミニ台風　220
無発散面　77
メソスケール　4
メソ対流系　4, 264
モンゴメリー流線関数　89

[ヤ行]

誘起された運動　99, 132
有効位置エネルギー(準地衡風モデルの)　124
有効位置エネルギー(プリミティブ・モデルの)　74
4象限モデル　263

[ラ行]

雷雨　95, 262
ラグランジュ的見方　196
螺旋状の雲　224
ランキン渦　100
力学　8, 100
力学的対流圏界面　166
リチャードソン数　122, 257
流線関数　98, 100
輪郭移流法　108
連続の式　27, 28, 50, 70, 89
　圧縮性流体の——　27
　温位座標系の——　88
　準地衡風モデルの——　117
　浅水系の——　50
　非圧縮性流体の——　28
　プリミティブ・モデルの——　71
ロスビー数　116
ロスビーの(外部)変形半径　55
ロスビーの(内部)変形半径　58, 139
ロスビー波　58, 153

[ワ行]

惑星規模　4

[アルファベット]

B型の低気圧発達　175
eddy　147
Nモデル　177, 184, 267, 270
p座標系　65
Qベクトル　133, 134
Sモデル　177, 184, 267, 270
Tボーン模様　178, 181
WISHE　221

著者略歴

1922年　神奈川県横須賀市に生まれる．
1944年　東京大学理学部地球物理学科卒業．東京大学特別大学院研究生，東京大学助手，米国ジョンズ・ホプキンズ大学航空学教室研究員，米国マサチューセッツ工科大学気象学教室研究員，東京大学海洋研究所長・同所教授，WMO/ICSU/GARP 委員，イリノイ大学気象研究所長・同大学気象学教室主任教授，マサチューセッツ工科大学客員教授などを経て，
現　在　イリノイ大学名誉教授，日本気象学会名誉会員，アメリカ気象学会フェロー，理博（東京大学）

日本気象学会賞 (1954年)，日本気象学会藤原賞 (1980年)，岡田武松財団岡田賞 (1997年)，運輸大臣交通文化賞 (1997年) などを受賞．

主要著書

『大気乱流論』(1955，地人書館)
『大気の科学—新しい気象の考え方』(1968，NHK ブックス)
『気象力学通論』(1978，東京大学出版会)
『お天気の科学』(1994，森北出版)
『メソ気象の基礎理論』(1997，東京大学出版会)
『気象科学事典』(共編著，1998，東京書籍)
『一般気象学　第2版』(1999，東京大学出版会)
『日本の天気—その多様性とメカニズム』(2015，東京大学出版会)

総観気象学入門

```
              2000 年 8 月 25 日    初  版
              2021 年 6 月  1 日    第 6 刷

                    ［検印廃止］

      著  書    小倉　義光
                 おぐら　よしみつ

      発 行 所    一般財団法人　東京大学出版会

              代 表 者    吉見　俊哉

              153-0041 東京都目黒区駒場 4-5-29
              電話 03-6407-1069・振替 00160-6-59964

      印 刷 所    三美印刷株式会社
      製 本 所    誠製本株式会社
```

©2000 Yoshimitsu Ogura
ISBN 978-4-13-060732-2　Printed in Japan

JCOPY 〈出版者著作権管理機構　委託出版物〉

本書の無断複写は著作権法上での例外を除き禁じられています．複写される場合は，そのつど事前に，出版者著作権管理機構（電話 03-5244-5088，FAX 03-5244-5089，e-mail: info@jcopy.or.jp）の許諾を得てください．

小倉義光
一般気象学　［第2版補訂版］

A5判/320頁/2,800円

小倉義光
総観気象学入門

A5判/304頁/4,000円

松田佳久
気象学入門　基礎理論から惑星気象まで

A5判/256頁/3,000円

廣田　勇
気象の教室1　グローバル気象学　［オンデマンド版］

A5判/160頁/2,800円

近藤純正
身近な気象の科学　熱エネルギーの流れ［オンデマンド版］

A5判/208頁/2,900円

近藤純正
地表面に近い大気の科学　理解と応用

A5判/336頁/4,000円

高橋　劭
雷の科学

A5判/288頁/3,200円

古川武彦
人と技術で語る天気予報史　数値予報を開いた〈金色の鍵〉

四六判/320頁/3,400円

ここに表示された価格は本体価格です．ご購入の
際には消費税が加算されますのでご諒承ください．